SHADOW WARFARE

Cyberwar Policy in the United States, Russia, and China

Elizabeth Van Wie Davis

陰の戦争

アメリカ・ロシア・中国のサイバー戦略

E・V・W・ディヴィス

川村幸城 訳

中央公論新社

日本語版への序文

世界中でサイバー攻撃が急増する中、サイバー戦とそれを導く政策が注目されている。平和を願う国々は自国の政府と産業を防衛する必要があり、この防衛が信頼に足るものであるためには、少なくともサイバー攻撃に対する何らかの報復的な対応が必要である。日本は現在、中国、北朝鮮、ロシアからの継続的なサイバー攻撃から自国を守るため、世界的に拡大する広域なサイバー戦／サイバー防衛コミュニティーに参加している。技術的に高度な発展を遂げている日本社会では、サイバー攻撃により金銭、政府や産業界の機密情報が奪われ、インフラが機能しなくなれば人命さえも奪われる可能性がある。

本書では、サイバー戦の主要三大国の能力と政策を取り上げることで、先進諸国において強力なサイバー防衛政策が重要であることを説明している。日本は防衛政策の量と重点の再構築、再評価に取り組んでいるが、深刻なサイバー脅威に耐え、それを撃退するためのサイバー能力を構築することが重要である。こうした攻撃的抑止力を備えた防衛的なサイバー能力を欧米ではＮＡＴＯ諸国が構築している。日本も太平洋領域において悪意ある攻撃への抑止力――すなわち報復的な反撃能力《リターン・ストライク・ケイパビリティ》――を構築することができる。

サイバー戦をめぐる国家政策は、明白な脅威を与えることなく相手を威嚇し、目に見えない形で防御することができるツールであり、その複雑に入り組んだ精巧さは美しくさえある。これは、主要な貿易相手国でありながら安全保障上の懸念を抱いている身近な隣国に対処する際に中心的な役割を果たす。また、同盟国であれ敵対国であれ、その国の行動が宣言内容と一致しているかどうかを検証することを通じ、安全保障政策に役立たせることもできる。一部のサイバー大国がその能力を棍棒のように不器用に行使しているが、サイバー戦政策の真のアートはその繊細さと優美さにある。

とはいえ、サイバー戦のパワーを過小評価するのは誤りである。アメリカのロイド・オースティン国防長官は、あるインタビューの中で、夜も眠れないほどの心配事は何かと尋ねられ、そのひとつは敵のサイバー能力であると答えている。マルウェアの設計と性能は新たな高みに達し、偽情報キャンペーンは国民的な論争を巻き起こし、社会的分裂を広げている。そこで使われるサイバー戦兵器はステルスでありながらパワフルである。

二〇二二年二月二四日、ロシアがウクライナに侵攻した際にも、侵攻と同時にサイバー攻撃が行われた。〔ウクライナでは〕金融機関、電気や交通などの国内インフラが遮断され、政府は国民とのコミュニケーション経路を見つけるのに苦労した。軍部は特に大きな打撃を受けた。世界の多くの国々は核の脅しをかわしながら、ロシアの侵略に対抗して数々の見事な経済制裁を実行に移した。日本は、資産凍結、重要な輸出品の制限、国際決済システムの停止など、独自の経済・金融制裁を加えた。その直後、ロシアは、日本最大の企業であるだけでなく、世界中の自動車道路で日本の顔ともなっているトヨタ自動車へのサイバー攻撃で対抗したようである。国際法上の比例原則から考えれば、ロシア経済への打撃を意図した制裁措置に対して、日本経済の象徴であるトヨタにサイバー攻撃で対抗することは、ロシアの指導者にとって合理的であったようである。

サイバー戦は海にも及んでいる。東シナ海や南シナ海など海洋での緊張が高まるにつれ、中国の沿岸部や海軍、周辺の島々でサイバー能力が強化されている。中国の海洋進出は、津軽海峡などの国際海峡を軍艦で通過するだけでなく、北斗衛星測位システムで誘導される空母戦闘群を配備するところまできている。また、中国は日本海でロシアと合同海軍演習を実施している。そしてこの海域では、他国の商船隊や艦隊の全地球航法衛星システムを妨害する事案が発生している。原因は一つでなく、攻撃者も単一ではないだろうが、全地球測位信号が乱れ、船舶の衝突が発生しており、中には命にかかわるような事態も起きている。航法システムに対するサイバー攻撃が、少なくともある程度は同海域を航行している海軍に原因があると考えることは妥当であろう。

太平洋、南シナ海、東シナ海、台湾海峡の海域を航行する主要な海軍は、アメリカ、日本、中国に属している。台湾海峡は、南シナ海と東シナ海を結ぶ中心的な水路である。米国は台湾海峡を国際海峡と主張しているが、中国と台湾政府は台湾海峡を領海であると主張している。むろん中国は台湾そのものに領有権を主張し、台湾は中国から日々、サイバー攻撃や技術偵察を受けている。

中国が台湾の領有権を軍事的手段に訴えて主張しようとすれば、アメリカの台湾関係法の軍事支援条項が発動され、主要な航路を周辺海域に依存している日本の安全保障に重大な影響を与え、さらには、大規模なサイバー戦争が引き起こされ、すべての当事国が防御的および攻撃的なサイバー攻撃のターゲットとなる可能性がある。もし中国が台湾の占領に成功すれば、中国は台湾海峡と商品・エネルギーの通商路を支配する立場に立つだけでなく、太平洋、東シナ海、南シナ海に軍事的にさらに容易に進出することが可能になる。そうなれば、中国は日本の海上交通路をより長く、より費用のかかるルートに押しやり、軍事的に周辺海域における全地球航法衛星システムの利用を以前にも増して妨害できるようになる。

台湾に対する中国の揺るぎない意図は、台湾への執拗なサイバー攻撃だけでなく、台湾周辺での空軍演習にも表れている。中国空軍は台湾の南西一二四〜一八六マイル（約二〇〇〜三〇〇キロメートル）以内を通過している。この距離は台湾が公表している防空識別圏（ＡＤＩＺ）に該当するが、これは領海上の領空のように国際法上認められているものではない。領空を軍用機が通行するには国際法上の許可が必要である。ＡＤＩＺは、国家安全保障上の理由から、国家が一方的に空域通行の制限を要請するものである。台湾とその周辺国に設定されたＡＤＩＺは、係争中の領空・領海・領土が重なり合っているため、複雑な要因となっている。台湾のＡＤＩＺに侵入を繰り返す中国の行動は、台湾が表明している国家安全保障上の境界線を尊重していることにはならないが、国際法の厳密な範囲内にはとどまっている。本書の第5章で触れるように、サイバー戦は既存の国際法の範囲内にあるのか、それともサイバー戦のために新たな国際法を構築する必要があるのかは、議論の分かれるところである。

中国のサイバーパワー、海洋進出、商業的野心、台湾に対する主張が意味するところは、太平洋、アジア海域、近隣諸国におけるパワー関係の変化に影響を及ぼすことである。台湾とその他の島々、一連の群島に対する領有権の主張は、中国がアラビア湾から日本列島、さらに太平洋のハワイ諸島へと至る貿易路を保護することを可能にする「真珠の首飾り」戦略の一環である。海軍の増強に加え、サイバーパワーもこの戦略を支えている。さらに、この戦略によって中国は、日本やアメリカの条約上のパートナー諸国に近づくことになる。軍事的な領土侵攻の試みが成功するかどうかは別として、中国がアメリカや日本を巻き込まずにこれを行うことを望んでいることは確かである。サイバー攻撃、特に電力網、ダム、民間産業などの国家インフラへの攻撃は、他国が軍事侵攻に介入することを最小限に抑えるための重要な方法のひとつである。そして、中国はロシアのウクライナ侵攻を観察しながら、標的となるインターネット、電力網、鉄道・輸送サービス、銀行、メディアを機能停止させるサイバー攻撃の有効性に注目しているはずである。それは相手国の決意を弱めるだけでなく、相手国の海軍の航行、指揮統制、補給線、兵站に対するサイバー攻撃を自国の軍事侵攻とタイミングを合わせて行うためである。周到なサイバー戦政策は、こうした潜在的な可能性を予期し、それに備えるためにある。

サイバー攻撃は軍事紛争に限定されるものではない。サイバー攻撃は経済を弱体化させるためにも利用される。台湾は軍事的価値が高いだけでなく、世界的に重要な商業技術の生産地でもある。例えば、台湾は商業用と軍事用双方の半導体の主要な製造国である。台湾積体電路製造（Taiwan Semiconductor Manufacturing Company）は世界で最もハイレベルな、他に類を見ない半導体を製造している。同社の半導体は大規模かつ多種多様な世界規模の顧客基盤にサービスを提供し、幅広いアプリケーションを含んでいる。これらの製品はモバイル機器、人工知能や量子コンピューティングなどの高性能コンピューティング、カーエレクトロニクス、ＩｏＴを含むさまざまなエンドマーケットで使用されている。台湾積体電路製造が経営する製造施設は、中国と米国に一〇〇パーセント子会社を有している。台湾の領有に成功すれば、中国による一〇〇パーセント出資の生産が可能になり、サイバーパワーの面でも断然優位に立てる。

サイバー世界では、日本はサイバー防衛に関する協議体の設置やサイバー政策の策定などのプロセスを開始している。このプロセスではアメリカも支援し、共通の政策を作ることを約束している。例えば、二〇二二年二月にホワイトハウスが作成したインド太平洋戦略には、次のように述べられている。「アメリカは日本との鉄壁の条約同盟を通じて、アジア地域との連携を強化し……我々はパートナー国とも協力し、重要な新興技術、インターネット、サイバースペースに対する共通のアプローチを進めていく。我々はオープンで相互運用性があり、信頼性が高く、安全なインターネットに対する支援を確立する。国際標準化団体の一体性を保持し、コンセンサスに基づく価値観が一致した技術規格を促進するためにパートナー国と調整する。最先端の共同研究のため、研究者の移動と科学データへの開かれたアクセスを容易にする。そして、サイバースペースにおける責任ある行動の枠組みと関連規範を履行するために努力する……また、我々は台湾の自衛能力を支援することを含め、台湾海峡の平和と安定を維持するために地域内外のパートナー国と協力し、台湾の将来が台湾人民の希望と最善の利益に従って平和的に決定されるような環境を確保する。その際、我々のアプローチは『一つの中国』政策とともに台湾関係法、『三つの共同コミュニケ』、『六つの保証』に基づく我々の長年のコミットメントと一貫したものである」。日本は自国のサイバー防衛に最終的な責任を負っているが、日本は独りではないのだ。

本書で概説されているように、サイバー戦は今世紀の新たな課題である。それは政治的なパワーシフトの時代において重要性を増している。中国も相対的安定の時代が終わりつつあることを示し、サイバー戦の利用機会を増大させている。太平洋、東シナ海、南シナ海では、紛争を誘発する恐れのある活動や拡張の動きが増大し、より一層、流動的な安全保障環境に直面しつつある。このような環境では、サイバー戦は避けられない要素である。サイバー戦には、軍事的・商業的なサイバー攻撃、偽情報キャンペーン、そしておそらくは事前に埋め込まれたマルウェアが含まれている。世界の先進国は、国益と安全保障の優先順位に見合ったハイレベルなサイバー戦政策を策定する必要がある。本書はそのための一歩である。

目次

陰の戦争

アメリカ・ロシア・中国のサイバー戦略

序文

テクノロジーは戦い方（warfare）を変える。サイバー戦（cyberwarfare）も例外ではない。核戦争〔の可能性〕が劇的な変化をもたらしたのと同様、サイバー戦は戦争を「陰の戦い」（shadow warfare）に変えつつある。実際、サイバー戦の特徴は「陰の戦い」として顕在化している。その第一の特徴は、サイバー戦は常に継続しており、戦争状態を目に見えない形で永続化していることである。この「終わりのない戦い」（continuous warfare）という新しいコンセプトは、ルネ・ジラール〔フランスの文芸批評家〕によって提起されたものだが、彼は「私たちは、戦争そのものがもはや存在しない時代に居ながら、かつてないほど戦争に関わっている」と述べている。常続的なサイバー戦は、一五世紀から一六世紀にかけて大海原を駆け巡った私掠船（privateer）に象徴される「陰の戦い」の慣習を蘇らせている。私掠船とは、自国政府から敵対国との戦争の実行を認可されたプライベートな武装集団のことである。現代の私掠船とも言える者たちは、セキュリティ対策の報奨金プログラムを運営しているフェイスブック社、グーグル社、ヤフー社、そしてウーバー社といった大手オンライン企業——アメリカ軍も——と関係を保っているが、それは一般市民を使って海外のターゲットにサイバー攻撃を仕掛けているロシアや中国のやり方と違わない。かかる民間ハッカー《プライバティアリング》集団の活用により、政府はサイバー戦関連の活動を外注し、常続的な戦争の渦中から自らを遠ざけることができる。

第二の特徴はこれも同じく重要なことだが、サイバー戦により敵対国と同盟国の見分けがつかなくなり、これも「陰の戦い」への変容を促していることである。常日頃からサイバー偵察は同盟国と敵対国の双方に対し継続的に行われているが、サイバー諜報（cyberespionage）とサイバー戦との一体化が進んでいる。諜報（espionage）は戦争と同じくらい古くから存在してきたが、国家がサイバー諜報を通じて相手側のインフラの中に事前にマルウェアを埋め込んで対峙しているように、〔現代のサイバー諜報は〕サイバー戦行為と技術的に一体化したものである。上述した二つの特徴がもたらす〔戦いの概念の〕変化については、アメリカ、ロシア、中国ともに認識し、それに従っている。しかし、この戦い方の変化の時代に合意がないのは、サイバー戦が従っている理論的根拠についてである。

サイバー戦の理論の衝突という「陰の戦い」に関連する第三の特徴は、上述した二つの特徴と同様に深刻な問題である。「陰の戦い」への移行は、かつての通常戦や相互確証破壊のような〔敵味方双方に共有される〕戦争理論の土台を引き裂いている。戦争の理論は文化や周囲の環境の影響を受け、発展するものだ。アメリカをはじめ欧米の軍隊は、正戦論（just war theory）に基づく法的原則に従うとともに、カール・フォン・クラウゼヴィッツの軍事思想を信奉している。戦争をめぐるロシアの判断基準は、プーチンが主導する国家政策と、戦争の必要性を認めるロシア正教会の教義が収斂《しゅうれん》したところに成り立っている。中国の政治家と戦争理論家は、道教と儒教を土台に伝統的な孫子の兵法の教えに従いながら、他方で現代テクノロジーを重視している。〔このような〕戦争理論の相違は合意形成を困難にするため、広く分散したサイバー戦理論という第三の特徴は暴力の程度を高める恐れがある。

世界的な現状維持大国であるアメリカは、カール・フォン・クラウゼヴィッツの『戦争論』を崇拝している。同盟国と敵対国の区別が曖昧になり、常続的な「陰の戦い」に直面している世界においてクラウゼヴィッツの影響は大きい。クラウゼヴィッツは『戦争論』の第1章で「戦争とは暴力行為のことであって、その暴力の行使には限界のあろうはずがない」と述べている。ルネ・ジラールは「戦争論と啓示」の中で、クラウゼヴィッツが世界は戦争の極限に向かっているという不幸な真実を見て取ったとする。この戦争の極限は最初に第二次世界大戦という総力戦（全面戦争）で、次いで冷戦対立という核戦争の脅威で極限に達したと考えると、現在の二一世紀はサイバー戦という終わりのない陰の時代を迎えている。クラウゼヴィッツは正戦論の原則を当然と見なしているが、新しい時代の経過と戦争の新しい技術的発展に伴い、戦争も広がりを見せる考えを否定していない。

　正戦論は今、サイバー戦の政策を支える理論的支柱として解釈の見直しが進んでいる。いくつか例を挙げると、*jus ad bellum*〔武力行使の正当性〕の原則として、第一に侵略に対する防衛という考えがある。国家による国民の「人間の基本的《ベーシック・ヒューマン》ニーズ」を満たす行為を妨害するサイバー攻撃——例えば、マルウェアの事前設置により飲料水や電力網にアクセスするなど——は侵略的と見なされる。また、第二の原則として非戦闘員の保護がある。生物戦のように、効果的なサイバー戦はその影響が非戦闘員にまで拡散する可能性が高い。実際、「スタックスネット」（Stuxnet）〔第1章で詳述〕はそうであった。第三は比例原則であり、攻撃で受けた被害よりも、その攻撃に対して防御側が与えた損害が甚大になることは不当とする考えである。この原則はアメリカの選挙に干渉したロシアに対するアメリカの対抗措置に反映された。アメリカのサイバー戦理論は、西欧起源の正戦論の流れを汲んでおり、新たなサイバー時代におけるクラウゼヴィッツの新解釈に基づいている。

　ロシアのサイバー戦理論はアメリカの理論と異なるが、突き詰めれば中国の理論とも異なっている。ロシアの理論はプーチン政権の戦争理論と、ロシア正教会の「必要な」戦争論の教義とが結びついたものだ。サイバー攻撃に対するプーチン政権のアプローチは、かつてのソ連時代の理論と実践のうえに成り立っている。その最も顕著な例が、偽情報キャンペーンのための情報の兵器化や、サイバー諜報や他の情報源から収集した「コンプロマート」――信用失墜を狙った悪質な宣伝に利用される情報素材――の利用である。長きにわたって大統領を務めているウラジーミル・プーチンは、ソヴィエト時代にKGB、ロシア時代にはFSBで経歴を積み、数十年にわたってコンプロマートを利用してきた。サイバースペースを利用してコンプロマート情報を収集・拡散する目的のひとつは、その強力で効果的な偽情報キャンペーンを通じて、相手国政府と為政者の権威を貶《おとし》め、世界舞台におけるロシアの地位をソヴィエト時代のレベルにまで回復することである。

ロシア正教会はプーチン政権と直接協力し、ロシアのサイバー理論に影響を与えている。ロシアの著名な理論家で、自らロシア正教会のキリスト教信者と称しているアレクサンドル・ドゥーギンは、戦争理論の創造にロシア正教会から援助を受けることを支持している。ドゥーギンによる『第四の政治理論』では、〔欧米の近代化に対し〕ロシアは伝統を擁護する立場だと主張されているが、これはサイバー戦理論に示唆を与える。ドゥーギンによれば、ロシアとロシア正教会は普遍主義《ユニバーサリズム》を拒否し、多極世界を作るため世界のさまざまな人たちが独自の多様な伝統を再発見しなければならない。また、ロシア正教会は欧米流の政教分離の思想に縛られないとも主張し、近隣諸国の安全が危ぶまれ、踏みにじられた正義を取り戻すことが困難である場合、戦争に訴えることを禁止しない。ロシア正教会・教会外交部の文書「社会契約の基盤」の第八節「戦争と平和」によると、そうしたケースにおいては「戦争は必要である」と見なされる。ロシアのサイバー戦理論は、他のサイバー戦への対応《リアクション》であるとともに、多極世界を形成するため他国政府にダメージを与える積極的な理論でもある。

中国のサイバー戦理論は、現代の中国そのものと同じように、新しいものと古いものとが混在している。理論の新しさは、リープフロッギング〔新興国が先進国から遅れて新しい技術に追いつこうとする場合、通常の段階的な進化を踏むことなく一気に最先端の技術に飛び越えて到達してしまうこと〕技術とサイバー関連のあらゆるものを取り入れる中国の姿勢に反映されているが、それは思想というよりもアプローチと言ったほうが適切である。古いものとしては、孫子の兵法への依存であり、これはロシアが伝統に新たな光を当てているのと似ている。古くは火薬と紙を発明した国であった中国が再び世界的プレーヤーとして復興を遂げるため、先進国が歩んできた発展段階を飛び越えて技術を獲得している。中国の三大テクノロジー企業――まとめてＢＡＴ〔バイドゥ社、アリババ社、テンセント社〕として知られる――と中国軍の専門部隊は、多方面の業界にまたがるイノベーション・サイバーパワーとして新たな技術的頂点に到達している。例えば、中国は量子もつれ現象を用い、ある場所から別の場所へと秘匿メッセージを確実に伝送する世界初の量子衛星通信の実験に成功した。

中国の技術的なリープフロッグ現象は、〔中国人による〕孫子の兵法への習熟と密接な関連がある。この孫子の古典は「実際に戦闘することなく、いかに勝利を収めるか」に焦点が当てられており、すぐれてサイバー戦に有益な本である。孫子の兵法は「兵とは国の大事なり」という文言で始まる。欺《ぎ》騙《へん》はサイバー防衛とサイバー攻勢の双方で重要である。実際、孫子は「兵とは詭道なり」と述べ、戦いにおける欺騙の重要性について多くを語っている。

中国のサイバー理論の中心的要素は、劣勢にあるときは優勢を装い、優勢にあるときは劣勢を装う点にある。中国のサイバー戦理論は世界的舞台で中国の存在を誇示するため、新しきものと古きものとを融合させている。

アメリカでは正戦論の枠組みの中でクラウゼヴィッツの主張に対する傾倒を強め、ロシアではプーチン政権の偽情報の利用と、多極世界を追求するため戦争が必要とされる場合もあるというロシア正教会の教令とが結びつき、中国ではテクノロジーのリープフロッグ型発展の成功と孫子の兵法の理論的主張を支柱に据えている。こうした現状を踏まえると、普遍的なサイバー戦の政策規範が形成される段階にはないことは驚きではない。このようにさまざまな理論が対立したままでは、二一世紀は常続的な「陰の戦い」がエスカレートする世界となってしまう。繰り返しになるが、大国はこれまで総力戦や核戦争の恐怖を高めてきたが、大国が相互に、そして世界の他の国々との間で繰り広げる「終わりのない戦い」〔サイバー戦〕が新たに追加されたのである。

第1章　陰の戦い

二〇一三年、ニューヨーク州の小さなダムがサイバー攻撃を受けていたことが判明した。ニューヨーク市リー・ブルックのブラインド・ブルックにあるダム施設事務所のシステムにイランのサイバー攻撃者が侵入を試みたのだが、さいわいダムの制御機能を奪われるまでには至らなかった。とはいえ、ニューヨーク市から三〇マイル〔約四八キロメートル〕の位置にあるダムが洪水を引き起こし、世界最大級のハブのひとつである都市に甚大な被害をもたらす可能性があったという事実は、アメリカ国民を震撼させ、政府関係者らの注目を引いた。

サイバー戦は、二一世紀に「陰の戦い」(shadow warfare)を一気に拡大させたハイテク革命の下で、ドローンや衛星、ロボットと並ぶ主要兵器である。[*1]「陰の戦い」は永続的な低強度の戦争状態を生み出しているが、インターネットやコンピュータといった現代生活を彩るテクノロジーの陰に隠され、それを目で見ることは難しい。「陰の戦い」の時代に入り、〔世界の〕脅威の風景はこの三〇年間で劇的に変わったにもかかわらず、メディアで報道されるサイバー攻撃〔の実態〕は氷山の一角にすぎない。しかし、サイバー戦争(cyberwar)は今や〔チェスの〕キングなのだ。

新しい戦争の時代は、過去の戦争がそうであったように、主役を演じる兵器によって形作られる。サイバー戦争をめぐるいくつかの特徴もまた、「陰の戦い」が形成される過程で表面化している。第一に、サイバー戦は常続的に行われる一方で、目に見えず痕跡を追跡できないように仕組まれるため、戦争状態が常態化している。攻撃の痕跡はますます小さくなる一方、サイバースペースの戦いは今では終わりの見えない現象となっている。「終わりなき陰の戦い」（continuous shadow warfare）という新しい概念はルネ・ジラールによって提起されたものだが、彼は「私たちは、戦争そのものがもはや存在しない時代に居ながら、かつてないほど戦争に関与している」*3と逆説的に述べている。*2

「終わりなき陰の戦い」という概念は、一五世紀から一六世紀に大海原を駆け巡った海賊行為を蘇らせた。とはいっても、現在の海賊は〔統治者から〕認可を受けていないプライベートなサイバー攻撃者たちである。フェイスブック社、グーグル社、ヤフー社、そしてウーバー社といったオンラインの巨大企業――アメリカ軍も含まれる――は、セキュリティ対策の懸賞プログラムを運営している。これは「関与を否認できるもっともらしい論拠」（plausible deniability）を作り出そうと、民間人を使って国外のターゲットにサイバー攻撃を仕掛けているロシアや中国のやり方と違わない。主要アクターが自らの関与を全面的に否認するのも、終わりのない低強度の戦いの真っ只中にいるからである。

第二に、これは重要なことであるが、サイバー戦は敵対国と同盟国との区別を曖昧にし、従来の戦争を「陰の戦い」に変容させたという事実である。同盟国と敵対国との見境がつかなくなったのは、サイバー諜報に起因している。諜報活動は戦争と同じくらい古くから存在するが、国家がサイバー諜報を通じて相手側のインフラの中に事前にマルウェアを埋め込んで対峙しているように、〔現代のサイバー諜報は〕サイバー戦争行為と技術的に一体化したものである。さらに、サイバー諜報が戦闘行為と一体化するにつれ、サイバースペースの偵察活動は同盟国と敵対国との間で継続的に実施されている。サイバー戦は比較的低コストで遂行できるため、大国も中小国も同じ舞台で活動することができる。こうした特殊な環境から、同盟国をコントロールしようとする誘因は、敵を知り相手を操ろうとする〔伝統的戦争の〕誘因と同様に強くなる。

サイバー戦は新たなテクノロジーと軍事的イマジネーションを結合し――規制すべき国内法の曖昧さも手伝って――発展を遂げてきた。宣戦布告による戦争は過去の遺物となり、敵対国と同盟国という伝統的な概念は色褪せつつある。*4 こうしたサイバー戦がもたらしている二つの変化――①低強度紛争の常態化、②戦争と諜報の一体化および同盟国と敵対国の曖昧化〔丸数字は訳者〕――については、アメリカ、ロシア、中国とも大筋で認め、三国ともこれに準じて行動しているように見える。三国間で合意がないのは、「陰の戦い」の主要手段としてのサイバー戦が根拠とする理論をめぐってである。

サイバー戦をめぐる第三の特徴は、このサイバー戦を支える理論が異なっているという点である。これは上述した二つの特徴と同様に重大な問題をはらんでいる。「陰の戦い」への移行は、通常戦タイプの軍隊や相互確証破壊などを前提とした既存の戦争理論の土台を揺さぶる。戦争の理論は文化によって育まれるものだが、状況により突然変異を引き起こすこともある。サイバー戦という新しい技術が生み出した状況の中で、国家は既成理論を新たな状況へと適応させ、軍事行動に伴う制約を回避することを余儀なくされている。アメリカのような欧米型の軍隊は、カール・フォン・クラウゼヴィッツの軍事思想に従うとともに、国民の監視の目に耐えうる厳密な法的基準に沿った戦争理論を採用し、実際に軍事法務官の助言を受けている。*5 ロシアの戦争理論は、ウラジーミル・プーチン大統領が率いる国家とロシア正教会――ロシア正教会は、戦争は決して正義ではないが、状況によっては戦争が必要とされる場合があるという教説を奉じている――との思想が共鳴し合い、それが戦争の理論を成り立たせている。中国の政治家と戦争理論家は、孫子の兵法に立ち返るとともに、道教や儒教といった伝統の上にテクノロジーを定立する考えを打ち出している。こうした第三の特徴、すなわちサイバー戦をめぐる広範な理論の出現により、「陰の戦い」を取り巻く不確実な状況とそれを支えるテクノロジーのもとで、さまざまな戦争理論がぶつかり合うようになれば、冷戦以来見られなかった〔大国間の〕暴力の衝突を招く恐れも出てくる。

アメリカの元セキュリティ・インフラ防護・カウンターテロリズム担当国家調整官を務めたリチャード・クラークが述べているように、二一世紀における「陰の戦い」への移行は、二〇世紀半ばの核時代の到来の時期と類似している。クラークは〔サイバー兵器開発の経緯について〕次のように書いている。「アメリカは新たなテクノロジーに基づいて（新兵器を）開発し、体系的に配備してきた。我々はそれを綿密な戦略も持たずに行った。公開討論やメディアでの議論、議会での真摯な審議、学術的な分析、国際的対話を欠いたまま、我々は新しい種類のハイテク戦争を遂行するため、新たな軍事コマンドを創設した」[*6]。不確かな戦略や理論のもとで「陰の戦い」が進行すると、新しいテクノロジーを制約しようとする動きは起こらない。新たな戦争テクノロジーの制約に躊躇するのは、サイバースペースが実現した通信能力の向上と、生活の質を高め、新しい生活様式を可能にするテクノロジーにますます依存する世界を我々が目の当たりにしているからである[*7]。こうした環境のもとで「陰の戦い」は拡散し、国際秩序を不安定にする[*8]。それはアメリカ、ロシア、中国といった主要大国のみならず、銀行やエネルギー資本など世界の主要産業にも影響する。イランのような敵対的政府に対しては、核開発プログラムを妨害する一方で、ドイツのような同盟国政府の選挙を妨害することもある。

「陰の戦い」へ向かう動きは一九九〇年代に始まった。各国の政府、軍隊、大学、産業、営利団体、銀行、一般市民がインターネットへの接続を開始し、インターネットへの依存を深めていった時代である。次の二〇年間を見ると、スタックスネット、「フレーム」（Flame）、「デュークー」（Duqu）、「ガウス」（Gauss）――これらの兵器はどれもオープンソースで入手できる――といった高度な兵器を用いたサイバー攻撃やサイバー諜報の報告件数が急増している。サイバー諜報は伝統的な政府間活動に加え、国防産業を標的とし始めた。サイバー諜報はいつも決まって関与が否認されるものだが、この関与否認性こそが「陰の戦い」を特徴づける重要な要素である。アメリカ、中国、ロシア――サイバー兵器を用いた「陰の戦い」の三大主要プレーヤー――はサイバースペースでの防御能力と攻撃能力の両方を兼ね備えるとともに、[*9] 敵対国と同盟国の双方を標的としながら互いにサイバー攻撃とサイバー諜報を行っている。[*10]

伝統的な軍事行動（国境を踏み越える戦車など）と同時にサイバー攻撃が行われる場合、それは「ハイブリッドな」戦いに分類される。かかるケースでは、サイバー紛争は高強度紛争ないしキネティック紛争〔通常兵器による物理的な破壊を伴う武力紛争〕が混在した多様な戦いの一環として戦われる。ハイブリッド戦の古典的事例は、二〇〇八年八月八日、ジョージアとロシアに挟まれた南オセチアという辺境の地で起きた。他のハイブリッド攻撃も、一般的な戦いの一部として取り入れられている。例えばテルアビブ〔イスラエル政府〕によると、二〇〇六年のイスラエルとヒズボラとの戦争〔第二次レバノン戦争〕では、紛争の一部としてサイバー戦が遂行された。また、シリア東部最大の都市ダイル・アッザウル〔近郊のデリゾール〕――核開発疑惑のアル・キバール原子炉の所在地――に対するイスラエル軍による空爆（二〇〇七年九月）では、シリア軍の統合防空システムのコンピュータを妨害するサイバー攻撃と連携して核開発施設が〔実弾で〕破壊された。[*11] 積極的な軍事作戦の一環としてサイバー戦が有効に機能するためには、〔サイバー攻撃の〕ターゲットが脆弱性を抱える中、それを活用する攻撃者がその脆弱性にアクセスできなければならない。[12]

公然たる戦闘行動と連動したサイバー戦と異なり、慢性的な低強度の「陰の戦い」の中に紛れてサイバー攻撃が行われる場合もある。伝統的な意味での敵対関係にはあてはまらない国家どうしで起きた古典的事例は、二〇〇七年四月、エストニアの政府機関、銀行、メディアに対するサイバー攻撃であった。それはタリンの兵士像――エストニア人にとってソヴィエト時代の圧政のシンボルであり、ロシア人にとってはナチに対する勝利のシンボル――が市の中央広場から軍人墓地へと移設された直後に起き、攻撃の発生源はほとんどがロシア国内からのものだった。その他にも、キルギスでは二〇〇七年の選挙期間中、中央選挙管理委員会のウェブサイトが改ざんされた。二〇〇九年三月には、主に中国国内のサーバーを利用した「ゴーストネット」(GhostNet) と呼ばれるサイバー諜報ネットワークが、世界一〇三カ国の政府や民間団体の機密文書に不正アクセスした。その中には亡命チベット人のコンピュータも含まれていた。最も有名なのは二〇一〇年九月、イラン国内のナタンズにある核燃料濃縮施設に対し、アメリカとイスラエルがスタックスネット・ワームを用いてイランのウラン精製用遠心分離器を減速させることを狙った攻撃である。これらの攻撃ではキネティック攻撃を伴ったものはなく、〔必ずしも〕敵対関係と見なされている国家間に限って起きているわけでもない。また、いずれも実施主体が公式に認定されたものはない。

現地の住民たちにとって、陰の紛争がもたらす現実はインパクトが大きい。上述した攻撃が生じたところは、戦争が宣言されたことも、今後宣言されることもない場所である。[13] パキスタン北西部にあるミーラーン・シャー以上に、この事情があてはまる場所はないだろう。「陰の戦い」によって頻繁なドローン攻撃を受け、ほとんどの電気通信システムが崩壊すると、ミーラーン・シャーは恐怖と疑心暗鬼に覆われた町へと変貌した。通信――家族が国外から本国に送金する際に親族と連絡を取るための手段――は、そのほとんどが使用不能となった。なぜなら、携帯電話ネットワークは、通信施設を破壊する目に見えない謎の攻撃者の仕業《しわざ》で利用できなくなり、インターネットカフェは誰もが知るドローン攻撃で廃業に追い込まれたからである。*14 この目に見えない紛争で主役を演じる二人のプレーヤーは、アメリカ人という攻撃者とパキスタン人――パキスタンはアメリカの事実上の同盟国だった――という攻撃目標だった。アフガニスタンでの戦争はパキスタン北西部地方へと波及していたのだが、そこはアルカーイダ戦士たちの潜伏先だった。

終わりのない戦争状態

「陰の戦い」の代表例のひとつがサイバー攻撃――サイバースペースで生起する攻撃――である。サイバースペース――物理空間と仮想空間の両方を含む――の定義はさまざまであるが、それは定義する人のニーズ〔サイバースペースに何を期待するか〕や物の見方により変化する。*15 国家安全保障や国際関係論の分野で発展を遂げてきた定義として、サイバースペースの活用状況に着目したものがある。このカテゴリーに属する定義は、サイバースペースとは陸、海、空と似たドメインである――サイバースペースは人工物ではあるが――との見解を取り入れている。*16 それに対し、サイバースペースの技術的なインフラ面を強調する定義もある。例えばアメリカ国防省は〔サイバースペースを〕「情報環境の中にあるグローバルなドメインであり、インターネット、遠距離通信ネットワーク、コンピュータシステム、内蔵された処理装置や制御装置など、情報テクノロジー・インフラが相互に接続されたネットワークにより構成される」[17]と定義している。

サイバー紛争（という用語）は、サイバースペースの定義から派生した用語である。二〇〇五年のサイバー紛争研究学会（Cyber Conflict Studies Association）の研究議題として、サイバー紛争とは「政治目的のため……サイバー兵器またはサイバーツールの使用を含む、ディジタルシステム、ネットワーク、インフラを、攻撃力および防御力を行使して妨害する、政治的動機に基づく大規模な紛争の実行」[18]と定義され、それは国家および非国家アクターにより多様なターゲットに対して実施される。このようにサイバー紛争を表す用語が幅広く存在する中、サイバー攻撃という用語もまた多種多様である。戦争の兵器――「陰の戦い」の兵器として――を意味することもあれば、サイバー攻撃の中の多様な形態を表す場合もある。

サイバー戦争

サイバー戦[19]はインターネットだけに限定されるものではなく、民間の商用ネットワークや国家の機密ネットワークにも影響を及ぼす。[20]（国家が）「陰の戦い」に従事する動機は、過去に戦争で追求してきたものと変わらない。すなわち、パワーと国益の追求である。戦い（warfare）は戦争（war）の遂行手段であるが、必ずしも軍事的な手段に限定されない。[21]「陰の戦い」では、作戦・戦術レベルの戦場において、サイバー兵器やサイバーアセットを用いた情報パワーや影響力の獲得をめぐる戦いが繰り広げられる。ところがサイバースペースでは、勝利や敗北という伝統的な概念を再現することは難しい。なぜなら、サイバードメインは複雑でさまざまなアクターが絡み、混沌とした紛争状態を生み出すからである。政策、行動規範、価値をめぐる共通の枠組み――意図しない結果を避けながら、サイバードメインの中で正確に均衡のとれた力を行使する――を築くことは難しい課題である。サイバー戦を取り巻く状況は、エアパワーや核抑止に関する〔各国の〕ドクトリンは形成途上にある。サイバー戦は比較的新しい分野であるため、〔各国の〕ドクトリンが策定された数十年前と類似している。

過去の熟慮の証しは、いにしえの達人《マスター》たちによる英知の中に深く刻まれているはずだ。戦いとは何か？　中国の軍事思想家で将軍でもあった孫子は「兵とは国の大事なり。死生の地……故にこれを経《はか》るに五事を以てし……一に曰わく道、二に曰わく天、三に曰わく地、四に曰わく将、五に曰わく法」*22と語っている。プロイセンの軍事理論家カール・フォン・クラウゼヴィッツは、〔戦いとは何かという問いに対し〕詳細な回答を残している。第一に、あらゆる戦争行為は暴力的であるか、あるいは潜在的に暴力的である。第二に、戦争行為とは敵に攻撃者の意志を受け入れさせるための強制手段である。最後に、それが戦争行為であるからには、攻撃の中にある種の政治的な目標や意図を宿しているはずだ、と主張した。*23サイバー戦は「陰の戦い」という新しい形態であり、既成の概念や用語がすべてあてはまるわけではないが、〔孫子やクラウゼヴィッツの見解は〕一般的概念としてはサイバー戦にも通用する。*24

「陰の戦い」において、サイバー戦は、偵察、情報作戦、重要ネットワークやサービス妨害のために運用され、電子戦や情報作戦を支援するために使われる。アメリカにおける一九九〇年代以降のサイバーセキュリティの独自の取り組みとして、アメリカ全土を対象としたコンピュータ緊急対応チーム（CERT）の創設、科学担当省への権限付与、国家警察内における専門部隊の設置などがある。このほか、情報活動や政治活動の具体的計画を策定している国もある。また、既存の電子戦計画の中にサイバー戦能力を組み込んでいる国もある。こうした電子戦とサイバー戦の連結は、コンピュータネットワークのモバイル化と無線化が進むにつれ強化されてきた。[25]
その結果、サイバー戦のドクトリンと構造は急速に変化している。例えば、国家はいまや国内のディジタルインフラ――電力発電網、オンライン銀行やサービス、記録、通信――を戦略的な国家資産と位置づけている。[26] そして、オフィス間の通信能力の向上のほか、サイバー戦に巻き込まれる国内オフィス〔のセキュリティ〕を強化する取り組みを始めている。例えば、二〇〇八年一一月にアメリカ中央軍で国防省（ＤｏＤ）のネットワークが深刻な打撃を受けた後、アメリカのサイバー軍が二〇一〇年五月に創設された。韓国軍も二〇一〇年初めにサイバー軍を創設したが、それは北朝鮮（ＤＰＲＫ）からの度重なるサイバー攻撃を受けた直後だった。[27] さらに、国家は重要インフラ――産業防衛基盤、金融システム、交通ネットワーク、電気系統、原子力発電所、水道など――を防護が必要な対象に選定している。

サイバー防衛

サイバー防衛（cyber defense）[28]は二つの基本戦略から成り立っている。第一の戦略は拒否的抑止と呼ばれるもので、相手にあらかじめ表明している利益を守り抜くための能力を見せつけておくことである。第二の戦略は懲罰的抑止と呼ばれるもので、攻撃を行って仮に目標を達成できたとしても、攻撃に見合った価値を得られないほどの甚大なコストを与えることを攻撃者にあらかじめ表明しておくことである。[29] 拒否的抑止とは主に防勢的な対抗措置である。懲罰的抑止は主に攻勢的な対抗措置であり、〔相手からの〕攻撃に対し、信憑性の高い甚大な苦痛を伴う報復の脅しに依拠している。

懲罰的サイバー防衛とエスカレーション・コントロールとの関係は複雑であるが、〔この問題について〕最終的に満足のいく結論を見出すことはできないだろう。相手が「報復は全面的かつ容赦のない破壊をもたらす」と恐れているとき、かえって〔報復の〕信憑性は強まる。他方、双方が和平を模索しているとき、報復する側は攻撃を緩和し、なおかつ〔紛争を〕終結させる能力をもっていると相手に信じ込ませる必要がある。[*30] ほんの一握りの国だけが高度なサイバー攻撃を実行する能力をもち、一〇〇カ国を超える国が防衛目的でサイバー戦部隊を組織し始めている。

サイバー攻勢

サイバー攻勢（cyber offense）とは、コンピュータシステム、サイバー情報、プログラムなどを変更・妨害・欺騙・劣化・破壊するための意図的な行動[*31]ないしは、サイバースペースを利用して物理的対象を攻撃・妨害・破壊するためのサイバー手段の活用を指す。サイバー攻勢の能力を獲得する方法は、効果的なサイバー防衛能力を獲得するよりも格段に安価で済む。なぜなら、サイバー攻撃者は〔攻撃に必要な〕ひとつの方法を見つけるだけでよいのに対し、サイバー防御者は侵入可能なあらゆる経路に備えなければならないからである。スタックスネットのように、実態が覆い隠されてきた高度なサイバー攻勢兵器は、時間や計画の面で多大なコストを要しながら周到な作戦のもとで運用される。

サイバー戦は厄介な問題をはらんでいる。例えば、国家は自らのリスクを減らすため、第三者を使ってサイバー攻撃を行い、「関与を否認できるもっともらしい論拠」を強化しようとする。[*32] 別の複雑な問題は、サイバースペースにおける反撃についてであり――例えば、アメリカ、中国、ロシア間での反撃。他の戦略正面では三国は互いに深い関係にある――、それは軍事力による報復や二国間貿易[*33]に予期せぬ影響をもたらす。[*34] サイバースペースでマルウェアの封じ込め――マルウェアが「荒野」に野放しにされることを防ぐこと——が困難であることも、サイバー戦がもたらす深刻な影響である。これは、化学戦や核の放射性降下物の制御が困難であることと似ている。〔サイバー戦の〕痕跡はごくわずかで、ほとんど認知できないため、攻勢と防勢のいずれの戦略を策定するにせよ、〔上述した〕サイバー戦の波及的影響を考慮に入れた意思決定が求められる。

「陰の戦い」が進展するにしたがい、サイバー兵器はますますその効果を高め、精緻さを増す。初期のＤＤｏＳ——分散型サービス拒否——タイプのサイバー攻撃は現在も行われているが、データ窃取やマルウェアの拡散を行うフィッシング技法の利用、偽情報を拡散するソーシャルメディアの活用、外部のＯＳの乗っ取りなど、特定の目的に狙いを定めたサイバー兵器が使われる傾向が強まっている。サイバー兵器の有効性を持続させるため、これらの兵器の秘密は保たれる。そうすることで、関与の否認性《デナイアビリティ》がより一層強まる。イスラエルはシリアの核開発施設に対するキネティックな爆撃についても、サイバー攻撃への関与についても認めていない〔二〇一八年三月イスラエル政府は空軍による爆撃の事実を認める声明を出した〕。

自由民主主義諸国に突き付けられた「陰の戦い」の問題は、民主主義社会はもはや公式に宣戦布告を要するような戦争をしないことに加え、サイバー戦が秘密裏かつ永続的に続いているため、社会に対する紛争の意義についての民主主義的議論が起こらない点にある。例えば、パキスタン人が住む村落の通信回線を破壊する攻撃を実行したとき、アメリカ国内は戦争状態にはなかった。しかも、パキスタンはアメリカと事実上の同盟国であった。さらにもっと重要なことだが、作戦そのものの価値に関して、アメリカ議会は事実を知らず、広範な国民的議論も公開討論も起こらなかった。別の事例を挙げれば、アメリカは二〇〇三年にイラクへ侵攻した際、大量破壊兵器に関する今となっては虚偽であることが明らかな理屈を掲げたことが災いし、政治的な手詰まり状況に置かれていた。そうした最中、イランで極秘のサイバー攻撃を実施する決断が下された。アメリカ市民は何年もの間、この中東で着手された新たな行動について知らされていなかったのである。

スタックスネット

最も高性能なサイバー兵器としてその正体を暴かれたのがスタックスネットである。スタックスネットはオリンピックゲームズ作戦――イランの核開発施設を標的とし、特定の目的をもったサイバー兵器を製造する作戦――の第二段階で使用された。それはナタンズにあるイランの核濃縮施設の工業用制御装置に対するサイバー攻撃であり、濃縮用の一〇〇〇台の遠心分離器がスピン動作を起こし、制御不能に陥った。[*35] スタックスネットは、別のサイバーシステムの機能を停止させたり、電子データを窃取したりするのではなく、標的を物理的に破壊してしまうはじめてのサイバー兵器であった。[*36]

ディヴィッド・サンガーが『ニューヨーク・タイムズ』紙の記事で書いているように、作戦名オリンピックゲームズとサイバー兵器スタックスネットは、ジョージ・W・ブッシュ政権のもとで準備が開始された。イランによるウラン濃縮の再開に対処する限られたオプションの中で――欧州では、いかなる制裁措置がイラン経済への打撃となるかをめぐり意見が割れていたし、アメリカはサダム・フセインが核開発プログラムを再開したとの虚偽の報告を理由にイラクとの通常戦に訴えたことで〔国際社会から〕信用を失っていた――極秘裏にサイバー兵器を開発しておくことは、イランの核開発の野心を阻止できる信頼性の高いオプションであると思われた。[*37]

このサイバー兵器の目的は、ナタンズにある核燃料施設の工業用コンピュータ制御装置にコマンド信号を送ることだった。そこへアクセスするには、ナタンズを〔ネットワークから〕隔離していたエアギャップ――施設内のコンピュータシステムがインターネット接続から物理的に切り離された状態――を克服しなければならなかった。その解決策としてウイルス感染したUSBドライブが用いられ、その後、より高度な手法が試された。核分裂性同位体ウラン二三五（原子力発電所や核兵器に使われる）を濃縮するために高速回転する巨大な遠心分離器にコマンドを送るコンピュータを制御するには、遠心分離機構の全体を把握することが必要であり、はじめにサイバー諜報用ツールが使用された。このツールを用いれば、濃縮プラントの構造や操作要領、制御装置の電子ディレクトリのマップを作成し、地下深部にある遠心分離器との接続状況を把握することができた。[*38]

そのサイバー兵器〔スタックスネット〕は、〔アメリカの〕国家安全保障局（ＮＳＡ）がイスラエル最高のサイバーチームである八二〇〇部隊と協力して作り上げたものである。アメリカとイスラエルは少なくとも二つの理由により、このサイバー攻撃で協力した。第一に、イスラエル軍の八二〇〇部隊はサイバー攻撃を成功させるために決定的に重要なナタンズ周辺の作戦情報とともに、卓越したサイバー能力を有していた。第二に、アメリカはイスラエルがイランの核施設に対して独自に先制攻撃を敢行することを阻止しようとしていた。そこで同計画にイスラエルを巻き込むことで、サイバー攻撃の実効性が高まるということをイスラエルに納得させる必要があった。[*39]

サイバー攻撃は二〇〇八年に実行に移され、遠心分離器は制御不能に陥った。当初、イラン人たちは原因がわからず当惑した。その理由は二回行われた攻撃がまったく異なった様相を呈していたからであり、ウイルスがナタンズの制御室にコマンド信号を送ったとき、遠心分離器エリアは正常に動作していたからであった。イラン側が攻撃に気づくまでには、サイバー兵器は遠心分離器の破壊に成功し、ウラン二三五の濃縮作業は中断されていた。[*40]

〔前出の〕サンガーは、スタックスネットがブッシュ政権からオバマ大統領のホワイトハウスに継承された経緯について概要を描いている。バラク・オバマ大統領は就任時にサイバー問題に関心をもち、在任期間にサイバー戦争の手法を学んだ。オバマ政権はオリンピックゲームズ作戦をブッシュ政権から引き継ぎ、イランの核開発プログラムに対する攻撃を継続した。*41

二〇一〇年の夏、スタックスネットのマルウェアがナタンズのウラン処理施設から外部に漏れだした。マルウェアが遠心分離器に浸透したとき、施設内のエンジニアたちのコンピュータに伝播した。そのエンジニアたちがナタンズから自分のコンピュータを外に持ち出し、インターネットに接続した瞬間、世界中でマルウェアのウイルスが増殖を始めた。*42 スタックスネットのウイルスが「荒野で」増殖し出すと、コンピュータセキュリティの専門家たちは解析に着手し、現在継続中のオリンピックゲームズ・プログラムにしたがったサイバー攻撃であることが明るみになった。その後、違った型のコンピュータウイルスが一〇〇〇基ほどの遠心分離器に被害を与えるなど、オリンピックゲームズ作戦は依然として続いていた。*43

サイバー攻撃とサイバー戦は同義ではない

サイバースペース内で生じる攻撃は、政府が関与しているケースもあれば、民間アクターによる活動の場合もある。民間アクターによるサイバー攻撃に政府が反応する場合もあるが、たいていは民間アクターの間で処理される。少なくとも四タイプのサイバー攻撃に従事する民間集団がある。第一にeコマースで儲けようとする犯罪者集団、第二に企業秘密や技術をスパイする集団、第三に特定の社会問題にコミットしている社会集団／ハッカー集団――ハクティヴィズムと呼ばれる――、第四にサイバーテロリズムに手を染めている悪質集団《マリシャス・グループ》である。こうした民間アクターは、サイバー攻撃に必要な政府規模の財源をもたないため、政府が後援する攻撃者集団と比較して、〔彼らの〕行動の追跡調査や実態把握は比較的容易かもしれない。

営利団体の経済的動機に加え、一部の企業はサイバー攻撃に対し、洗練された戦略を採用している。犯罪者集団がシステムに侵入していることを承知のうえで、ネットワーク内部の最も重要なデータを防護できる自社の防御システムの再設計を行い、ネットワークに入り込んだ犯罪者を捕らえるのだ。[*44] こうした民間アクターによるサイバー攻撃は、サイバー犯罪やサイバーテロリズム、そしてサイバー諜報と混同されることが多いが、実際に両者はつながっているケースが多い。[*45] まずは、政治色の強いサイバー犯罪から見てみたい。

サイバー犯罪

サイバー犯罪は攻撃にかかるコストと不釣り合いなほど法外な経済コストを相手に強要する。[*46] アメリカで二〇一七年に自然災害がもたらした年間コストは三〇六〇億ドルと見積もられるのに対し、[*47] サイバー犯罪の損失コストは、デル社、ベライゾン社〔ニューヨークに本社を置く総合電気通信企業〕、マルウェアバイツ社〔カリフォルニア州サンタクララに本社を置くサイバーセキュリティ企業〕など、大手企業の見積もりによると数兆ドルに達するという。[*48] これは史上最大規模の経済的富の移転とも言え、技術革新や投資に対するインセンティブの喪失にもつながる。さらにサイバー犯罪は、世界中の主要な違法ドラッグ貿易のすべてを合計した取引額を上回る利益をあげている。増大するサイバー犯罪への対応から、二〇一七年から二〇二一年までのサイバーセキュリティ経費は一兆ドルを超えると見込まれている。[*49]

サイバー犯罪は、政府が後押しするサイバー攻撃と一体化するケースがある。例えば、中国のある軍事雑誌社のライターは、サイバー攻撃によってアメリカの金融市場を破綻させることができると推測している。この種の攻撃がもたらすディレンマは、中国もまたアメリカと同じ金融市場に依存しており、この種の大規模な攻撃を敢行すれば、中国も国内経済で深刻な影響を被るということだ。また、主要な金融機関はバックアップシステムをもち、ほんの数日のうちにシステムをオンラインで復旧できる。しかし、この種のサイバー犯罪は、二〇〇七年にエストニアで起きたように、費用に対して大きな被害をもたらすことがある。この場合、ロシアにとっては大した費用はかからなかった——特に、エストニアに与えた犠牲と比較すれば——のに対し、〔エストニアの〕銀行、ＡＴＭ、報道機関、ほとんどの政府機能を停止に追い込まれた。さらに、この種の攻撃は金銭目当てのランサムウェアに見られるように、私的集団の有効なツールとして使われる可能性がある。その事例としては、バークレーズ社〔ロンドンを本拠とする国際金融グループ〕などの銀行に現金を供給しているトラベレックス社〔オンラインによる旅費送金為替や空港・港湾外貨両替を扱う世界的企業〕のような企業から、自国の関与が薄い物理的世界で運用される北朝鮮のサイバー攻撃能力のように、グローバルな市場経済を拒絶している政府までである。[*50]

世界的に有名なサイバー犯罪のいくつかは、北朝鮮政府によって実施されている。北朝鮮による最大のサイバー攻撃は二〇一四年のソニー・ピクチャーズエンターテインメント社に対して行われたもので、北朝鮮指導者の金正恩を「殺害」する企てをコミカルに風刺した政治喜劇映画『ザ・インタビュー』の上映を阻止する狙いがあった。あまり知られていないが、北朝鮮は平壌で誘拐された原子核物理学者を題材にしたドラマの放送を阻止しようと、〔放映の〕数週間前にイギリスのテレビネットワークに対し、通常とは異なる方法で〔サイバー〕攻撃を加えた。この通常とは異なるサイバー攻撃の方法とは、他の国々のサイバー戦略とは異なるという意味だが、北朝鮮指導部をネガティブに描いた番組への報復として二〇一三年に発生した韓国のテレビ局に対する〔北朝鮮による〕サイバー攻撃とは類似していた。*51

北朝鮮は国際システムを混乱させ、必要な外貨を得るためにサイバー犯罪を実施してきた。アメリカの情報機関は、二〇一七年五月に起きた「ワナクライ」(WannaCry) ランサムウェアを北朝鮮の仕業であると判断している。この攻撃で数週間にわたり一五〇カ国以上で二三万台を上回るコンピュータが感染し、そこでファイルを暗号化するマルウェアが起動した。暗号化されたファイルの解除は、ビットコインの支払いとの交換条件とされた。*52

ハクティヴィズム

政治的、社会的主張を訴えたり、政治的な対立相手にダメージを与えようとするサイバー手法——ハクティヴィズム (hacktivism) ——は、〔サイバー犯罪と並び〕プライベートなサイバー攻撃の一形態である。ハクティヴィズムの標的は、社会が注目している政治色の強いものが多い。有名なハクティヴィスト集団であるラルズ・セキュリティ〔通称ラルズセック〕は、メンバーが逮捕され刑の宣告を受ける前に、アメリカ空軍、アメリカ上院、CIA、イギリスの国民健康サービス (NHS) などのウェブサイトにダメージを与えることに成功した。具体的には、アメリカ空軍のウェブサイトにアクセスし、上院から盗んだ機密情報を公表し、CIAのサイトを数時間停止させたり、NHSのオンラインサービスを攻撃した。*53 一般にハクティヴィスト集団の狙いは、サイバーセキュリティの不手際を白日の下にさらし、世界的に有名な組織に恥をかかせることだと言われている。

ポルトガルやエジプトなど他の国々も、オンラインシステムに不正アクセスを受けている。ポルトガルでは二〇一一年一一月二四日、厳しい金融引き締め政策に反発した民衆運動に対し、政府は容赦のない弾圧を加えた。この弾圧に反応し、ポルトガル銀行、議会、経済イノベーション開発省がサイバー攻撃を受けた。*54 二〇一一年二月、エジプト政府は「アラブの春」の発生を目の当たりにし、数週間にわたってインターネットの運営を停止した。これに対し、グーグル社とツイッター社はSpeak2Tweetという電話サービスを立ち上げ、二〇一一年から二〇一五年まで同サービスを運営した。これにより、利用者は匿名のまま音声メッセージを〔ネットワーク・サーバに〕残すことができ、ツイッター画面からいつでもそこにアクセスし、メッセージを再生できた。エジプト政府はその後、携帯電話網を停止した。*55

国家に抵抗するハクティヴィストの事例は、イランやトルコでも見られた。例えば二〇〇九年、イランでの広範な不正選挙に対する抗議運動が思うような効果を生まない状況が続く中、それに刺激されたアノニマス――世界で最も有名なハクティヴィスト集団で、インターネット検閲に反対し、国際問題に対して自分たちの流儀で取り組んでいる集団――は「アノニマス・イラン」と称する情報交換ウェブサイトを立ち上げた。過激なハクティヴィスト集団の「レッドハック」は、権威主義的統治に舵を切ったトルコ政府を批判するため、高度に組織化されたサイバー攻撃を行い、オンライン上で政府情報をリークした。レッドハックの過去の標的は、トルコ高等教育評議会、国家警察部隊、陸軍、トルコ・テレコム、国家情報機関に及んだ。*56

ハクティヴィズムの他の事例として、「アノニマス・アフリカ」というハクティヴィスト集団の活動がある。二〇一三年、ロバート・ムガベがジンバブエ大統領に再選──不正操作があったと非難された選挙[*57]──されたとき、アノニマス・アフリカはハクティヴィズム行動に乗り出し、「ムガベ氏の政権は、自分たちのメッセージを伝えるため国営テレビの多くの放映時間を利用できたのに対し、野党にはそうした機会がまったく与えられなかった」と主張し、政府系新聞と与党を含む五〇のウェブサイトを停止させた。続いて、南アフリカのインディペンデント・メディア社──国内最大手の新聞社──は、ムガベ寄りの記事を掲載した直後、DDoS攻撃を受けた。[*58]

ハクティヴィズムにかかわる重大問題は、実行者が公（国家）か私（個人もしくは個人が集う集団）かという点にある。その一例が、「シャムーン」というハクティヴィストによるサイバー攻撃である。サウジアラビアの国営石油会社であるサウジ・アラムコ社は、二〇一二年八月にハクティヴィストによる攻撃を受け、同社のコンピュータネットワークが停止したとの報道内容を認めた。コンピュータセキュリティ企業のシマンテック社は、マルウェアによりハードドライブの磁気記憶装置が消去され、汚染されたコンピュータがすべて使用不能になったと公表した。そのハクティヴィスト攻撃に使われた兵器はシャムーンと名付けられた。[*59]シャムーンによるサイバー攻撃の発生源は明らかではない。「アラブ青年団」または「正義を貫く剣」と名乗る未知のハクティヴィスト集団が犯行声明を出したが（二つの異なる集団なのか、それとも同一集団に付けられた二つの名前なのかを含め）その真偽は定かではない。ハクティヴィストたちは、アメリカとつながり、イランの核開発の野心を阻止しようとするイスラエルと協力しているとして、サウジアラビアの指導者を非難していた。[*60]

〔シャムーンによる相手システムへの〕侵入に続き、二〇一六年末には「シャムーン２」と名付けられたマルウェアを用いて、前回と同じような不正アクセスが二度にわたり実行された。この攻撃はイランに対するサイバー攻撃（この攻撃によりイランの石油産業のインターネット接続が遮断）への報復と受け止められた。アメリカの情報機関とセキュリティ企業は、「シャムーン２」によるサイバー攻撃はイラン政府によって実行されたものであると、その主張を裏付ける具体的証拠は提示されていないが、示唆している。仮にこれが実際に国家による攻撃であったとすれば、ハクティヴィズムではなく国家が後押ししたサイバー戦争と呼んだほうが正しいだろう。ハクティヴィズムの担い手は私的個人か、複数の個人が集まった集団であると仮定され、汚い仕事に手を染めるよう国家に雇われた個人ではないからである。[*61]

民間のハッカーや犯罪者を雇って攻撃を行わせている国家もあるが、代理勢力《プロキシィ》によるサイバー攻撃もれっきとした〔国家による〕サイバー攻撃である。民間のハッカーや犯罪者集団が関与する代理勢力と政府とのつながりは、ある種サイバー作戦の闇の部分である。例えば、ロシア政府はサイバー作戦から距離を置くために民間ハッカーを利用するケースが多い。第２章で説明するとおり、予想される民間ハッカーとは、実際のところ、ロシア軍および民間のオペレータであり、その中には「サイバーベルクート」、「サイバー・カリフ国」、「グシファー２・０」などが含まれる。他にも似たような事例があり、彼らは出来高払いの仕事に従事する民間ハッカーのようである。民間ハッカーと政府との関係をつなぐものは、主として金銭である。こうしたケースでは、ロシアの情報機関の幹部は不正アクセスに成功したeメールアカウント一件につき約一〇〇ドルを民間ハッカーたちに支払っているという。[*62]国家は依然として民間ハッカー《プライバティアリング》を活用しているものの、各国政府がサイバー攻撃やサイバー諜報の実行者を見つけ出す能力を高めるにつれ、サイバー攻撃の実行責任の追及から国家を守る手段としては効果が薄くなっているといえそうだ。[*63]

サイバーテロリズム

サイバーテロリズムは「陰の戦い」における新たな要因として取り上げられるようになった。サイバー攻撃は低コストで実行できるため、非国家主体が利用しやすいからである。つまりサイバーテロリズムとは、サイバー攻撃に訴えてテロ事案を引き起こすことである。だが、実際にはサイバーテロリズムはあまり起きていない。サイバーテロリズムは、民間アクターによるサイバー攻撃と国家主体によるサイバー攻撃との中間に位置づけられる。なぜなら、サイバーテロリズムが生起する舞台は、民間アクターと民間アクターの間、民間アクターと国家アクターの間、政府と政府の間の空間だからである。テロリストやテロ組織は金銭を稼ぐにも、金銭を動かすにもインターネットを活用しているが、こうした活動はサイバーテロリズムというよりサイバー犯罪の部類に入る。[*64] 行為の悪質性にもかかわらず、テロリストは——サイバーであれ何であれ——他の犯罪者と同じ刑法で裁かれるべきであるというのが一般的に認められた原則である。法的な訴訟手続きの遵守は国連の中核的価値を占め、テロリズムと闘争するにあたり、法の支配を貫く原理的支柱なのである。

民間レベルにおいては、物的損壊を伴うテロ攻撃と比べ、サイバーテロリズムはこれまでのところ、さほど効果を上げておらず、インパクトも少ない。サイバーテロリズムの利点とは、物理的攻撃よりも安上がりで容易に実行することができ、攻撃にさらされている国の外部の遠隔地から、それを実行できる点にある。不利な点は、劇的な効果のある人命喪失を伴うことなく、また意図した恐怖を引き起こすような目に見える脅威を与えることが難しいことだ。サイバーテロリストたちは自らの活動資金を得るため、インターネットを使ってクレジットカード番号や重要データを盗んでいる。このため、サイバーテロリズムは大きく取り上げられてきたが、これまでのところ、直接的なテロ活動に至っていない。むしろサイバースペースは、テロリストたちがプロパガンダ活動や情報収集、融資活動、ハクティヴィズム活動を行うための安全な避難場所となっている。[*65][*66]

国家レベルにおいて、サイバーテロリズムは物的損壊——例えば、ダムの氾濫によって住民居住区を水没させたり、原子力発電所を爆破して放射能汚染を引き起こす——を通じて社会的混乱をもたらすことができる。また、エネルギー、交通機関、銀行などの国家規模の重要インフラを機能停止させることで、社会的混乱を引き起こすことができる。このようなサイバーテロリズムの目的は、「標的とする」政府を脅し、恫喝することであり、国民の中にパニックと恐怖を植え付けることである。[*67]国家によるサイバーテロリズムに対しては国家が対応するのが当然であるが、その範囲は、諜報活動からハイブリッド戦、物理戦に至るまで多岐にわたる。軍事的見地からすると、あるサイバー攻撃が日常的な混乱のレベルを超えたダメージをもたらさないのであれば、それが国家安全保障に対する緊急かつ重大なリスクとはならない。[*68]戦略国際問題研究所のジェームズ・A・ルイスは、水力発電ダムに対する物理的攻撃とサイバー攻撃とを比較した論文の中で、サイバー攻撃は実際にインフラを破壊することはないため、物理的攻撃よりもダメージが小さいと結論を述べている。[*69]したがって、「サイバーテロリズムは現実的な被害をもたらすことはない」とは言えないまでも、少なくともこれまでのところ、サイバーテロリズムはサイバー犯罪、ハクティヴィズム、国家が後押しするサイバー攻撃よりも、国家に及ぼす脅威の度合いは小さめであるというのが実情と言える。

サイバー諜報とサイバー戦の融合、同盟国と敵対国の混合

サイバー諜報(cyberespionage)は、サイバー攻撃およびサイバー戦との一体化をますます強めている。民主主義国家の内部で行われているサイバー諜報活動は、「安全の提供」と「社会的信任の低下」(NSAによるアメリカ国内を対象とした情報収集活動をめぐる論争に見られる)との間で板挟み状態にある。*70 国家間で繰り広げられるサイバー諜報は、あるサイバー兵器が新たな攻撃で使用される前の第一段階に位置づけられ、「陰の戦い」の時代における諜報活動の頻度を劇的に増大させた。例えば、スピアフィッシング——データを盗み取り、マルウェアを植え込むeメール詐欺——は、サイバー諜報としても、またサイバー攻撃としても使用される。

諜報《エスピオネイジ》は古くから存在する手法である。戦略や戦術は、同盟国や敵対国に関する信頼あるインテリジェンスがなければ策定できず、諜報はそのために必要なものと見なされてきた。〔現在の〕諜報をめぐる問題は、そうした諜報の利点に関するものではなく、従来の戦争の理論やその根底にある考え方と一致しているか否かという点にある。攻撃の準備段階で大事なのは、対処すべき問題の特性に応じて変化する諜報と攻撃のバランスを保つことであるが、サイバー攻撃とサイバー諜報双方の透明性が欠如しているため、両者の境界線を確定することはきわめて困難である。

アメリカを代表とする国々は、慣例として一般化されてきた「サイバー諜報による対外情報収集」と「サイバー諜報による経済情報収集」とを明確に区別するべきであると主張している。これは経済情報収集を違法と見なす立場である。中国に代表される国々は、〔対外情報および経済情報の〕いずれ

を目的としたサイバー諜報もすでに多くの国々は実践しており、アメリカの主張はそうした現実から目を背けさせるための誇張された分類法であると見なしている。[71] 例えばアメリカは、中国やロシアが企業秘密や技術機密を盗み出すためにサイバー諜報を利用していることに不満を表明している。[72] アメリカ国家防諜責任者（US National Counterintelligence Executive）が作成した「サイバースペースにおいてアメリカの経済秘密を窃取する外国スパイ」と題する報告書が語るように、コンピュータネットワークには膨大な情報や研究成果が存在するため、サイバー諜報を使えば、わずかなリスクで手っ取り早くデータをかき集めることができる。[73] 同報告書が公然と名指しする国は中国とロシアだけであるが、数十カ国にも及ぶ情報機関、民間企業、学術団体、市民がアメリカをサイバー諜報の標的にしているとも述べている。[74] サイバー諜報により自国の経済力を押し上げることができれば、そうした情報の窃取は――標的にされた国が損失を被るため――国家の繁栄と安全を脅かすことにつながる。アクセス制限のかかった情報を探し出し、それを読み込むという行為は、自国の利益のために窃取情報を利用しているということだ。サイバー諜報とサイバー攻撃の絡み合いを解くのは、難しくなっている。

　サイバー諜報の対象は敵対国に限らない。ドイツで発生した二〇一三年および二〇一五年のスキャンダルは、緊密な関係にある同盟国といえども、サイバー諜報の標的とされる実態を浮き彫りにした。ドイツのアンゲラ・メルケル首相は、「友人どうしのスパイなんて、よほどのことがない限り起こらない」[75] と語っていたが、実際は途切れることなく続いていた。二〇一三年、ＮＳＡがドイツ人をスパイしていたことが暴露され、その中にはメルケル本人の携帯電話も傍受されていたとの不確定情報もあった。二〇一五年のＮＳＡのサイバー諜報に関する調査の一環としてドイツの報道機関は、対外情報機関（ＢＮＤ）〔ドイツ連邦情報局〕――国内情報機関のＢｆＶ〔連邦憲法擁護庁。内務省に属し、ドイツ国内での反憲法活動を調査する情報機関〕ではない――

がドイツの同盟国を相手に傍受活動を行っていた事実を明らかにした。そこでは、欧州の政治指導者や経済界を対象とした、サイバー諜報用のコンピュータ検索用語が使用されていた。[76]

同様の事案として、アメリカ政府機関がニューヨークとワシントンにある欧州連合のオフィスを傍受していた――スノーデンが入手したドキュメント情報に基づく――事実に対し、欧州各国政府から怒りの声が上がった。[77] 二〇一七年三月、おそらく史上最大のCIA文書の漏洩事件においてウィキリークスは、スマートフォン、コンピュータ、インターネット接続テレビへの不法侵入に使われた高度なサイバー諜報用ツールとテクニックを解説した数千頁にわたる文書を公開した。同文書には、スパイ活動で一般に使われるコンピュータツール――オンラインのビデオ通話サービス・スカイプ、Wi－Fiネットワーク、PDF書式の文書、パーソナルコンピュータを防護するために使われる市販のウイルス対策プログラム、インターネットエクスプローラー上の自動補完《オート・コンプリート》機能〔キーボードから入力した文字を過去に入力した文字記録と照合し、先頭の文字列が一致するものを表示する機能〕を利用するパスワードの窃取方法――に対して不正アクセスを実施せよとの指示が含まれていた。[78] 複雑で絶えず進化し続けるサイバー諜報に対しては、自由と安全を同時に満たすことのできる両立困難な目標を見つけ、それを維持し、両者の均衡を図ることが必要とされている。[79]

いずれにせよ、サイバー諜報はサイバー攻撃と見分けることがますます難しくなっている。オリンピックゲームズ作戦では――イランの核開発プログラムを中断・遅延させるため、スタックスネットやそこから派生したマルウェアを動員した正式なサイバー攻撃を行う前に――サイバー諜報によって〔攻撃に必要な〕インテリジェンスが収集され、標的の目印となる標識が付けられた。こうしてみると、サイバー諜報活動はサイバー兵器の配備と本質的に一体であることは明らかである。かかる活動の一部はFlame《フレーム》、Duqu《デュークー》、Gauss《ガウス》という形で実際に見つかっており、世界中で日常的に多数のサイバー兵器が検知され、サイバー諜報とサイバー攻撃が起きていることもまた事実である。

フレーム

フレームはサイバー諜報に利用される高度なコンピュータウイルスであり、ネットワークの関連付け《マッピング》やデータ収集（オリンピックゲームズ作戦で利用されたキーストローク、音声・画像のスナップショット機能〔ある時点のソースコード、ファイル、ディレクトリ、データベースファイルなどの状態を保存する機能〕を含む）を行うことができる。フレーム・ウイルス――「スカイワイパー」（Skywiper）や「フレーマー」（Flamer）とも呼ばれる――は、サイバー諜報用の複数の機能を有する大容量のマルウェアである。[*80] ＮＳＡとＣＩＡがイスラエル軍と協力し、イランのコンピュータネットワークとの関連付け《マッピング》や監視を秘密裏に行える途轍《とてつ》もないコンピュータウイルスを開発した。フレームの詳細を探ることで、アメリカの敵対国に向けられた世界最初の持続的なサイバー諜報とサイバー戦のキャンペーンがどのようなものであるかを解き明かす手掛かりが得られる。[*81]

フレーム・ウイルスは、高度なセキュリティ対策を施されたネットワークですら、すり抜けて増殖し、正規のコンピュータ機能を制御して製作元に情報を送り返すよう設計されていた。そのコードはコンピュータに付属するマイクやカメラを起動させ、キーボードストロークの履歴を記録し、スクリーンショットを保存するとともに、画像から地理的位置データを抜き取り、無線技術を使って命令やデータを送受信できる。フレームはきわめて容量が大きく、二〇メガバイトのコード量をもつ。データ容量の目安について言えば、写真や書式設定のない七万語の電子書籍の容量が約〇・四メガバイトである。[*82] マルウェアのサイズは精密さを正確に測るモノサシではないが、今回のケースでは、サイズからマルウェアの製作に要した時間と作業量を推測することができる。

フレームは五つの暗号化方式、三つの圧縮技術、最低五つのファイル形式を採用している。フレームは見掛け上、マイクロソフト社のソフトウェアを日々更新しながら、そのすべてを処理する設計がなされ、暗号化アルゴリズムを解読するプログラムを使って、数年間にわたって相手側の検知から逃れてきた。「これは通常のセキュリティ研究者がもつスキルや資源では不可能なことだ」と、トム・パーカー（国家が支援するサイバー攻撃シミュレーションを手掛けるセキュリティ専門企業FusionX社の最高技術責任者）は語っている。「それはNSAに勤務する職員のように、トップクラスの暗号数学者にしか期待することができない能力だ」[*83]。暗号技術の専門家によると、フレームはプレフィックス衝突攻撃（prefix collision attack）として知られる暗号テクニックをはじめて採用した悪質なプログラムである。この攻撃により、ウイルスはディジタル認証情報を偽造して〔ネットワーク内に〕拡散する。

フレームは攻撃の準備段階として、複数のネットワークを関連付け《マッピング》、標的情報を収集しておくことが重要であることを明らかにした。とりわけ、閉じられたコンピュータネットワークにおいてはそうである。攻撃準備の課題の大半は、ネットワークへのアクセスを確保し、それを維持することである。NSA長官とCIA長官を歴任し、二〇〇九年に退任したマイケル・V・ヘイデンは、「ネットワークに浸透し、その内部状況を把握し、そこにとどまり続け、相手から発見されることなく情報を抜き取ることは、ネットワーク内部にズカズカと足を踏み入れ、周囲を荒らし回ることに比べ、はるかに難しい」と語っている[*84]。

アメリカとイスラエルによる共同作戦は、イランの核開発プログラムを遅らせると同時に、通常兵器による軍事攻撃の圧力を和らげ、外交と制裁措置の道を切り開くことを目的としていた。ところが悪質コードを共同で開発しておきながら、攻撃に際しては、両国は必ずしも綿密な調整を行っていたとは言えない。二〇一二年四月のイスラエルによるイラン石油省と石油積出設備への攻撃は、相手にほんのわずかな混乱を引き起こしただけだった。しかし、この事件の調査が引き金となり、イランはフレームを発見できた。アメリカの情報機関の関係者は、イスラエルの単独行動がマルウェアの発見につながってしまったことに落胆し、イランからの対抗措置を招きはしないかと警戒した。被害復旧のため、イランはロシアのセキュリティ会社とハンガリーのサイバー研究所に援助を求めた。[*85]ロシアのセキュリティ企業であるカスペルスキー研究所の研究員たちは、調査結果を報告し、その中で取り上げているマルウェアをフレームと名付けた。[*86]カスペルスキー研究所――世界中にクライアントをもつが、ロシア政府との関係性をめぐる疑念がもとで、アメリカ政府施設の出入りを禁じられている――は、世界中がフレームに感染していることを確認した。フレーム自体は何よりもイランの問題であったが、マルウェアの拡散はイスラエルや他の中東諸国にまで広がった（欧州や北米地域は感染を逃れた）。その感染は個人、教育機関、国家組織に属するコンピュータを直撃した。[*87]このマルウェアは発見される五年ないし八年も前から相手システムに潜伏し、活動を続けていたと予想される。

ついにマルウェアが見つかると、作成者たちは感染したコンピュータからマルウェアを取り除くため、「自殺」コマンドを送りつけた。しかし、なかにはセキュリティ企業の制御下にあるコンピュータも存在したため、フレームの作成者たちは感染したコンピュータのすべてにアクセスできたわけではなかった。例えばシマンテック社は、フレームの挙動を監視する目的で設置したブービートラップ型コンピュータを利用し、そのコマンドを発見した。多くのセキュリティ企業と同様、シマンテック社はいわゆる「ハニーポット」〔攻撃者の特定や攻撃手法を分析するため、故意に攻撃者をおびき寄せるように設計されたコンピュータシステム〕コンピュータを使ってフレームを警戒し、悪質プログラムに感染すると何が起こるかを解析している。同社が気づいたことは、フレームの指揮統制コンピュータが自ら監視下に置く感染コンピュータに向け、緊急コマンドを発していたことだ。その自殺コマンドはコンピュータ上に張り付いたフレーム・ファイルの位置を突き止め、それを除去するもので、意味不明の文字列で記憶領域を上書きしてしまい、フォレンジック調査〔コンピュータやデータの記憶媒体に残された不正や犯罪の証拠となる痕跡を復元すること〕を困難にするとともに、マルウェアコードの痕跡を消し去る。シマンテック社によると、そのクリーンアップ・ルーティン〔というプログラム〕を解析したところ、その日付は二〇一二年五月初旬と表示されていた。[88]

フレームはスタックスネット・プロジェクトの開始を告げる先駆けとして利用された。[89]「これは戦場で次なるタイプの隠密行動を行うための準備である」と語ったのは、アメリカ情報機関の元高官である。そしてフレームとスタックスネットは、より大規模な攻撃を行うため不可欠な要素であったとも付け加えた。[90]調査の結果、〔アメリカとイスラエルの共同〕チームは、二〇一〇年以前に、スタックスネット、デュークー、フレームのうち少なくとも一つのモジュールのソースコードを共有していたことが明らかになっている。「リソース２０７」は二〇〇九年版スタックスネットの中に発見されたが、その後、二〇一〇年版からは削除されている。この「リソース２０７」は、フレームで使われたソースコードと、文字列を暗号化するアルゴリズム、ファイル名の付け方、相矛盾するオブジェクトの名称などに多くの共通点がある。さらに「リソース２０７」の主要な機能は、可搬型ＵＳＢドライブを用いて次々にマシンを感染させることだった。[91]

スタックスネット、デュークー、フレームに共通する特徴からは、作戦実施間に共同開発チームは互いに連絡を取り合っていたことが窺える。それはWindowsに特有の脆弱性につけ込んで、あるネットワーク上でプリンタを共有しているコンピュータを通じ、マルウェアを拡散する能力を見てもわかる。フレームとデュークーは両方ともサイバー諜報用マルウェアであるのに対し、スタックスネットはサイバー攻撃や物理的破壊に使われた。ところが、〔スタックスネット、デュークー、フレームの〕マルウェアがまったく別々のプラットフォーム――さまざまなサイバー兵器の開発に利用されてきた――を基盤にして作られたものだと相変わらず信じているアナリストもいる。それぞれのマルウェアコードはシステム感染や主要タスクのやり方に独特の手法を取り入れた設計概念を有していたため、アナリストたちは、それぞれのマルウェアは相互に関連がなく、独立したものであると結論づけた。[*92]

デュークー

フレームやスタックスネットのほか、ブダペスト工科経済大学の暗号システムセキュリティ研究室に勤める研究者らが発見した別のマルウェアがある。そのマルウェアを発見し、デュークー（Duqu）と名付けた同研究所は「デュークーはスタックスネットではない。しかしその構造と設計思想は驚くほどスタックスネットと似ている。現在のところ、スタックスネットとの関連性についてはこれ以上のことはわかっていないが、デュークーの作成者たちはスタックスネットのソースコードへのアクセス権限を有していると、私たちは考えている」[*93]との見解を示している。つまり、同研究所はスタックスネットとの類似点――モジュール構造、注入メカニズム、不法にディジタル認証されたドライバ――を有するマルウェアが〔サイバースペースに〕出回っていることを発見したのだ。[*94]ちなみに、オープンソース情報からはデュークーの機能について確認することはできない。

ガウス

ガウスはオリンピックゲームズ作戦で使用されたサイバー兵器セット（スタックスネット、デュークー、フレーム）と関連性があり、同一の設計者によって作られたことを裏付けるディジタル特性をもつ。「スタックスネット、デュークー、フレームを知っている我々としては、ガウスは同じ『工場』あるいは『工場群』で作られたものであると、かなり高い確信をもって主張できる」と、カスペルスキー社のアナリストは語っている。「これらの攻撃ツールキットは、国民国家が後押しするハイエンドなサイバー諜報およびサイバー戦で使用されていることを表しており、それは『洗練《ソフィスティケイティド》されたマルウエア』という用語の定義にぴたりと合致している」*95。二〇一二年六月に発見されたガウスはドイツの数学者ヨハン・カール・フリードリッヒ・ガウスにちなんで作成者たちが名付けた。メインモジュール（モジュール化もしくは階層化プログラミングにおいて階層の最上位に位置する一個のモジュールを指す）をもつ。マルウェアの他の構成部分には、ジョセフ＝ルイ・ラグランジュ（一七三六―一八一三　フランスの数学・物理学・天文学者）やクルト・ゲーデル（一九〇六―一九七八　オーストリア＝ハンガリー帝国出身の数学者。のちにアメリカに移住）など、有名な数学者たちの名前が付けられている。これまでにガウスは二五〇〇台から一万台のコンピュータに感染した――この数はスタックスネットより少なく、フレームやデュークーよりも多い――と言われている。*96

ガウスが設計された狙いは、イランとイランが原油を秘密裏に売り渡している国々との資金の流れを追跡することのようだ。*97 それはレバノン銀行のコンピュータ（これ以外のマシンからの情報も含む）から詳細な情報――ブラウザの閲覧履歴、クッキー、パスワード、システム構成など――を盗み出すことによって実現した。レバノン銀行は、イラン・マネーの清算機関《クリアリングハウス》として利用されてきた。銀行アクセス用の認証情報が〔ネット上で〕窃取されると、それは他の資金の流れを追跡することにも利用された。例えば、オンライン銀行システムや決済に必要な認証情報をガウスによって窃取することにより、シリア政府を支援するためにイランや他の場所から流れてくる銀行資金を見破ることができた。

またガウスは、シティバンクやペイパル〔オンライン上での決済サービス〕の利用者を標的にしている。組織犯罪集団が使う銀行マルウェアと異なり、ガウスは犯罪ウェア〔犯罪目的のソフトウェア〕である。「ガウスはホストシステムに関する情報やネットワーク情報を収集する。実際には自らが宿るコンピュータDNAの指紋採取を行っている……のちに法的訴追を行う場合に備え、フォレンジック調査の証拠となるシステム関連の膨大な詳細情報を集めている。犯罪マルウェアなら、通常、こういうことをしない」[*98]。重要なことは、ガウスの中にスタックスネットを彷彿させる暗号化ペイロードが埋め込まれていることだ。このペイロードは活動を開始する前に、自分が正しいシステムに位置しているか確認できるまで動かない性質をもつ[*99]。

サイバー偽情報キャンペーン

サイバー諜報やサイバー攻撃のすべてにおいてマルウェアが使用されるわけではない。「陰の戦い」では、あらゆる機会を利用してプロパガンダ——一般的には偽情報（disinformation）として知られる——の効果を最大化しようとする。サイバー情報《インフォメーション》の大半は純粋な情報であるが、他国に被害をもたらすことを意図した破壊的な情報もある。国内で悪意ある情報をコントロールすることは難しいが、国外において混乱や報復あるいは社会不安を呼び起こすような悪意ある偽情報キャンペーン（disinformation campaign）の発生源を特定することは、より一層困難である。多くの人々が知る実例はプロパガンダ・キャンペーンであり、故意にせよ偶然にせよ、実際にニュースのストーリーやソーシャルメディアで取り上げられている。サイバー偽情報キャンペーンは、サイバー諜報と同じように「相互につながった世界《インターコネクティド・ワールド》」の中で実行することがはるかに容易となった。

サイバー偽情報キャンペーンは、ソーシャルメディアによる虚偽やミスリードさせる投稿記事によって世論を操作することに用いられている。それは今や、世界中の多くの地域で見られる日常的な政治的慣例となり、国の情報機関、軍専門部隊、政治工作員らが情報の流れを形作っている。こうしたサイバー偽情報キャンペーンは、フェイスブック、ツイッター、インスタグラムなどソーシャルメディアのプラットフォーム〔端末機器を指す〕を活用《エクスプロイト》する。こうした活動は、常にそうあるわけではないにせよ、しばしば秘密裏に行われ、ソーシャルメディアでの投稿メッセージに端を発する場合が多く、実態を把握することは難しい。ソーシャルメディアのプラットフォームは、情報を活用して内外の政治問題を操作する手法に長けたさまざまな国際アクターの手によって、導入開始とともにあっという間に浸透した。[*100]

投稿記事の作成と伝達プロセスを自動化し、メッセージ件数を一気に増幅して実施されるサイバー偽情報キャンペーンは、人間の利用者とコンピュータのボットで成り立っている。ボットとはインターネット上の作業を自動的に実行するソフトウェアの一種であり、検索エンジンのようなインターネットでの情報閲覧や、悪質なサービス拒否攻撃の実行、eメールアドレスの不正収集、コンテンツの違法取得、サイト上でのコメント内容の改ざんや投票結果の操作といった単純な繰り返し作業を行う。ボットは人間の利用者と他のボットとも通信をやり取りする。

ソーシャルメディア向けの投稿記事を作成したり、他の利用者に返信したり、特定のテーマについて一般市民の利用者と見分けがつかないやり方で同意を示したり、ボットはこれらすべてを自動的に処理し、重要な役割を果たしている。ボットは人間の利用者と比べて数多くの投稿記事を掲載することができ、その数が一日に一〇〇〇件以上に達するケースもある。人間の利用者は「サイボーグ」と呼ばれたりするが、ボットと似た自動化技術を使って自らのアカウントの魅力を高めることができる。さらに、人間の利用者とボットが演じるサイバー偽情報キャンペーンでは、虚偽のニュースレポートが報じられ、ジャーナリストが攻撃を受け、特定の政府の立場や政治的見解に対する支持が表明される。[*101]

最も悪名高い偽情報キャンペーンのひとつに、イギリスで起きたブレグジット〔イギリスの欧州連合離脱〕運動に対するロシアの支援があった。イギリスではロシアの干渉に関して一連の調査が実施されたが、中でも下院による「偽情報と『フェイク・ニュース』――最終報告二〇一七年―二〇一九年会期報告の第八報告書」は、次のように述べている。

> イギリス政治に対するロシアの干渉をめぐり、どれだけ多くの調査が現在も実施されているか、その実態について正式に公表するよう、我々は政府に対し繰り返し要求している。我々はさらに外国からの影響、偽情報、資金供与、投票者数の不正操作、データ共有の観点から、過去の選挙――二〇一七年の国政選挙、二〇一六年の〔欧州連合離脱をめぐる〕国民投票、二〇一四年のスコットランド〔の分離独立をめぐる〕住民投票――において実際に何が起きていたのかを調査するため、政府が独立調査を立ち上げることを提言している。そうすることで、適正な法改正がなされ、将来の選挙や国民・住民投票に向けて教訓を活かすことができる。[*102]

上述したイギリス政府の委員会報告をはじめ、さまざまな調査機関が、[103] Leave.eu〔欧州連合離脱を支持するキャンペーンを展開した団体〕を立ち上げた、イギリスの実業家であり政治献金者のアーロン・バンクスについて疑念を抱いている。彼のロシアマネーと、ケンブリッジ・アナリティカ社〔データマイニングとデータ分析を専門とする選挙コンサルティング会社。現在は存在しない〕（とその親会社であるAggreateIQ社）との関係についての疑念である。ケンブリッジ・アナリティカ社は謎に包まれた政治コンサルティング会社であったが、フェイスブック利用者のコンテンツを本人の同意なく収集したことで、二〇一六年のアメリカ大統領選挙期間中に一躍有名になった。

こうした偽情報キャンペーンが、はたしてどれだけ選挙結果に影響を与えたのかを正確に知ることは難しい。だが、エディンバラ大学の調査によると、二〇一六年のアメリカ大統領選挙の時点で運営されていたロシア人が使用する四〇〇件以上のツイッターのアカウントから、ブレグジットに関する記事が頻繁に投稿されていた。さらに、カリフォルニア大学バークレー校とスウォンジー大学の研究者たちは、ロシアと関連のある一五万件のツイッターのアカウントから、ブレグジットに関連するメッセージが配信されていたことを突き止めた。[104] 外国マネー、偽情報、隠れた思惑というつながりから、一般的に何が言えるだろうか。それは自由民主主義《リベラル・デモクラシー》諸国に社会不安を引き起こし、社会的分裂を助長する、ということだ。

政策パターン

これまで述べてきたサイバー攻撃、サイバー兵器、サイバーキャンペーンから明らかなことは、

「陰の戦い」が現実となっているだけでなく、それは過去数十年の間にますます洗練され、頻度も増しているということだ。「陰の戦い」は「終わりのない戦い」へと変化し、同盟国と敵対国との明確な区別は消え失せ、この新たな戦いに対処するため、国家政策および国際政策をいかに規定し、策定するのかをめぐって激しい議論が巻き起こっている。

当然のことながら、主要なサイバー大国――特にアメリカ、ロシア、中国――は、この種の戦いを遂行するための政策決定機関を築き上げてきた。その多くが既存の制度から発展したものだ。軍隊、情報機関、暗号学や兵器開発に従事してきた関係省庁は、もとより〔サイバー戦が登場する以前からインテリジェンス活動や秘密作戦といった〕陰の戦争（shadow war）の機能を担ってきたのである。過去三〇年間を通じて、これらの機関は依然として大国における軍や情報機関の枠内に収まっているものの、より〔サイバー戦の〕任務に適合した機関に変容を遂げつつある。

これらの政策は、大国政府の最高位の指導者によってコントロールされる傾向にある。アメリカでは、サイバー攻撃の具体的なターゲットは大統領が選定することになっている。ロシアでは、具体的な攻撃目標やキャンペーンの計画を大統領自身が指揮している。中国では、国家主席がサイバー攻撃やサイバー戦争の計画立案に関する直接的な統制権限を発揮できるよう制度改編が進んでいる。ある時期には、民間のハッカーたちがＤＤｏＳやハクティヴィズムといった社会的運動に参画するため、アメリカ、ロシア、中国で募集されていたこともあった。しかし、そのような時代は過ぎ去った。〔現在のサイバー状況は〕ある意味、一三世紀から一八世紀の戦争に似た雰囲気が感じられる。それは君主たちのゲームであり、一般の臣民のことは滅多に語られず、文献で調べられることもなかった。自分たちの国の中でさえ、「陰の戦い」は一般市民の注目を受けずに戦われる。

新たなサイバー戦略は、上述した新しい制度やリーダーシップから生まれた。その戦略の本質は、大国ごとにそれぞれ異なっている。アメリカは世界を舞台に〔相手国に〕特定の行動を強要し、もしくは〔相手国を〕抑止するため、特定の目的を果たすために精密に設計された目に見えないサイバー兵器――目的達成と同時に自動的に消滅する――を運用している一方で、ロシアはヒット・アンド・ミス〔うまくいく時もあれば、そうでない時もある〕戦略を採用し、大規模な偽情報キャンペーンを展開している。アメリカが特定目標に絞ったターゲティングを行っているのとは対照的に、ロシアは自由民主主義諸国の能力を蝕み、すでにある社会的亀裂をさらに悪化させようと目論《もくろ》んでいる。このため、偽情報を通じて標的国の社会全体や国力を弱体化し、その威信を失墜させようとしている。中国の〔サイバー〕戦略は対外的影響力を強化するため、それに寄与する自国経済の確立に力を入れている。中国が採用する戦略では、広範なサイバー諜報活動を手段とし、経済・技術・軍事分野の最新情報を収集することに主眼が置かれている。これら三カ国は概念区分上、軍事に属する戦略を採用し、敵対国におけるインフラや主要な都市中枢の機能妨害に焦点を当てている。言い換えれば、三大国すべてがサイバー戦を「永続的な戦いの形態」として運用しているのである。

サイバー攻撃は、国家のサイバー戦略のひとつの測定基準であるとともに、サイバー戦を遂行するための国家制度を点検する材料であるとも言える。アメリカのサイバー攻撃は広範囲に及んでいる。この数十年、アメリカはロシアに対してサイバー攻撃を行ってきただけでなく、中国に対しても激しいサイバー攻撃やサイバー諜報活動を今も続けている。アメリカは世界の警察官の役割を果たしており、北朝鮮のミサイル実験の妨害や、イランの原子力開発プログラムに利用されていた遠心分離器を無力化したように、〔ロシアや中国以外の〕他の国々もアメリカによるサイバー攻撃の標的とされている。そして元ＮＳＡ職員のエドワード・スノーデンらが暴露したように、過去数年間にわたって、アメリカは同盟国も敵対国も含めた世界的規模のサイバー諜報プログラムを運営している。

ロシアのサイバー攻撃は近隣諸国に集中している。とりわけ、かつてソヴィエト連邦の一部を構成し、現在は〔ロシアに対し〕遠慮なくものを言うエストニアやジョージア、ウクライナである。ロシアによる攻撃は、エストニアの銀行システムやウクライナの電力網など、国家インフラに対するサイバー攻撃と偽情報キャンペーンを組み合わせて行われることが多い。欧州諸国やアメリカに対して行われるロシアの攻撃は、政治選挙に影響を及ぼし、国内世論に深刻なダメージをもたらすことを意図して実行されている。中国もまた、南シナ海の領有権の主張を推し進める――と同時に、他の国々の主張を阻止する――など、地域問題への取り組みにサイバー攻撃を使っている。オーストラリアやインドといった地域大国に対しても広範なサイバー攻撃を仕掛けるとともに、台湾とその政治過程に対しても執拗な攻撃を加えている。

アメリカ、ロシア、中国のサイバー政策を分析してみると、三大国はあたかもサイバースペースが制御可能であるかのような振舞いを見せている。アメリカは数十年単位の〔サイバースペース〕プログラムをもち、インターネットをマッピングし、サイバー攻撃の発生を監視し、特定のサイバー兵器の発信元を探り、サイバースペースのことは知り尽くしているのだと相手を威嚇するかのように、マルウェアを発信元へと送り返してくる。アメリカには、インターネットに最小限の規制しか設けない「名前および番号割り当てのためのインターネット協力」（ＩＣＡＮＮ）〔ドメイン名やＩＰアドレスなどインターネット資源を管理調整する目的で一九九八年に設立された民間の非営利法人〕のようなアメリカ起源の組織が存在している。そうしたサイバースペースの多く〔明らかに全部ではない〕を所有しているアメリカは、自分たちがサイバースペースを所有し、それゆえサイバースペースをコントロールするのは当然と言わんばかりの振舞いを見せ続けている。ロシアと中国のスタンスは、アメリカの立場とは異なる。中国は自国のインターネット草創期から国内イントラネットを構築するとともに、思想やサイバー兵器、サイバー諜報を〔自国領域から〕締め出すための障壁を設け、独自のサイバースペース管理に取り組んできた。中国語の特異性を活かし、イントラネット上で国内の事象をコントロールしている。これは完全に成功しているとは言えないが、今も北京がサイバースペース支配に強く固執している背景となっている。ロシアも〔アメリカや中国と〕異なる経験を積んできた。かつてのソヴィエト連邦は、数学、自然科学、コンピュータの分野で世界をリードしていたが、ソヴィエト連邦崩壊後、ロシアはそのような偉業を継承できなかった。現在のサイバースペースに対する統制の強化は、そうした往時の地盤を取り戻すためであるとの信念、そしてスタート地点はまったく異なるが、中国のイントラネットにも似たサイバースペース・ナショナリズムを打ち立てるとの信念の表れでもある。

「陰の戦い」の実像は、静寂で把握することが難しい。しかし、学者たちは分析や批評は必要であると主張する。そこで、次章からはアメリカ、ロシア、中国のサイバー政策について分析を試みる。「陰の戦い」は〔たとえ目に見えなくとも〕知識として知ることはできる。社会を構成するより多くの人々が、現代世界のさまざまな局面を形成しているこの新たな戦いの行く末を導く事業に参画できるようにするため、議論をオープンにしておくべきである。

第2章　アメリカのサイバー戦

「陰の戦い」はパワー計算、パワープロジェクション〔国外に軍事力を派遣または展開すること〕、安全保障、戦略計画の立案の分野で重要性を増しているが、この「陰の戦い」における三大プレーヤーが〔伝統的な〕安全保障分野の三大プレーヤーであるアメリカ、ロシア、中国と一致していることは驚くに当たらない。本章では「陰の戦い」の時代におけるアメリカの国防政策とその根底にあるドクトリンを概観するとともに、「どの国が、なぜ、どのように攻撃を受けたか」という観点から、サイバー攻撃の事例について振り返ってみたい。ロシアと中国の「陰の戦い」の諸問題については、あとの章で扱う。

主要プレーヤーたちはサイバー作戦を隠密行動と見なし、一般論として語る以外は「陰の戦い」の戦略と戦術について詳細を語っていない。それを語るためには、調査報道《インベスティガティブ・ジャーナリズム》や強い推論《ストロング・インファレンス》に基づく検討とともに、広範な分野の政府文書が指針となる。[1] さいわいにも、サイバーの痕跡はフォレンジック調査の手法を用いれば、かなりの精度で追跡することが可能であり、メディアの分野ではジャーナリストらによって暴かれる事件の件数も増えている。主要三大プレーヤーの間には共通点がある。第一に、三国ともサイバー諜報を行っている。第二に、三国は異なる暗号解読プログラムを有し、自国のサイバー能力は強力であると信じている。[2] 第三に、三国ともサイバースペースは制御可能であると信じている。第四に、三国ともサイバー攻撃を行ってきた。第五に、アメリカとロシアはハイブリッド戦争の一環としてサイバー攻撃を運用し、中国は戦争計画の中にハイブリッド戦争を採り入れている。第六に、アメリカと中国はサイバー戦略の中で、かつては民間のハッカー《プライヴァティア》たちを雇っていたが、ロシアは今もそれを続けている。最後に最も重要なことだが、三国とも「陰の戦い」を通じた「終わりのない戦争」を自然状態と受けとめている。*3

一九九〇年代以来、少なくともこの二〇年間において、アメリカは「陰の戦い」（特にサイバー戦）に必要な新しい形態の〔戦い方の〕創造やテクニックの開発の第一線に立ち続けてきた。ある分野では依然として、アメリカはそれを維持している。別の分野では、異なるアプローチを採用してきた対等な競争相手からの挑戦を受けている。「陰の戦い」はアメリカの戦略の中で重要な要素となり、伝統的な戦略や核戦略に追加され、それらと一体化して運用されている。こうしたアメリカの立場は、国家安全保障戦略の中の次の引用句に端的に述べられている。「サイバー時代の課題と機会に対するアメリカの対応は、わが国の将来の繁栄と安全を決定づけるだろう」。*4

二〇一七年の国家安全保障戦略は、防勢および攻勢の両面においてアメリカの戦略に占めるサイバー戦の重要性を指摘している。まず防勢面について、次のように詳細に論じられている。

我々の歴史のほとんどの間、アメリカは陸上、航空、宇宙、海洋領域を支配し、国土を守ってきた。今日のサイバースペースは物理的に国境を越えることなく、アメリカの政治、経済、安全保障上の利益に対して作戦行動を実行する能力を国家主体や非国家主体に与えている。サイバー攻撃という手段は低コストで済み、敵対者に拒否的能力——重要インフラに深刻な打撃を与え、機能停止に陥れること、アメリカの経済活動の妨害、連邦ネットワークの弱体化、毎日、アメリカ人が連絡や仕事で利用しているツールや機器《デバイス》への攻撃——を発揮する機会を与える。重要インフラは食糧を新鮮に保存し、室内を暖かくし、交易を流通させ、市民生活を生産的かつ安全なものにする。サイバー攻撃、物理的攻撃、電磁波攻撃に対するアメリカの重要インフラの脆弱性は、敵対者が〔我々の〕軍事的指揮統制、銀行・金融活動、電力網、通信手段を妨害することを可能にしている。＊5

攻勢面については、防勢の場合に比べると記述量が少なく、次のように曖昧に語られている。すなわち「敵対者に対するサイバー作戦は、必要に応じて実施される」＊6と。

二〇一七年版国家安全保障戦略に概要が述べられているが、アメリカの「陰の戦い」をめぐる抑止戦略は、アメリカに対するサイバー作戦のコストを高く吊り上げ、攻撃者にとって容認できないレベルに設定することを重視している。

サイバー攻撃は現代紛争の重要な特徴となった。アメリカは、アメリカに対してサイバースペース能力を行使しようとする悪意あるアクターを抑止し、〔その攻撃から〕防護し、必要な場合には撃滅する。サイバースペースにおいて悪意あるアクターに対抗する機会に直面した場合、アメリカは数ある選択肢を検討し、リスク回避をとらず、リスク情報を活用した対応をとる。我々はサイバー攻撃の実施主体を特定し、迅速な対応を可能とする能力を支え、それを向上させる能力に投資する。我々は紛争のあらゆる範囲に対応するサイバーツールを改良し、アメリカ政府の資産やアメリカ国内の重要インフラを防護するとともに、データや情報を保護する。＊7

二〇一八年五月、アメリカの国土安全保障省はサイバー安全保障戦略を更新し、国家が直面するサイバースペースの脅威の高まりについて触れている。この文書では戦略の五つの柱として、①リスクの特定、②脆弱性の緩和、③脅威の軽減、④影響の局限、⑤サイバーセキュリティの成果の実現〔丸数字は訳者〕を重視している。

制度、組織、実施機関

アメリカでは複数の機関がサイバー活動を所掌している。その任務は、国土安全保障省（DHS）、司法省に属する連邦捜査局（FBI）、中央情報局（CIA）、国家安全保障局（NSA）、国防省（DoD）、国防省内の戦略軍隷下のサイバー軍〔二〇一八年五月、戦略軍と同列の統合軍に格上げされた〕の間で分掌されている。[*8] DHSは政府内で主に防勢的役割を果たし、国内の防護措置を調整する。一方、攻勢的活動はサイバー軍やCIAの一部が担当している可能性が高い。重大なサイバーインシデントが発生したとき、連邦政府機関の間で調整に当たるのが「サイバー脅威インテリジェンス統合センター」（CTIIC）だ。この組織は国家情報長官室の下に置かれた小規模な多省庁間センターで、サイバー活動の脅威の実態をアメリカ政府にいち早く気付かせることを任務とする。その任務はアメリカの国益に影響する海外のサイバー脅威やインシデント関連の情報を集約したオールソース分析を行うことである。CTIICは、「サイバーインシデントの調整に関する大統領政策指令第41号」において、重大なサイバーインシデントへの対応を調整する連邦政府の主要三機関のひとつに（DHSおよびFBIとともに）認定された。[*9]

国土防衛を主管するDHSの国家サイバーセキュリティ課（National Cyber Security Division）は

「サイバースペースおよびサイバーをめぐるアメリカの利益を守るため、公共部門、民間部門、国際アクターと共同して」[10] 取り組んでいる。同課はサイバーインフラをサイバー攻撃から保護するプログラムを運営している。[11] 国家サイバーセキュリティ課のもとで運営されている国家サイバー対応調整部会（National Cyber Response Coordination Group）は一三の連邦機関から構成され、全国的な重大サイバーインシデントが発生した際、連邦政府の対応を調整する。[12] 二〇一一年に作成された「サイバースペース政策見直し」（The Cyberspace Policy Review）では、サイバーインフラの安全を確保するため、連邦諸機関の役割が規定されている。[13]

ＤｏＤのサイバー軍は軍内に一〇個存在する統合軍のひとつであり、軍のサイバーインフラへの脅威に対応することが任務である。二〇一八年五月四日、ペンタゴンはそれまで八年間にわたりアメリカ合衆国戦略軍の下部組織として運用されてきたサイバー軍を統合軍の地位に格上げした。今や独立した統合軍となったサイバー軍は、ＮＳＡや国防高等研究計画局（ＤＡＲＰＡ）の技術的専門知識を利用することができる。ＤＡＲＰＡは技術実験を所轄するペンタゴンの部局である。サイバー軍は、①平時からのすべての国防ネットワークの防護、②大統領に至る単一指揮系統の確立、③脅威情報の共有および対応策を調整するための関係パートナーとの協力〔丸数字は訳者〕という三つの任務を有している。

サイバー軍は外国の通信コンピュータネットワークに侵入し、これを破壊する広範な攻勢能力をもつ。サイバー軍の〔陸・海・空〕軍種別部隊は、陸軍サイバー軍、第二四空軍、艦隊サイバー軍、海兵隊サイバー軍である。[14] アメリカ合衆国サイバー軍が有する一三三個のチームは、十分な作戦遂行能力をもち、厳格な基準を満たし、正式に承認された作戦構想と訓練を積んだ要員に支えられている。任務の重点は、任務を達成し、常に最適な結果を出し続けるための即応態勢の充実に移行している。[15]

他方、軍事サイバー作戦は法的権限の制約を受ける。混乱や破壊を招き、システムに多大な影響を及ぼす軍事サイバー作戦は、アメリカ合衆国大統領の承認を受けなければならない。第一八代統合参謀本部議長を務めたマーティン・デンプシー将軍は「仮に事態が広範囲に拡大し、我々が通常のレベルを超えて何か手を打たねばならない場合、それを実行するには省庁間協議と高いレベルでの承認を必要とするだろう」[*16]と語り、サイバースペースにおけるエスカレーションや通常戦力で報復を行う際には、シビリアンの指導者の判断を必要とすることを示唆している。こうした制約は、NSAやCIAには適用されない。

NSAやCIAは情報収集に加え、外国のコンピュータネットワークに攻勢的に侵入する能力をもっている。二〇一三年、エドワード・スノーデン（NSAの請負事業者の分析官、元CIA職員）によって情報漏洩されたのはNSAのプログラムであった。最近では二〇一六年の夏、外国のコンピュータネットワーク侵入用のNSAの兵器庫の中から盗み出されたサイバーツールが、自ら「シャドー・ブローカー」と名乗るグループによりネットで競売にかけられた。[*17]

NSAは電子傍受や暗号解読能力に加え、アメリカの敵対国——状況によっては同盟国——に狙いを定めたサイバー攻撃能力を発展させてきた。NSAのテーラード・アクセス作戦（TAO）室は約一〇〇〇名のオペレータとサポートスタッフを擁し、二四時間のシフト制で勤務している。TAOの活動は、パスワード、データ、テキストメッセージの窃取や、サイバー兵器がつけ入る弱点を探し出すための外国通信インフラの解析である。[*18] CIA[*19]はマルウェアの作成などの面ではNSAほど高い能力を有していないが、サイバー作戦に深く関与してきた。[*20] CIAの中では「情報運用センター（IOC）」が拡大を遂げていた。IOCはCIA最大の部局のひとつで、ヴァージニア州北部の施設に数百名が勤務している。現在の主要な任務は――かってはカウンターテロリズム――、今やサイバーセキュリティである。IOCは新たな情報源の開拓に加え、攻勢的作戦に従事している。[*21] IOC主催のサイバー戦演習「サイレント・ホライズン」は二〇〇七年以来、毎年実施されてきた。[*22] NSAとCIAは入手したインテリジェンスを解析し、最近の北朝鮮やイランに対する攻撃で明るみに出たように、新しい兵器を開発し続けている。[*23]

サイバー兵器の出自をめぐっては、サイバースペースに野放しにされていたものなのか、不満を抱いた従業員から購入したものなのか、あるいは兵器ブローカーと取引したものなのか、疑問が生じる。この問題について、ギル・バラムは外交問題評議会に寄稿した論文の中で、北朝鮮のワナクライやロシアの「ノットペーチャ」（NotPetya）を例にあげ、アメリカが開発したツールが安く再利用されるという懸念について概説している。[*24] バラムが論じているように、アメリカのような大国のサイバーアクターが、盗用され、あるいは再利用されるかもしれない攻勢的サイバー兵器の開発に投資する場合、緊急の政策に関連する重大な問題を引き起こすことになる。その他の兵器と異なり、サイバー兵器は必ずしも使用中に破壊され、無くなるわけではない。標的とされた国にとってさえ独自に開発するよりも低コストで入手し、それを使用することができるのだ。また、サイバー兵器の盗用が拡大するにつれ、アメリカは脆弱性に対する取り組み方を変えている。例えば、「脆弱性情報の開示政策と手続き」（Vulnerabilities Equities Policy and Process）と名付けられた政策を通じて、脆弱性に対処するための情報共有メカニズムを整備している。[*25] この政策では次のように謳われている。「本政策の主要な重点は、サイバーセキュリティにおける公益を最優先するとともに、アメリカ政府が発見した脆弱性を開示することによって中核的なインターネットインフラ、情報システム、重要インフラシステム、そしてアメリカ経済を保護することである。ただし、合法的情報活動、法執行、あるいは国家安全保障という目的のために脆弱性を利用することが明らかに〔上記よりも〕優先される利益が存在する場合を除く」[*26]。

アメリカ政府と国内システムの防護はDHSの任務であるが、個々の法人インフラの防護は民間企業の責任である。[*27]アメリカのような高度に発達した国にとって問題なのは、重要インフラのほとんどが民間に属しているということだ。元NSA長官で初代サイバー軍司令官を務めたキース・B・アレクサンダー将軍は、〔外国〕政府による露骨なサイバー諜報（これは明らかに国家安全保障の問題である）とは別に、経済諜報活動や知的所有権の窃取は犯罪活動にあたるのか、それとも「国家安全保障の侵害」[*28]にあたるのか、サイバー軍はこの問題の判断基準を検討していると語った。軍部以外の政府部門のディジタルインフラを防護する役目は、国家サイバーセキュリティ通信統合センター（National Cybersecurity and Communications Integration Center）のCERTが果たしている。CERTはdot gov ドメイン内部で生じるサイバー攻撃からシステムを防護し、政府や民間産業界と協力してセキュリティ問題に取り組んでいる。DHSは防護すべきアメリカの重要インフラを国防産業基盤、金融システム、交通ネットワーク、水道など一七部門に区分している。DHSとDoDは二〇一〇年九月にサイバーセキュリティ協定を取り交わし、正式に両者の協力関係を規定した。この協定により、人材のダブル配置や共同作戦計画の立案、NSAの技術的専門知識をDHSが利用することができるようになった。[*29]

二〇〇八年一月、ジョージ・W・ブッシュ大統領が提唱した「包括的国家サイバーセキュリティ構想」（Comprehensive National Cybersecurity Initiative: CNCI）は、バラク・オバマ大統領のもとで拡充され、アメリカの国家サイバーセキュリティ戦略の中で枢要な地位を占めるようになった。ＣＮＣＩ構想は「サイバースペース政策見直し」を支える重要な役割を果たした。具体的には、サイバースペースにおける敵対的または悪意ある活動を抑止する戦略の策定作業に加え、アメリカ政府系ネットワーク内の脆弱性・脅威・事象の把握能力を創造・強化し、アメリカのカウンターインテリジェンス能力を向上させ、サイバー教育の拡充に寄与した。さらにＣＮＣＩは、犯罪捜査、情報の収集・処理・分析、情報保証――サイバーセキュリティの国家的取組みに不可欠――を強化するため、連邦政府の法執行機関、情報機関、国防コミュニティの財源を確保する役割を担っている。[*30]

サイバー戦略

アメリカのサイバー戦略は、アメリカの国益と世界的地位の確保という一般的な根拠に立脚している。他の国々以上にアメリカが、全地球測位システムから電子銀行、ソーシャルネットワークに至るサイバー制度に軍事、経済、社会面で依存しているという現実への理解が戦略全体を貫いている。さらにアメリカのサイバー戦略は、アメリカ人の犠牲者を局限し、軍事的優位を維持し、国際貿易を支え、アメリカの価値を促進することを目的としている。

アメリカのサイバー戦略は、「二〇一八年アメリカ合衆国サイバー軍のコマンド・ヴィジョン」（タイトルは「サイバースペースにおける優位を実現し、それを維持せよ」）の中で語られている。[*31]この文書では、「敵は戦略的効果を上げるため、自らの挙動が武力侵略の閾値を超えることのないよう意図的に設定している」[*32]ことを認めている。また、敵対国のサイバー作戦がアメリカのパワーを低下させ、攻撃者の相対的能力を増大させながら「アメリカの重大な反応を避けるよう綿密に考え抜かれたキャンペーン」である点に注目している。このように、アメリカのサイバー戦略はサイバー作戦が〔国際政治構造の〕パワー配分を規定する新たな武器であり、伝統的な武力侵略を行うことなく相対的パワーに影響を及ぼすことができることを認めている。[*33]

二〇一八年のコマンド・ヴィジョンで指摘されている第二の特徴は、アメリカは「サイバースペース・ドメインにおいて対等なライバルに直面している」[*34]との認識を示している点にある。サイバー領域では当初から優位を占めてきたアメリカにとって、これは比較的新しい認識と言える。低コストで高い効果をもたらすサイバー兵器とサイバー諜報が世界中に蔓延すると、アメリカはとりわけロシアと中国という二つの大国に対しそうした当初の利点を失いつつある。

最後に、二〇一八年のコマンド・ヴィジョンでは、サイバースペースをめぐる規範がいささか混沌かつネガティブな性格を帯びており、戦争の閾値に至らない領域で事実上何ら拘束を受けることなく運用されているとの認識を示している。サイバースペースの軍事化がますます進展する中、アメリカのサイバー軍が提示する新たなアプローチは、防勢的戦略の枠内で、より攻勢的な行動を採用する——積極防御《アクティブ・ディフェンス》として知られる——ということである。アメリカ自身が過去に〔サイバースペースの〕軍事化を牽引してきたのは事実であるが、〔今では〕敵対国の行動がサイバースペースの軍事化を引き起こしているとアメリカは公然と批判している。またアメリカは、コマンド・ヴィジョンは攻勢的ドクトリンではなく、ライバル国の敵対行為に対する防御と復元力《レジリエンス》を融合させたシームレスな運用方式《オペレーショナル・アプローチ》を採用している点を強調している。とはいいながらも、サイバー作戦の攻撃兵器はアメリカ国内で開発され続けている。[*35]

現在のアメリカのサイバー戦略は、数十年にわたる過去のサイバー政策の蓄積のうえに成り立っている。アメリカはインターネット開発の本家であり、サイバー攻撃から自国を守り、サイバーツールを使って他国を攻撃するという〔現在に通じる〕役割を早くから果たしてきた。アメリカ国立科学財団（ＮＳＦ）〔大学や企業の技術研究に助成金を拠出する連邦政府の独立機関。一九五〇年設立〕の助成を受けてＤＡＲＰＡが設計したインターネットは、もともとは学術、科学および経済目的で利用された。その後二〇世紀末、ビル・クリントン大統領が制定した一九九五年の国家安全保障戦略では「我々の軍事・経済情報システムに侵入される脅威」[*36]について言及された。一九九八年五月、クリントン政権は大統領政策指令を発出し、その中で国家の死活的インフラに対する潜在的なサイバー攻撃の危険性について警告するとともに、二〇〇〇年までに「国家サイバースペース防護計画」を作成するよう命じた。[*37]

サイバースペースはジョージ・Ｗ・ブッシュ大統領の在任期間中にはじめて公式に軍事目的での運用が開始されたと見られ、二〇〇四年の国家軍事戦略（National Military Strategy）、二〇〇五年三月の国防戦略（National Defense Strategy）において、サイバースペースが新たな作戦領域に区分され、潜在的に混乱をもたらす脅威であると評価されるようになった。[*38]こうした流れはオバマ政権のもとでさらに推し進められ、次のように目標が設定された。

　アメリカ合衆国は国際社会と協力し、開かれた相互運用可能な安全で信頼できる情報通信インフラを推進し、国際的な貿易・通商を支え、国際安全保障を強化し、表現の自由とイノベーションを促進する。かかる目標を達成するため、「責任ある行動」という規範が国家行動の指針となり、パートナーシップを持続し、サイバースペースにおける法の支配を支える、そうした環境を我々は構築し、持続させる。[*39]

アメリカのサイバー政策に対するトランプ政権の最初の取り組みが、[*40]〔前出の〕二〇一八年のコマンド・ヴィジョンであった。これはアメリカをサイバースペースにおける支配的パワーと位置づけ、攻勢的兵器の使用を政策の中で明確に打ち出したものである。

サイバースペース戦略を策定するにあたり、国防省はサイバー脅威の攻撃と防御の両面において、脅威の中心となる問題のいくつか——外部の脅威アクター、内部脅威、サプライチェーンの脆弱性、国防省の作戦遂行能力への脅威——に焦点を当てた。それは最初に二〇〇九年の「サイバースペース政策見直し」、二〇一〇年の国家安全保障戦略（National Security Strategy）[*41]、そして二〇一一年の「サイバースペースにおける作戦行動のための戦略」（Strategy for Operating in Cyberspace）[*42]に反映されている。二〇一一年五月の「サイバースペース国際戦略」（International Strategy for Cyberspace）では、アメリカは自国および同盟国・パートナー国を守るため「必要なあらゆる手段を行使する権利を保有している」が、しかしそれは「軍事力（の行使）の前に、すべてのオプションを使い切った場合となるだろう[*43]」と宣言された。二〇一五年の「国防省サイバー戦略」では、国際パートナーシップを新たに戦略目標に組み入れるとともに、「即応部隊の創設とサイバースペース作戦遂行能力の構築」、「国防省情報ネットワークの防護、国防省データの保全、国防省任務へのリスクの軽減」、「重大な結果をもたらす混乱型または破壊型のサイバー攻撃から、アメリカ国土とアメリカの死活的利益を守るための準備」、「実行可能なオプションの構築と維持、紛争のエスカレーションを制御するための選択肢の運用とあらゆる段階での紛争環境の構築に関する計画」および「共通の脅威に対する抑止と国際安全保障や安定化を増進するための強靭な国際的同盟・パートナーシップの構築と維持」といった詳細な目標が掲げられた。[*44] これがトランプ政権のもとで、より攻勢を重視した政策にシフトした。二〇一八年にトランプ大統領が発出した大統領指令――機密指定され、連邦議会議員の閲覧は禁じられた――では、二〇一九年六月のイランに対する攻撃を含め、敵対国に対する攻勢的サイバー作戦を展開するためのサイバー兵器の軍事的使用に関する新たなルールを規定した。[*45]

アメリカのサイバー戦略は大きく三つの要素から構成されている。第一に、情報の収集である。アメリカは国の内外から情報を入手するため、サイバー手段や他の技術的方法を活用している。今でこそサイバー活動が情報収集の主体となっているが、伝統的な情報収集手段も依然として利用されている。アメリカはあくまで政府のための――経済や金融目的ではない――情報を収集しているとの立場をとっている。[*46] オープンソース情報のみではそれを証明することはできないが、アメリカがサイバースペースを通じて広範かつ大規模な情報収集を行っていることは明らかなようだ。[*47]

アメリカのサイバー戦略の第二の要素は、防勢目的についてである。「国防省国防科学委員会のサイバー抑止に関するタスクフォース」(DoD Defense Science Board Task Force on Cyber Deterrence)は「アメリカ合衆国はサイバースペースから膨大な経済的、社会的、軍事的恩恵を受けている。ところが、かかる恩恵の追求が、きわめて脆弱な情報テクノロジーや産業用制御システムの過度な依存状態を生み出している」[*48] と指摘している。アメリカの指揮統制機関、軍事兵器、通信システムの多くがサイバーシステムとの接続により成り立っている。防御障壁が破られる可能性があるため、国防省は〔攻撃による〕影響の隔離・中和化、余剰能力の活用、別のシステムへの運営の切り替えにより運用の実効性を確保するとともに、復元力のあるネットワークやシステムの開発に取り組んでいる。さらに国防省はネットワークの安全を確保するため、作戦を変更する複数の選択肢を用意している。[*49] 前出の

「国防科学委員会のサイバー抑止に関するタスクフォース」の報告書では、ロシアと中国を他の数カ国とあわせて、アメリカのサイバー防衛に対する主要な脅威であると特定している。[*50]

アメリカのサイバー戦略に見られる第三の要素は、攻勢目的に関するものである。アメリカは他のサイバー大国と同様、自国が攻勢的サイバー兵器を利用している事実を認めようとしなかった。侵略行為に対する国際規範から逸脱せぬよう、軍当局はアメリカのサイバー戦略は一〇年間にわたり防勢的であったと主張していたが、[*51]二〇一二年になると攻勢的作戦に向けた動きが明るみになった。同年八月、アメリカ空軍はサイバー攻勢の用意ができていると言わんばかりに、空軍は「自国に有利となるようにサイバースペース・ドメインを利用しようとする敵対国の能力を破壊し、拒否し、低下させ、混乱させ、欺騙し、破損し、奪う」[*52]ためのアイディアを検討中であると公表した。攻勢作戦への傾向は、二〇一二年一〇月にDARPA[*53]――ペンタゴンに属する新興技術研究機関――が開始したプログラムにより確固たるものとなった。プランXと呼ばれるDARPAの新しいプログラムは、「サイバー戦を理解し、計画立案および管理するための革命的テクノロジーを創造するためのもの」[*54]であった。こうして攻勢作戦が〔事実上〕公認されたことを受け、サイバー戦略にも進化が見られた。こうした背景には、アメリカの経済力と軍事力がテクノロジーに大きく依存したものであること、[*55]また、攻勢的サイバー兵器自体が技術的飛躍を遂げていたことがあった。

〔アメリカのサイバー戦略の〕第三の要素である攻勢については、さらに二つの主要なパートに区分できる。第一に、キネティック戦あるいは従来型の戦いに取って代わるサイバー攻勢の運用についてである。サイバー攻撃が単独で実行された古典的事例は、二〇一二年六月に起きた。このとき、アメリカとイスラエルがイランに対するスタックスネット攻撃の背後にいたことが明らかになった。第二に、従来型の戦いと一体化したサイバー攻勢の運用であり、これはハイブリッド戦と呼ばれている。ハイブリッド戦略は多分野にまたがる活動を包含――キネティックな〔通常兵器による物理的な軍事〕能力とサイバー能力の両方を使用――し、それらを用いて政策決定者や国民に影響を与え、国内に社会不安と社会的分裂を引き起こすとともに、指揮統制機能〔を妨害する〕など国防にも負の影響をもたらすよう計画される。[*56]

ハイブリッド戦において作戦指揮官は自らの情報通信ネットワークを防護しながら、相手のコンピュータ情報システムに攻撃を加える。例えば二〇〇三年、アメリカ軍は侵攻開始前にイラク軍のコンピュータを無力化した。このように電子による侵入は、通常戦タイプの軍事攻撃に先立って行われる。[*57] 別の事例では、アフガニスタン駐留地上部隊指揮官を務めたアメリカ海兵隊中将リチャード・ミルズが、二〇一〇年にアフガニスタン南西部において国際軍〔国際治安支援部隊（ISAF）を指す〕を指揮しながらサイバー攻撃を行っていたことを認め、「敵にサイバー作戦を実行し、絶大なインパクトを与えた」[*58]と語っている。

ハイブリッド戦をめぐるアメリカの状況について言うと、まず、情報作戦や偽情報キャンペーンを通じて国民や政策決定者に社会的影響を及ぼすことは、長い間、心理作戦（PSYOPs）と呼ばれ、場合により軍事情報支援作戦（military information support operations）[*59]あるいは政治戦（political warfare）とも言われる。かつての心理作戦では新聞記事や小冊子が使われていたが――オンライン環境が整っていない社会では今でも使用されている――アメリカは携帯電話やeメール、テキストメッセージ、ブログを駆使した「影響力工作」（influence operations）〔主に偽情報を操作して、他国の世論形成や政策決定に影響力を及ぼし、政策・作戦目的を実現しようとする活動〕にサイバードメインを積極的に活用している。それは平時でも戦場でも変わらない。[*60] 政治戦については、一九四八年にアメリカの外交官ジョージ・ケナンによって次のように定義された。すなわち「政治戦とはクラウゼヴィッツの教義を平時にそのまま適用したものにほかならない。幅広く定義すると、政治戦は国家の指揮のもと戦争に至らない程度に、『ホワイトな』プロパガンダから……『友好的な』外国勢力への極秘支援、『ブラックな』心理戦、敵性国家での地下抵抗活動の扇動といった隠密活動に至るあらゆる手段を行使することである」[*61]。情報作戦においては、携帯電話や移動通信用中継アンテナにテキストメッセージを送信し、標的とする観衆が最新ニュースを定期的に受け取れるようにする。偽情報工作には、プロパガンダ用ビデオや偽造写真、偏向したニュース記事やミーム〔インターネットを通じて広まる画像、映像、単語、フレーズ〕を掲載したソーシャル・ネットワーキング・サイトがある[*62]。こうした活動の多くは軍事情報支援チームが担い、バルカン諸国向けの「サウスイースト・ヨーロピアン・タイムズ」や北・西アフリカ向けの「マガレビア」といった特定地域向けの多言語ニュースサイトを運営している[*63]。

　情報収集以外のサイバースペースにおけるアメリカの二つの主要な活動は、コンピュータネットワークの防御および攻勢的攻撃である。とはいえ、防御と攻撃の境目は曖昧である。例えば、アメリカのインフラに対するサイバー攻撃について『ニューヨーク・タイムズ』紙は、「我々の最初の反応は、真っ先に跳ね橋を引っ張り上げ、攻撃を防ぐこと、つまり、阻止あるいは防御だ」[*64]という二〇一三年のマーティン・デンプシー将軍の演説を引用している。仮にサイバー攻撃を撃退できなかった場合、次なる対応は「積極防御《アクティブ・ディフェンス》」であり、それをデンプシー将軍は「外へ出て、我々を攻撃するボットネットを使用不能にする」ための「状況に対応した《プロポーショナル》」活動と定義している[*65]。こうした発言から、防御とはアメリカが脅威を検知し、あるいは〔システムに〕疑念を抱いた場合、攻勢と防勢との境界線を曖昧化しつつ、コンピュータネットワークを乗り越え、相手側のいる前方へと進出し、先制行動をとる積極的な防御能力と再定義されたのだと評価できる。同じように攻勢的措置は、アメリカへの第一撃となるサイバー攻撃に対する懲罰的対応として実行される[66]。

アメリカのサイバー戦略における第四の要素は、抑止目的である。防勢と攻勢に比べ、より複雑なサイバー抑止は、〔攻撃が引き起こす〕結果への不安や恐怖を植え付けることにより相手に特定の行動を思いとどまらせることである。抑止は「コスト賦課による抑止」と「拒否的抑止」という二つの要素から成る。「コスト賦課による抑止」は抑止の対象となる攻撃の実行者および烈度に応じて、抑止の度合いが異なる。とはいえ、サイバー抑止の有効性については疑問がつきまとう。なぜなら、それは〔相手の行動を思いとどまらせるという〕「実際には起こらなかったこと」を扱うことになるため、〔抑止の効果を〕計測することが困難だからだ。当時の国家情報長官であったジェームズ・クラッパーは二〇一七年一月五日の上院軍事委員会において、「少なくとも私自身の考えでは、我々は現在のところ、サイバー抑止に多大な信頼を置くことはできない。核兵器と異なり、サイバー能力はそれを認知することも評価することも困難であり、一過性のものだ。それゆえ、私見であるが、抑止の実体と心理状態を生み出すことはきわめて難しい」[67]と証言した。サイバー抑止は検知されたマルウェアが除去されることで起こる。サイバー抑止の一部を構成しているサイバー報復――サイバー攻撃に対する非サイバー手段による報復も含めて――は、アメリカのサイバー戦略の中で一定の役割を担っていることは間違いなさそうだ。例えばアメリカ政府は、二〇一六年アメリカ大統領選挙へのロシアの干渉に対する報復として、隠密でのサイバー抑止措置の発動を承認した。モスクワにアメリカのサイバー攻撃の手が届いていることを認識させるため、ロシア側があえてそれと気づくように故意に機密指定のコンピュータシステムにコンピュータコードを埋め込んだのだ[68]。アメリカのさらなる懲罰的措置に反対している様子から推測すると、どうやらロシアは〔アメリカが埋め込んだ〕コードを見つけたようである。

サイバー抑止をめぐる問題について、国防省の「サイバー抑止に関するタスクフォース」〔前出〕は、サイバー攻撃に対するサイバー手段による対応に加え、信頼できる非サイバー手段を保有しておくことが重要であると主張している。[*69] さらに国防省の「サイバー抑止に関するタスクフォース」は、あらゆるサイバー攻撃やコスト高のサイバー侵入に対処するとともに、潜在的攻撃者のいかなる利益をも凌駕するほどのコストを相手に強要することをアメリカは明確に示すべきであると主張している。[*70]

サイバー諜報

アメリカをはじめ、いくつかの国々において、サイバー諜報はサイバー攻撃やサイバー戦との一体化の度合いを深めている。サイバー諜報は「陰の戦い」時代の諜報の役割を劇的に拡大し、サイバー諜報という分野を——「サイバー兵器が使用される前の攻撃の第一段階としてサイバー諜報を運用すること」に加え——新たなレベルへと引き上げた。サイバー三大国では、国内と国外の双方においてサイバー諜報活動が行われている。

国内におけるサイバー諜報は、市民・非市民を問わず国境の内側で活動するテロリストを監視するための陰の戦略の一環であると説明されることが多い。しかし、自由民主主義社会では公衆のプライバシーと公共の安全とのバランス——成功することもあれば、失敗することもある——を満たさなければならない。アメリカにおいて、インテリジェンス活動と公衆のプライバシーをめぐる闘いの代表的事例は、一九六一年のピッグス湾事件での大失態である。大統領自身の経験不足に加え、ＣＩＡの過信が公共の安全を目指しながらもいかに杜撰《ずさん》な政策を招いたかを表す古典的な話である。ピッグス湾作戦の目的は、キューバに新しく樹立されたフィデル・カストロ政権を隠密裏に転覆させることだった。しかし、結果はインテリジェンス活動自体の破綻であることは誰の目にも明らかで、逆にキューバの立場は強化され、一九六二年のキューバ・ミサイル危機をもたらし、アメリカの公共の安全は著しく損なわれることとなった。[*71]

　第二次世界大戦後ほどなくして、別のプログラム――国内サイバー諜報のさきがけとなったNSAのシャムロック計画――のもとで、プライバシーよりもセキュリティが過剰に重視され、アメリカの三大電信会社の通信内容の大部分を〔当局に〕引き渡す措置が講じられた。このプログラムが一九七五年に失効するまで、NSAはとりわけ反戦運動に携わった市民を中心に七万五〇〇〇人あまりのアメリカ市民の情報を収集し、[*72]それをCIAと共有した。CIAは「混沌作戦《オペレーションズ・ケイオス》」と呼ばれた非合法な国内インテリジェンス・プログラムを運営していた。一九七八年、議会はプライバシーとセキュリティのバランスを回復させる取り組みとして「外国情報監視法（FISA）」を制定し、情報機関に対し、当該人物が外国勢力のエージェントであると信ずるに足る相当な理由なくアメリカ国内のいかなる者に対しても監視調査活動を行うことを禁じた。クリントン政権期の一九九九年、情報機関はアルカーイダ工作員とアメリカ国内に潜伏するテロリストとのつながりを懸命に捜索していた。NSAは膨大な電話メタデータ〔データに関する属性情報を記述するデータ〕を収集したのだが、司法省はNSAに対し、この計画は違法な電子監視に該当すると勧告した。[*73]

　アメリカの国内サイバー諜報をめぐるプライバシーとセキュリティのバランスの変化は、二〇〇一年九月一一日の同時多発テロ攻撃のあとに訪れた。「愛国者法」の制定である。ジョージ・W・ブッシュ政権は「ステラー・ウインド」と呼ばれる四つの電話およびインターネット監視プログラム――eメールと電話の通話内容を収集する二つのプログラムと二つのメタデータ関連プログラムを含む――を創設した。こうした国内向けのサイバー諜報は二〇〇九年からオバマ政権期においても続けられ、国内における潜在的テロリストたちの接触の足取りを捜索するために使われた。電話やインターネット内容の収集に絡む訴訟事例は、メタデータをめぐる議論よりも扱いが難しい。というのも、メタデータは合衆国憲法修正第4条〔不合理な捜索や押収・抑留の禁止〕の禁止対象とならないが、電話の通話内容とeメールのコンテンツはそれに該当する旨、最高裁判所が一九七九年に裁定を下していたからである。二〇一一年までにNSAのeメールと電話内容プログラムにより、国内にいる数万人のアメリカ市民の通信内容が収集された。四つから成る「ステラー・ウインド」プログラム――電話メタデータ・プログラムおよびコンテンツ収集プログラム――のうち三つは拡充され、現在も運用されている。[*74]かつて司法省とホワイトハウスが病床で繰り広げた激しい法的対立の結果、今ではFISAは裁判所による監督のもとで運用されている。[*75]二〇〇四年三月、司法省の担当部署がeメール・プログラムは合法ではないと結論を出した後、当時の司法長官代理を務めていたジェームズ・コミーは、権限の再認可を拒否した。当時の『ワシントン・ポスト』紙が報じているように、「その拒否が原因で、司法長官のジョン・アシュクロフト――膵臓《すいぞう》疾患で入院中――とホワイトハウスの法律顧問アルバート・ゴンザレスとの間で激しいやり取りが交わされた。ゴンザレスはアシュクロフトのいる病院のベッドまで押しかけ、eメール関連プログラムを再認可するよう無益な説得を試みた」[*76]。とはいうものの、アメリカの法的解釈が変化してきたことにより、監視プログラムはもともとの「ステラー・ウインド」と比べ、規制対象が拡大され、〔プライバシー〕侵害の度合いを強めている。[*77]

二〇一八年一月、トランプ政権はＦＩＳＡの七〇二条項を延長する法案を成立させた。これは裁判所からの令状を必要とせず、ＮＳＡがインターネットを監視できるプログラムである。同法のもとでＮＳＡはアメリカ国外に住む外国人から、フェイスブック社、ベライゾン社、グーグル社などを経由して膨大なディジタル通信を収集している。また、監視プログラムに基づき、アメリカ市民の通信を傍受し（アメリカ市民が海外に居住する外国人ターゲットと交信するとき）、司法の令状なしでメッセージを捜索できる。[*78]

国内のサイバー諜報活動は継続されているものの、アメリカの諜報活動の主体は外国を対象としたサイバー諜報である。もし発覚すれば深刻な事態を招く恐れがあるが、活動自体は合法的と見なされている。[*79] 政府が作成する情報収集用のマルウェアは日頃から世界中で使用されているが、アメリカでは政府のための情報収集と、商業活動や金銭的利益を目当てにした情報収集を区別して考えられている。国防省ＮＳＡの報道官から送られたｅメールによると、「国防省は」コンピュータネットワークの有効活用に「従事している」が、「国防省はサイバーを含め、いかなる領域においても経済諜報には従事していない」と明確に述べている。[*80]

しかし、他の主要国すべてが、政府の諜報活動と経済諜報を区別するアメリカの考え方を受け入れているわけではない。とりわけ、中国政府はアメリカの立場に異議を唱えている。アメリカは中国に対し、活発なサイバー諜報キャンペーンを展開しており、これはワシントンの政策的優先順位のリストの中でも上位を占めている。ＮＳＡはサイバー諜報により、ファーウェイ社〔中国最大の通信機器製造会社〕やチャイナテレコム社〔中国最大の通信会社〕が所有するコンピュータに侵入している。この事実は、エドワード・スノーデンがアメリカのサイバー諜報の実態を明かす文書をリークし、知れ渡ることになった。[*81] アメリカは経済諜報活動を正当化している。二〇〇三年から二〇〇四年まで司法省法律顧問局の司法次官補および国防省特別顧問を務めたジャック・ゴールドスミスは、元CIA長官スタンズフィールド・ターナーが一九九一年に語った言葉を引用している。すなわち「経済情報の確保を重視するとなれば……我々はもっと発達した国々――経済上の競争相手である同盟国や友好国――を相手に諜報活動をしなければならなくなる」[*82]。またゴールドスミスは、アメリカが「諜報活動、通信偵察衛星を使って[*83]」外国企業や外国政府から経済秘密を窃取していた事実を二〇〇〇年に認めたジェームズ・ウールジー元CIA長官の発言を引用している。そして最後に、元国家情報長官のジェームズ・クラッパーが二〇一三年に語った次の言葉を引用している。「我々がしていないこと……それは国際競争力の強化や最終決裁額の増大を求めるアメリカ企業の利益のために、外国企業の企業秘密の窃取に我々の国外インテリジェンス能力を活用――あるいは我々が集めたインテリジェンスを提供――することである[*84]」。しかし、これは単にアメリカ企業の「ためには」やらないということで、外国政府や機関に対する経済諜報や外国企業からの企業秘密の窃取は許されているということだ[*85]。

とはいえ、アメリカが主張するように、このサイバー情報の収集は、国際諜報というゲームではむしろスタンダードな活動である。通常の情報収集の一環としてサイバー諜報を行っている中国をアメリカ政府は好ましく思っていないが、現在のところ〔アメリカ政府は〕中国政府が後押ししてきた知的財産窃取に対する怒りを抑えている。これについては次章で詳しく論じたい[*86]。中国はサイバー諜報に関するアメリカの考え方に多少なりとも気づいているようだ。軍事面でのサイバー諜報については、両国とも議論する気はないようである[*87]。

サイバー攻撃

現在も続いている終わりのない「陰の戦い」の中で、アメリカは常にサイバー攻撃の話題の中心であり続けてきた。二〇一一年、アメリカの情報機関が二三一件の攻勢的サイバー作戦を実施した後[*88]、バラク・オバマ大統領は、サイバー攻撃用の国外の潜在的目標リストに対する攻撃の実行を命じた。二〇一二年一〇月に発出された一八頁綴りの「大統領政策指令第二〇号」では、「攻勢的サイバー効果作戦」(Offensive Cyber Effects Operations: OCEO)は「特殊な通常戦とは異なる能力を発揮し、敵対者やターゲットに対する警告はほとんど行われず、世界中でアメリカの国家目的を増進する。潜在的な効果は軽微なものから深刻な損害を及ぼすものまでさまざまである」と述べている。「大統領政策指令第二〇号」はOCEOについて「アメリカ合衆国の政府ネットワークの外部にサイバー効果を生み出すため……アメリカ合衆国政府によりアメリカ合衆国政府のために実施される……作戦および関連するプログラムあるいは諸活動[*89]」と定義している。二〇一一年に実施された二三一件の攻勢作戦の三分の二は優先順位の高いターゲットに向けられ、そこには敵対国であるイラン、ロシア、中国、北朝鮮が含まれていた。[*90]〔こうしてみると〕アメリカが実施するサイバー攻撃は二〇一一年以降、質量ともに〔その能力を〕著しく向上させたと考えてよいだろう。

二〇一七年、「国防省国防科学委員会のサイバー抑止に関するタスクフォース」〔前出〕は、サイバー攻撃についてアメリカ流に「特定の組織の活動結果に不可欠なデータや情報システムの利用と保全に影響を与える意図的な行動[*91]」と定義した。それに加え、サイバー攻撃は隠密でなければならない。

例えば「アンブリッジ」は、ＣＩＡがロシアなど他国によって作成されたマルウェアを収集したサイバー攻撃テクニックの巨大ライブラリーであるが、フォレンジック捜査を妨害し、サイバー攻撃の発生源を覆い隠すことができる。[92] 別の事例を挙げると、コードネーム「ジニー」というサイバー攻撃者は外国ネットワークに侵入し、極秘裏にそれをアメリカの制御下に置こうとしている。それは「毎年、数万台のコンピュータ、ルータ、ファイアウォールに極秘のインプラント――遠隔操作できる高度なマルウェア」を設置した総額六億五二〇〇万ドルのプロジェクトであり、対象数を数百万台にまで拡大する計画である。[93] トップクラスのサイバーセキュリティ企業が主要国のサイバー実行部隊に加わり、暗号解読や攻撃元の特定《アトリビューション》に乗り出してくるようになると、サイバー攻撃を隠蔽しておくことは次第に難しくなる。

ＮＳＡは解読能力の重要性を理解し、それは「アメリカがサイバースペースの無制限の利用とアクセスを維持するための入会金である」[94]と語っている。ＮＳＡの暗号解読能力の全貌は、イギリスのカウンターパートであるイギリス政府通信本部（ＧＣＨＱ）の暗号対策プログラムによって、いわゆるファイブアイズ（アメリカ、イギリス、カナダ、オーストラリア、ニュージーランド）出身の一握りのトップアナリストにしか知られていない。厳格な「ニード・トゥ・ノウ」の原則（知る必要がある最小限の人だけに知らせること）に基づいて振り分けられる機密情報と異なり、ある文書が暗号解読で明らかになれば「ニード・トゥ・ノウはなくなるだろう」[95]。

すべてのサイバー攻撃が公になるわけではない。これから取り上げる内容は、アメリカが他国に対して行ったサイバー攻撃のすべてではない。しかし、その中には重要なサイバー攻撃の事例が含まれている。

最も初期の事例は、産業制御システムに対するサイバー攻撃で知られるインシデントであり、一九八二年にCIAが行ったとされるソヴィエトのシベリア横断パイプラインシステムへの妨害工作であった。CIAはカナダの供給会社と秘密裏に協力し、パイプラインを爆発させる「論理爆弾《ロジック・ボム》」を取り付けた。[*96]二〇一七年、ロシア国営の国際報道機関RT社（かつての「ロシア・トゥデイ」）は、ロシア大統領のウェブサイト、政府のサーバ、エネルギーや長距離通信インフラの制御システムに対し、アメリカから夥《おびただ》しい数のサイバー攻撃があったことを認めている。さらに、ロシアがアメリカに対して大規模なサイバー攻撃を行った場合には、報復としてサイバー攻撃を行うとアメリカは脅している。[*97]

二〇一二年、ロシア大統領のウラジーミル・プーチンは自分に偽情報のサイバー攻撃を行ったとして、当時のアメリカ国務長官であったヒラリー・クリントンを名指しで非難した。二〇一一年一二月のロシア議会選挙と、それに続く二〇一二年三月四日の大統領選挙を通じて、ロシア国内ではソーシャルメディアやブログのサイトを使って、組織化された大規模な抗議運動が巻き起こった。[*98]抗議運動はモスクワのボロトナヤ広場で起こり、最近行われた選挙の公正性を訴えていた。「彼女はロシア国内の一部のアクターをたきつけ、シグナルを送った」とプーチンは語り、一二月議会選挙の投票の正当性についてクリントンが表明したコメントを取り上げた。「抗議運動への参加者たちはこのメッセージを聞き、アメリカ国務省の支援を受けて積極的行動に打って出たのだ」。[*99]ボロトナヤ広場事件でアメリカが果たした役割はアメリカによってもロシアによっても明らかにされていないが、過去に起きた一連の抗議行動から、草の根レベルでロシア人たちに不満が鬱積していたことを裏付ける証拠なら十分にあった。[*100]それゆえ、アメリカ国務省に浴びせたプーチンの非難は、それまでにもあった活動を引き合いに出したものであり、どれだけ影響力があったのかを評価することは難しい。

広報文化外交《パブリック・ディプロマシー》は、冷戦終結に伴いアメリカ情報庁を廃止し〔その機能を〕国務省に吸収するという一九九八年の決定の後、国防省も深く関わってきたが、法的には国務省の責任[*101]──双方向のインターネット活動、地域別のウェブサイト、ソーシャルメディアの活用を通じて、海外におけるアメリカの利益を増進する──とされている。[*102]

サイバー時代の広報文化外交をめぐる課題は、アメリカ議会調査局[*103]による二〇〇九年の『アメリカの広報文化外交──背景と現在の諸問題』の中で、次のように述べられている。

インターネット通信──ツイッターやフェイスブックなどソーシャルメディア・ネットワークを含む──には、幅広い観衆に書き言葉や話し言葉、静止画、動画を送り届けるブロードキャスト通信という特徴と、国内で利用者どうしが直接つながるアウトリーチという特徴がある。そこでは、共通の土地柄ではなく、共通の関心で結ばれた諸個人が加入するネットワークを相互につなぐパーソナルな関係が生み出される。[*104]

しかし、これは必ずしもうまくいっているとはいえない。例えば、中東にあるアメリカのテレビ局「アル・フッラ」〔アメリカのヴァージニア州に本拠を置くアラブ諸国向けのアラビア語衛星テレビ。アル・フッラは「自由なもの」の意〕は、「テロ組織やホロコースト否定論者たちに自分たちの意見を放送する機会を与えた」かどで批判を受け、「そのことが、アラブの民衆からの信用を損ねた」と言われている。[*105]

ロシアの独立系選挙監視団体「ゴロス〔声〕」が運営するKartanarusheniyというサイト──選挙違反に関するインタラクティブ・マップ──が、外国からの影響を受けているのではないかというロシア政府が抱く懸念に関しても説得力があるとはいえない。[*106] Kartanarusheniy は二〇一四年春に閉鎖され、このサイトとリンクを張ったり、このサイトで話題となったことのあるサイトも同じ運命を辿《たど》った。[*107] それに対し、ゴロスはロシア司法省に外国エージェント・リストの中からゴロスを外すよう求めた。それはモスクワ市裁判所が二〇一四年四月のロシア連邦憲法裁判所の判決を引用し、当該団体〔ゴロスを指す〕は法を侵害していないと判決を下した後のことだった。憲法裁判所は、非政府系組織が外国からの資金提供を拒否した場合、外国エージェントとして登録する義務を負わないと判断したのである。モスクワ市裁判所は、ノルウェー・ヘルシンキ委員会（人権の尊重を確保するために活動する非政府系組織[*108]）がゴロスへ送金しようとして成功しなかったことは、「ＮＧＯを外国エージェントとしてリストに登録する条件の一つである、当該団体が外国資金を受け取ったと判断する根拠としては十分とは言えない[*109]」との判決を下した。〔ロシア国内の〕反対派を黙らせるために西側の亡霊をうまく利用しようとするロシア政府の試みは、モスクワ市裁判所などロシア側のアクターにも見え透いていたのだ。

　アメリカは、ロシアの電力システムネットワークへのディジタル侵入を段階的に強化している。当時の職員や現役職員に聞くと、遅くとも二〇一二年以降、ロシアの電力網制御システムに対する技術偵察を行ってきたと語っている。今やアメリカの戦略は攻勢《オフェンス》に大きく舵を切り、ロシアのシステムの奥深くに破壊的マルウェアを設置し、かつて試みられることのなかった攻撃性を示している。それ〔相手システムへのマルウェア設置〕は、相手に発見されることを見込んだうえでの警告の意味がある。なぜなら、抑止力は、相手側が重大な報復を受ける可能性があることを強く認識している場合にしか機能しないからである。また、大規模紛争が起きた場合のサイバー攻撃の準備という意味合いもある。こちらはトランプ政権がサイバー兵器をより攻撃的な目的で配置するため、新たな権限を設けたことからもわかる。[*110]

これは機密指定のコンピュータシステムにコードを埋め込むことを正式に認可した極秘の措置であり、ロシアにアメリカからのサイバーリーチ〔攻撃の到達範囲〕を想起させるリマインダーとして機能する。この措置はロシア人外交官三五名の追放、メリーランド州とカリフォルニア州にあるロシア政府所有の宿泊施設二カ所の閉鎖、ロシアの情報機関職員に対する経済制裁と併せ、二〇一六年一二月の終わりにオバマ大統領が承認した包括的報復措置の一環であった。[*111]この報復は、ロシア政府内部の情報源から引き出した二〇一六年八月の報告書――アメリカ大統領選挙を混乱させ、その信用失墜を狙った一連のサイバーキャンペーンに、プーチン大統領が直接関与していた経緯を詳細に記したもの――へのアメリカ側からの対抗措置であった。その報告書には、当時の大統領候補ヒラリー・クリントンの信用失墜を図り、彼女を落選させ、ドナルド・トランプの当選を後押しするというプーチンによる具体的指示が記載されていた。[*112]

　オバマ政権のサイバー対応グループは、二〇一六年八月から一二月にかけて、ロシアに対する抑止と懲罰のための何十ものオプションを検討した。[*113]同時に、ロシアが実際の選挙に干渉しないよう、少なくとも五つの警告[*114]がなされた。その警告の中には、オバマ大統領の「率直に言って、我々は攻撃と防御の両面で、どの国よりも高い能力をもっている」[*115]と暗に脅すような二〇一六年九月五日の記者会見もあった。最後に二〇一六年一〇月三一日、オバマ大統領は冷戦時代から使われている秘匿装置付きの核チャネルを使って、選挙前の最後のメッセージを伝えた。このときアメリカは、ロシアのサーバからアメリカの選挙システムを標的とした悪意ある活動を検知し、もしそれが選挙干渉に当たれば、容認しがたい干渉と見なされるだろうと警告を発した。[*116]

二〇一六年一一月の大統領選挙期間中、アメリカがロシアのサイバー攻撃に対して実施した非サイバー分野による報復措置は、ハイブリッドな要素から成り立っていた。そこにキネティック戦の要素はなかったが、ロシアの干渉に対し、アメリカ側がサイバー攻撃を行ったとして訴追した四人のロシア人を拘留するなど物理的な対応が含まれていた。一人目はエフゲニー・ニクーリンというロシア市民のハッカーで、アメリカ当局が発行したインターポール〔国際刑事警察機構〕の逮捕状に基づき、チェコ共和国の首都プラハで逮捕された〔二〇一六年一〇月〕。当初、アメリカとロシアのいずれからも引き渡しの要求はなかったが、[*117] 二〇一八年三月三〇日になってアメリカに送還され、アメリカ大統領選挙に対するロシアのサイバー攻撃について尋問を受けた。[*118] 二人目はスタニスラフ・リソフという名のロシアのコンピュータプログラマーで、二〇一七年一月にバルセロナ空港でスペイン警察によって逮捕された。このときもアメリカからの逮捕令状があった。リソフは二〇一八年一月一九日にアメリカに送られた。三人目はロマン・セレツネフというロシア市民で、二〇一四年にロシアからの激しい抗議の中、グアムからアメリカ本土に送られた。その後二〇一六年、アメリカの法廷で三八件に及ぶサイバー関連の罪状により有罪判決を受けた。[*119] 四人目はピョートル・レブショフというロシアのプログラマーで、二〇一六年にアメリカ大統領選挙への不正干渉に絡むサイバー攻撃の容疑で国際指名手配された末、逮捕された。[*120] 彼は二〇一八年二月二日、アメリカへ送られた。[*121] この四件の訴訟は、二〇一八年二月一六日にロバート・モラー特別検察官による一連の捜査で立件された一三名の個人と企業三社とは別の訴訟だった。[*122] 〔モラー特別検察官の〕捜査により二〇一八年七月一三日、さらにＧＲＵ〔ロシア連邦軍参謀本部情報総局〕に所属する一二名の幹部が訴追されたが、彼らがアメリカに引き渡されることはないだろう。[*123]

アメリカによるサイバー攻撃のうち最も知られているものは、前章で取り上げたオリンピックゲームズ作戦と呼ばれるイランのナタンズ核開発施設への攻撃であった。あまり知られていないのが、二〇一九年六月にアメリカ・サイバー軍が複数のコンピュータシステムを標的にしたサイバー攻撃である。その標的のひとつがイランの情報機関で、オマーン湾〔アラビア海の北西に位置し、ホルムズ海峡を通じてペルシア湾と結ばれているため、石油タンカーの世界的な通航海域〕でノルウェーと日本国籍の石油タンカーが攻撃を受けた事件〔ホルムズ海峡タンカー攻撃事件〕の背後にいたと信じられていた。もうひとつの目標は、イランのミサイル発射機を制御するコンピュータシステムだった。このサイバー作戦は、イランの戦術と類似した陰の戦術を用いて、武力紛争の閾値を超えないように意図された。このサイバー攻撃は数週間かけて計画され、いずれも二〇一九年六月に起きた上記のタンカー攻撃およびアメリカのドローンが撃墜されたことに対する直接的な報復の意味をもっていた。[*124]〔ドローン撃墜をめぐっては〕イラン側はドローンがイラン領内を飛行していたと主張し、アメリカ側は公海上空で撃墜されたと主張した。[*125]

二〇一七年四月一六日、北朝鮮のミサイル実験は打ち上げから数秒後に爆発を起こし、〔北朝鮮側は〕発射実験の妨害を企図したアメリカによる隠密のサイバープログラムが再び成功したのではないかと疑った。北朝鮮のミサイル開発計画に対する攻撃は、オバマ政権が二〇一四年から急ぎ進めてきたもので、これによりミサイル実験の八八パーセントが失敗した。[*126]一つひとつの打ち上げ失敗の原因がサイバー攻撃によるものなのかどうかの判断は、サイバー作戦の中心的役割を担ったアメリカ・サイバー軍やNSAでさえ難しいことだった。とはいえ、北朝鮮が別のミサイルを実験に使用することで、問題点を克服している事実を考慮すれば、〔失敗の原因がアメリカのサイバー攻撃によるものであるとの〕信憑性は十分にある。[*127]

北朝鮮のミサイルを狙ったアメリカによる極秘のサイバー作戦は、トランプ政権のもとで積極的に採用され、フィリピンのロドリゴ・ドゥテルテ大統領との会談という公式の場で取り上げられるまでになった。*128 アメリカのサイバー軍はミサイルに加え、北朝鮮の軍事諜報機関である〔朝鮮人民軍総参謀部〕偵察局を標的とし、そのコンピュータサーバにＤＤｏＳ攻撃を仕掛け、インターネットへのアクセスを中断させた。その効果は一時的なもので、物理的な破壊をもたらすものではなかった。*129

アメリカのサイバー軍はサイバーテロリズムに対処するため、過激派組織イスラム国（ＩＳＩＳ）〔ＩＳＩＳは「イラクとシリアのイスラム国」の略称〕へのサイバー攻撃を行ってきた。しかし、その任務は成功とは言い難かった。サイバー軍による攻撃は、敵の通信、要員の補充、人件費〔の調達〕、指揮命令の妨害を試みたものであったが、要員の補充や通信のハブは〔いくら妨害しても〕たちまち復旧された。イスラム国に対する最も高度かつ攻勢的なサイバー攻撃は、二〇一六年一一月に始められた「グローイング・シンフォニー」作戦であった。この作戦ではイスラム国のオンラインビデオやプロパガンダ活動を妨害したが、こちらもすみやかに復元されている。したがって、サイバー戦の戦術を変えてより効果の上がる金融資産を標的とし、指導層の権威失墜へと重点を移さなければならなかった。ソーシャルメディアを使いこなし、バックアップファイルの作成に余念がなく、オンラインメディアでの存在感をしっかり確保しているテロリストと効果的に戦うためには、そうした戦い方が求められた。*130

とはいえ、伝統的な通常戦型部隊にハイブリッド戦用として配属された新編成のサイバー任務チームは効果的なサイバー攻撃を行い、ＩＳＩＳの戦士や指揮官たちが〔アメリカ軍による〕従来型の物理的攻撃を事前に察知することを妨げた。*131 イスラム国に対する数少ない成功例のひとつは、シリアの爆弾製造業者の下部組織に侵入したイスラエルのサイバー工作員たちによるものだった。イスラエルはテロリスト集団が空港の搭乗検査を潜り抜けるため、ラップトップ型コンピュータ用のバッテリーを模した爆弾を製造していることを突き止めた。このインテリジェンスに基づき二〇一七年三月、大型電子機器の機内持ち込みが禁止された。同年五月にロシアのセルゲイ・ラブロフ外相とアメリカ駐在のセルゲイ・キスリャク大使が大統領執務室でトランプ大統領と会談したとき、トランプ大統領が二人に明かしたのがこの機密情報だった。〔アメリカによる〕機密情報の暴露は、イスラエル当局を激高させた。[*132]

攻撃に先立ちバックドアを形成するため、サイバー諜報とサイバー攻撃を一体的に運用することをアメリカのサイバー戦略では「エクスプロイテーション」（exploitation）と呼んでいる。[*133] エクスプロイテーションとして一体的に運用された古典的事例は、アメリカの電力網やその他のインフラ防護である。アメリカの電力網は東部・西部・テキサス地区の三つの電力ネットワークに分かれており、それぞれが数千マイルの送電線、発電所、変電所から構成されている。電力の流れは、地元の電力会社とエリア内の送電組織によって制御されている。電力網や電力会社がオンライン通信に依存するにしたがい、公益事業の制御システムはサイバー諜報やサイバー攻撃、エクスプロイテーションに対して脆弱となる。[*134] ジョージ・W・ブッシュ政権のもとで、議会は政府系ネットワークの防護プログラムとして一七〇億ドルの予算を承認した。オバマ大統領のもとでは、同プログラムに基づき民間コンピュータネットワークの脆弱性対策に数十億ドルが注ぎ込まれた。サイバー諜報による偵察活動――中国、ロシア、その他の地域から――では、電力網を直接傷つけることなく、サイバー攻撃の準備行動としてアメリカの電力システム内を自由に泳ぎ回ることができる。[*135] 重要インフラに事前に埋め込まれた悪質マルウェアの中にはロシアによるHAVEX[*136]やBlackEnergy[*137]があり、これらは二〇一三年にアメリカの電力網の中で発見された。[*138] このようなサイバー諜報とサイバー攻撃との曖昧な境界線は「陰の戦い」の特徴であり、〔相手システムへのマルウェアの事前配置は〕主要大国間で相互に行われている。

サイバースペースの制御

〔アメリカの〕サイバースペースの制御能力は、二〇一一年にホワイトハウスが公表した「サイバースペースに関する国際戦略――ネットワーク世界における繁栄、安全、開放性」（International Strategy for Cyberspace: Prosperity, Security, and Openness in a Networked World）の中で表明されている。この文書では「ディジタル世界はもはや無法のフロンティアではない」[*139]と語られた。発明当初はまるで〔一九世紀アメリカ開拓時代の〕荒野《ワイルド・ウェスト》の中西部を思わせたサイバースペースも、アメリカについて言えば、〔その形容は〕今や過去のものとなった。二〇一二年、メディア各社はサイバースペースの制御プラン、具体的にはDARPAの動向を報道し始めた。[*140] DARPAのX計画では、サイバースペース――数百億台のコンピュータ、ネットワーク、サイバー兵器、ボットを包含するグローバルなドメイン――の全体像を詳細に描いた最新マップが作成され、その後も継続的に更新されている。この理想的マップはネットワークの接続状況を表示し、あるルートがサイバー兵器を運搬するのに必要な容量を解析し、トラフィックの流れに応じた代替ルートを提案し、軍事目的の達成を支える電力と伝送網の最新状態を表示する。X計画とは、敵のいかなる攻撃も視覚でとらえやすくし、何をどのように攻撃するかという決断を補佐するためにサイバースペースを可視化したものである。X計画では、攻撃を実行し、報復に耐えうるようオペレーティングシステムが堅牢化されている。[*141]

このようにサイバースペースを制御することで、特定の国や特定のオペレータに対し、サイバー作戦の実行を委託できるようになる。これにより、攻撃元の特定が困難であるというサイバー作戦に固有の特性が失われつつある。いかなる種類のサイバー作戦も——悪質か否かを問わず——足跡は残るものだ。アメリカの情報アナリストは、絶えず増大する知識——過去の出来事に関する知識、サイバーオペレータの業務のやり方に関する知識、現存および最新のサイバーツールに関する知識——を駆使して、特定のサイバー作戦をその発生源にまでさかのぼり、特定のオペレータを名指しすることもできる。[*142]

サイバースペースを規制する中心的な狙いは、国内のコントロールにある。アメリカはトップダウンで国内を統制する国というより、概して規制によって国内をコントロールしようとする国である。そうした規制を司るのは連邦通信委員会（ＦＣＣ）の権限とされ、それは通信政策関連の主要な法律である一九九六年法により定められた。その一九九六年の電気通信法は画期的であり、〔議会では〕超党派の賛成多数で可決され、クリントン政権およびＦＣＣも支持した。本法の制定により、アメリカのサイバースペースのガバナンスはエンジニア主導によるすべての利害関係者による合意形成《マルチステークホルダー・プロセス》に委ねられた。これは政治的管理からの独立を意味した。[*143] 二〇一五年、オバマ政権はインターネットプロバイダーが特定のコンテンツに増額請求をしたり、特定のウェブサイトを優遇する措置を禁止する規則を定めた。二〇一八年、ＦＣＣは二〇一五年の規則で定めたネットの中立性〔インターネットプロバイダーはインターネット上のすべての情報を平等に扱うべきであるという考え方〕ルールを撤廃した。[*144] この措置により、アメリカにおけるサイバースペースの規制の多くは民間主体《エンティティ》の手に委ねられることとなった。

アメリカではサイバースペースの経済的側面がきわめて重要である。先の電気通信法は「連邦政府や州政府の規制を受けないインターネットや対話型コンピュータサービスのため、現存する活力ある競争的な自由市場を保護することがアメリカ合衆国の政策である」[*145]と述べている。二〇一八年に二〇一五年の規則をトランプ政権が廃止したことにより、ｅコマース業界のスタートアップ企業は、有償優遇措置のもとで不利益を被るのではないか――インターネット大手企業よりも、自社のウェブサイトやサービスに対するデータの読み込み速度を遅くされたり、データ送達の優先順位を下げられるのではないか――と恐れた。ギグ・エコノミー〔従来の「会社に長期間雇われて仕事を行う」働き方とは異なり、オンライン上で非正規雇用者が企業から単発または短期の仕事を請け負うことによって成り立つ経済の仕組み〕のフリーランサーを含むリモート勤務者たちにとっても、自宅で仕事をするコストが高くなってしまう。ＦＣＣは、大手ブロードバンド・プロバイダーによる新たなビジネスモデルの実験や新技術への投資を制限しかねないため、上記規則を撤廃したのだとの見解を示した。[*146]

サイバースペースに対する規制は、サイバースペースを活用する軍事作戦にも及んでいる。多くの国々が国内のサイバースペースを主権領域であると主張している中、アメリカ軍はその利用が著しく制限されるわけではないと認識している。二〇一八年の『サイバースペース作戦』に概要が記されているアメリカ軍のドクトリンによると、「サイバースペースに国家統治権の及ばない空間は存在しない。それゆえ、アメリカ軍が外国のサイバースペースで行動する際、〔サイバー〕インフラが位置する国の知識がない場合でも、任務や政策上の要求からアメリカ軍が秘密裏に行動することを求められることがある」[*147]。同文書によると、軍は「アメリカの国内法、該当する国際法、関連する〔政府〕や〔軍部の〕政策と一貫性のある」サイバー作戦を遂行する。「アメリカ領内の軍事行動を規制する法律は、サイバースペースに適用される」[*148]。

おそらくサイバースペースの制御について、最も適切な見方はワシントンの国際的スタンスに表れている。国際的サイバー行動がどのように組織され、法制化されるべきか、という問題をめぐっては二つの主要な意見に分かれるが、アメリカはその二つの陣営の一方を占めている。このいわゆる欧米陣営の見方は、サイバー行動に既存の国際法を適用しようとする立場をとっている。他方、「陰の戦い」の時代にあって〔新たに〕固有の国際法や条約を締結し、国際の平和と安全を維持するメカニズムとして国際政治構造の補強を求める陣営が別にある。*149

国際サイバー行動に関し、アメリカが国際の平和と安全を維持するために新しい条約の必要性を拒否する理由は四つある。第一に、アメリカは「情報セキュリティのあらゆる側面に関わる包括的原則を定式化するのは時期尚早」*150と見なしていること。つまり、サイバーテクノロジーが急速に発展する時代にあって、そのような条約を検討すること自体が時期的に早すぎるということ。第二に、武力紛争法——特に必要性の原則と比例の原則——がサイバー兵器とサイバー戦にすでに適用されているように、民間および軍のサイバーテクノロジーの開発または使用を制限する多国間条約は必要ないという立場である。第三に、サイバー戦に直接結びつかないサイバーテクノロジーについては、軍縮や国際安全保障以外の議題を扱う国際委員会において十分に議論されているという立場である。最後に、条約というアプローチは、すべての国家の成長と発展に不可欠な「情報の自由な流れ」の原則に反しているという主張である。『世界人権宣言』第19条の規定にしたがい、情報セキュリティの実施に際しては、国境に何人《なんぴと》もあらゆる媒体《メディア》——電子媒体を含む——を通じて情報やアイディアを求め、受け取り、伝える個人の自由を侵害されてはならない*151という原則を支持するのがアメリカの立場である。

サイバー行動に関する新たな国際条約の必要性に反対するアメリカの主張には、別の意味合いもある。上述した四つの理由のほかに、先制自衛を含む自衛権についてはサイバー戦にも適用されるとアメリカは主張している。アメリカの立場は「武力攻撃が発生した場合には、個別的または集団的自衛の固有の権利を害するものはない」というものであり、特に破壊的なサイバー攻撃に対し、キネティックな報復的反撃によって対応する権利を保有していると見なしている。このようにアメリカは、先制的な軍事行動を正当化する幅広い自衛概念を採用してきた。実際、アメリカ政府が自衛の厳密な解釈に縛られないことを証明したのが、二〇一七年四月、トランプ政権によるシリア政府の空軍基地に対する攻撃だった。これは〔シリアの〕反政府勢力が占拠していた町で数十人もの市民を殺害した〔シリア政府軍による〕化学兵器攻撃に対する報復であった。アメリカ政府がそうした解釈の枠内で、先制自衛を理由にサイバー攻撃を正当化するだろうと想像することは決して不合理なこととは言えない。*152

さらにアメリカと同じ陣営に属する国々は、国際人道法がサイバー攻撃に適用されると主張しており、特に人道上の被害を引き起こすインシデントにおいて、武力による威嚇または武力の行使が発生したケースがそれに該当する。例えば、二〇一五年一二月にウクライナの首都キーウ〔キエフ〕で起きたように、サイバー攻撃によってある国や同盟国の電力網が被害を受けた場合、国際人道法はサイバー攻撃による反撃、あるいは潜在的に核兵器*153の応酬までエスカレートしかねないキネティックな対応を正当化する。*154ディヴィッド・サンガーが『ニューヨーク・タイムズ』紙で詳細を語っているが、ひとつの極端な例は、トランプ政権におけるアメリカの核戦略である。それはアメリカのインフラに被害を及ぼすサイバー攻撃への報復として核兵器の使用を認めるというものであった。*155言うまでもなく、そうした対応は〔被害の程度に〕比例したものでなければならず、報復の程度――特に核兵器による反撃の場合――は国家全体に及ぶ攻撃であることがそこには暗示されている。

上述した政策スタンスの根底には、国内および国際を問わず、サイバースペースを制御できるとするアメリカの自信がある。「情報の自由な流れ」を主な理由に、アメリカは国内のサイバースペースを閉鎖することはしない。むしろアメリカは、自衛権に基づく現行法や国際人道法を通じたサイバー攻撃の報復的対応に頼っている。これは報復措置を制限するような国際条約は必要なく、望ましいことですらないという立場を反映している。〔このように〕アメリカはサイバースペースに関する洗練された独自の立場をとりながら、他方では、報復兵器を作り上げる能力を保持しているのである。

「陰の戦い」政策

アメリカの「陰の戦い」政策には、次の三つの中心的要素が影響している。第一に、明示的であれ暗示的であれ政策を導く長期目標に影響を及ぼす政治的・経済的・社会的な要因である。第二に、政策はそれぞれ独自の特徴をもった政権の産物であるということ。最後に、国家の原則とイデオロギーの原則が政策を形作っているという点である。

基本的に、アメリカの「陰の戦い」の政策は政治的・経済的・社会的現実によって導かれている。政治的には、アメリカがサイバー戦を含む戦争テクノロジーのほとんどの分野で、依然として指導的立場にあるという点である。このため、アメリカは自国の技術的能力にあえて制限を課すようなことはしない。特に、化学兵器や核兵器交渉の路線に沿った条約は〔サイバー戦には〕不必要であると主張している。政府内の政策担当者たちは条約の代わりに、サイバー暴力、とりわけ犯罪的なサイバー活動――サイバー犯罪、ハクティヴィズム、サイバーテロ、サイバー偽情報キャンペーンを含む――の増加現象に対処するため、国際協調の進展による国際的な法執行活動が必要であるという〔条約には）否定的な議論を行っている。このアイディアの背景にあるのは、アメリカを標的としたサイバー攻撃の多くの形態が犯罪的なサイバー攻撃であり、それらはキネティック戦による報復やキネティック戦での攻撃目標には至らない程度の攻撃であるため、防御的対処で済むという考えに由来する。

また政府内の政策担当者たちは、サイバー条約が従来の伝統的なものにとどまるならば、それは不必要であるという二段構えの論陣を張っている。一つ目の議論は、開放性と相互運用性《インターオペラビリティ》を支持する考えである。*156「ネットワーク世界における繁栄、安全、開放性」（Prosperity, Security, and Openness in a Networked World）戦略は、かつての二〇〇五年合意に依拠し、次のように述べている。

アメリカは端末間の相互運用性を確保してインターネットを支えている。世界中の人々が互いのニーズを満たすテクノロジーを使って、知識やアイディア、そして互いに人々とつながっている。「情報の自由な流れ」は相互運用性――「世界情報社会サミット・チュニス・コミットメント」において一七四カ国が賛同した原則――に依拠している。グローバルな開放性と相互運用性の対極にあるのは分断されたインターネットであり、そこでは世界の住民たちの大半が一部の国の政治的利害によって、最新のアプリケーションや豊富なコンテンツにアクセスできなくなっている。*157

二つ目の議論は、伝統的なサイバー条約は容認可能な行動を支える規範や共通理解の役割を弱めてしまうという考えである。続けて右の戦略文書から引用すると

そのような規範を遵守することで国家行動の予測可能性が高まり、紛争をもたらしかねない誤解を防

ぐことに役立つ。サイバースペースにおける国家行動規範が進展すれば、新たな慣習国際法を作り上げる必要も、現存する国際規範が時代遅れになることもない。国家行動——平時および紛争時における——を導く国際規範が長期にわたり存続すれば、それをサイバースペースに適用できる。とはいえ、ネットワーク技術のユニークな属性は、これらの規範がどのように適用され、それを補うために、いかなる理解が必要となるかを明らかにする追加的作業を必要とする。*158

第二に、アメリカの政策は立法府や司法府ではなく、行政府に属する政権によって担われている。立法府は宣戦布告がなされた場合には関与するが、当然ながら「陰の戦い」では公式な宣戦が布告されることはない。したがって、政策の監視《オーバーサイト》は行政府内の各省、具体的には各省の長官や軍の指導者、状況によりホワイトハウスによって実施される。これが意味するのは、監視対象が必要最小限にとどまっており、立法府の議員や市民の目に触れることはないということである。

「陰の戦い」に関連した政策を生み出す過程で、アメリカはカール・フォン・クラウゼヴィッツの『戦争論』を参考にしている。クラウゼヴィッツのアイディアはサイバー戦に通ずるものがあり、サイバー戦争と従来型のキネティック戦争を組み合わせたハイブリッド戦と関連している。クラウゼヴィッツは『戦争論』の第1章で「戦争とは暴力行為のことであって、その暴力の行使には限度のあろうはずがない。一方が暴力を行使すれば他方も暴力でもって抵抗せざるを得ず、かくて両者の間に生ずる相互作用は概念上どうしても無制限なものにならざるを得ない」*159と書いている。ルネ・ジラールの「戦争論と啓示」によると、クラウゼヴィッツは現実の不合理な側面——すなわち、世界は戦争の極限に向かっていること——を明確に示している。*160 クラウゼヴィッツの極限状態は、かつての総力戦

〔第一次世界大戦と第二次世界大戦〕で限界に達したと考えられ、その後は核戦争、そして現在はサイバー戦という「終わりなき陰」の中に見出すことができる。

正戦論は「陰の戦い」の決定的兵器――サイバー戦――を擁護するように再解釈される。「サイバー戦の倫理学」[161]を著したランドール・ディパートのように、サイバー戦争が人間を殺害しないかぎり、正戦論がそのままサイバー戦に適用されることはないと論じる学者がいる一方で、アメリカ空軍士官学校教授のジェームズ・クック大佐は、過去の戦争の中にも〔サイバー戦と〕類似する曖昧なケースが存在し、それらは正戦論の幅広い含意を損なうことはなかったと説得的に論じている。[162]すなわち、サイバー戦の特徴は正戦論が扱う対象範囲内に収まるのである。正戦論の規範――*jus ad bellum* の判断基準〔正当な大義、相対的正義、正当な権限、最後の手段、成功の可能性〕――は、*jus in bello*〔交戦手段の規則〕〔正しい意図、比例原則、非戦闘員の除外〕と矛盾なく調和している。侵略に直面したときの防御の原則を考えてみよう。配電網にマルウェアが侵入し、国家の電力供給能力が低下するなど、国家が〔国民の〕人間の基本的ニーズを満たせなくなるケースでは、サイバー攻撃は侵略的である。正戦論の第二の原則は、非戦闘員の保護である。生物戦が想定するように非戦闘員に拡散する可能性は十分にある。実際、スタックスネットの事例はそうだった。正戦論の第三の原則は比例原則――攻撃で受けた被害よりも、その攻撃に対する防御により相手に与えた被害が甚大になるのは不当であるとする考え――である。この比例原則は、アメリカの大統領選挙に干渉したロシアに対するアメリカの対抗措置に反映された。アメリカのサイバー戦理論は、西欧起源の正戦論の流れを汲んだサイバー時代におけるクラウゼヴィッツの新解釈の結果なのである。

要約すると、アメリカは正戦論やカール・フォン・クラウゼヴィッツの戦争概念を「陰の戦い」の理論および政策、そしてサイバー戦の主要なツールの土台と見なしている。アメリカはサイバー条約の必要性を否定し、主要な問題はサイバー暴力であると主張する。そしてサイバー暴力は、国際的にはサイバー犯罪関連法と調和させ、サイバー犯罪に対する国際協力を高めることで十分な対処が可能であると考えている。[*163] アメリカがサイバー防衛の必要に迫られたとき、条約は攻撃手段を制限してしまうとも主張する。確かに、アメリカはサイバースペースを世界中の生活の質《クオリティ・オブ・ライフ》に建設的なインパクトを与えているものと考え、また、国際法や正戦論から導かれる既存の規範はサイバー作戦に適用可能であると見なしている。したがって、〔新たな〕国際サイバー条約の必要性は低いと考えているのである。「陰の戦い」の理論をめぐりロシアと中国が〔アメリカと〕異なった見方をしているという事実は、サイバー戦や国際合意の必要性に関する現在のアメリカの考え方を採り入れていない証しなのである。

第3章　ロシアのサイバー戦

「陰の戦い」が、パワープロジェクション、国家安全保障、戦略計画の立案の分野で重要性を増しているが、この「陰の戦い」における三大プレーヤーが〔伝統的な〕安全保障分野の三大プレーヤーであるアメリカ、ロシア、中国と一致していることは驚くに当たらない。本章では「陰の戦い」の時代におけるロシア連邦の国防政策とその根底にあるドクトリンを概観するとともに、「どの国が、なぜ、どのように攻撃を受けたか」という観点から、サイバー攻撃の事例について振り返ってみたい。ロシアは特有の政策選好と独特の世界観を有し、グローバルな「陰の戦い」において大きな役割を演じている。*1

前章で論じたように、終わりなき「陰の戦い」の状態が続き、現在の大国間のライバル関係は過去のライバル関係が再燃する兆しを見せている。サイバー戦をめぐる国際規範が欠如したまま〔サイバー戦に関連する〕国家政策が急速な勢いで進展している現在の状況は、新しいタイプの秘密紛争へと姿を変えた冷戦期のライバル関係を彷彿とさせる。冷戦はイデオロギー対立を構造化したが、「陰の戦い」では同盟国と敵対国の概念が流動化している。さらに「明確な終わりのない戦争」という概念は、冷戦期の心理構造と類似している。つまり、核戦争と同様、サイバー戦争にも終わりが見えないという現実である。ラトヴィア国防大学の安全保障・戦略研究センターの理事で、ロシアの軍事戦略の世界的専門家のひとりであるヤーニス・ベールジンシュが指摘するように、「終わりのない戦争」

という概念は必ずしも「永遠の敵」を前提としているわけではないという考え方は興味深い。[*2] とはいえ、「終わりのない戦争」は「誰が味方で誰が敵であるか、敵味方を区別するのは何か」という考えに根本的な変更を迫っているのである。例えば、ハイブリッド戦で顕在化した特殊性から――その多くはロシアによって生み出されたものであるが――「陰の戦い」という目まぐるしく変転する状況では、同盟国どうしが敵対関係を抱え込んでしまう実態が浮き彫りとなり、敵対国どうしが部分的な同盟関係を抱え込むことも生じる。

つまり、「陰の戦い」をめぐる問題のひとつは、新たな勢力と新たな兵器の出現により、新しい政策課題とともに新しい戦略、新しい制度、新しい同盟国と敵対国の見分け方が必要とされているということだ。こうした新たなレジームに適応するため、ロシアは過去の伝統と矛盾しない一貫したやり方で国家を舵取りしている。このアプローチはロシア特有の方法ではあるけれども、いくつかの要素は「陰の戦い」に共通するスタンダードを反映しており、その主要兵器がサイバー攻撃なのである。

二〇一〇年二月、ロシア政府は軍事ドクトリンを公表し、その中で自国防衛や国益保護のためのサイバー手段の運用について言及している。この文書では、現代の軍事紛争を軍事的能力と非軍事的能力の統合的な運用と定義し、サイバー戦の役割――ロシアが情報戦と呼ぶもの――を定義している。特にドクトリンでは、サイバー戦を通じて軍事力を使用せずに政治目的を達成することができ、また、情報や偽情報を拡散してロシアに有利な環境を形成するため国際コミュニティに影響力を及ぼすことができるという信念が端的に要約されている。こうしたサイバー戦の運用に関する理解の背景には、新しい形態の攻勢的なサイバー兵器と防勢的なサイバーセキュリティの創造があった。[*3]

一九九七年、ロシア連邦政府通信情報庁〔二〇〇三年に廃止され、その機能は連邦保安庁と国防省が継承〕は、サイバー戦には、①情報・

遠距離通信システムに対する電磁波攻撃と一体化した指揮統制センターの破壊、②インテリジェンスの獲得、③コンピュータシステムの混乱、④偽情報〔丸数字は訳者〕という四つの要素があると説明している。*4「二〇〇〇年ロシア連邦情報セキュリティ・ドクトリン」の内容は二〇〇八年に継続して採択され、二〇一六年一二月にタイトルがわずかに変更された形で新しく「ロシア連邦情報セキュリティに関するドクトリン」として採択されるまで効力を持ち続けた。*5〔これらの文書の〕基本的要素は変わっていないが、サイバー戦争の概念が精緻化されている。ドクトリンに記述された三つの中心的目標は、①国内サイバースペースに対する完全な国家統制の確立、②ロシア報道機関に対する国際的「差別」の克服、③情報テクノロジーやサイバーセキュリティの分野でロシアが他の主要プレーヤーに後れを取っている現実を深刻に受け止めること〔丸数字は訳者〕である。*6

ウラジーミル・プーチン大統領は二〇〇〇年から二〇〇八年までの最初の二任期で、ロシアのサイバー関連の制度および戦略を自ら打ち立て、多くのサイバー攻撃を陣頭指揮した。そして二〇一二年に大統領に返り咲いたあと、さらに高度で体系的なサイバー攻撃の体制および「陰の戦い」に必要な戦略を練り上げた。*7ドイツの情報機関が作成した特別インシデント報告書によると、二〇一六年のドイツ連邦議会やアメリカ大統領選挙を標的としたような大掛かりなサイバー攻撃は、「クレムリンの大統領府により直接承認され、担当機関に実行が委ねられた」*8可能性が高い。二〇一二年の「ロシアと変化する世界」と題した演説からも分かるように、プーチンは情報と偽情報を重要視している。

世界の世論は、情報通信テクノロジーを最大限に活用することによって形成される……これが意味することは、武器を使うことなく情報や影響力を有する他の手段を用いて、外交政策目標を達成するためのツールや方法のマトリックスがあるということである。残念ながら、それらの方法は過激で分裂志向の国粋主義的な態度を煽り、民衆を操作し、主権国家の国内政策に直接干渉するために使われることがあまりに多い。[*9]

この演説でプーチンは、ロシアのサイバー制度とサイバー戦略の基礎を表明しているのである。

制度、組織、実施機関

「陰の戦い」の制度化は、一九九一年のソヴィエト連邦崩壊の後、新生ロシア連邦が形成される過程で進められた。世界は変化し、サイバースペースを含む新たなテクノロジーが生み出されていた。こうした新しい時代を迎え、欧米諸国はロシアに対する封じ込めと孤立化政策を変更し、経済と政治を融合させるアプローチへと舵を切った。ロシアは欧州諸国との貿易に依存し始め、欧州諸国もロシアのエネルギーに依存するようになった。二〇〇〇年――プーチンの統治が開始された年――まではロシアの経済的統合はポジティブな勢いを失い、腐敗したネガティブな力が蔓延するようになった。しかし、二〇〇八年の世界金融危機の後、欧米諸国は投資や資金繰りのためにロシアの化石燃料産業への依存を強めた。これと同時に、ロシアは関係機関に指示し、欧米の政治経済システムに対する影響力を強め、「陰の戦い」による国益増進を図ったのである。[*10]

とはいえ、ロシアのサイバーパワーの制度化はいまだ完全とは言えない。ロシア政府当局は「陰の戦い」の攻撃に関し、具体的かつ詳細な命令や指示を与える一方で、制度の内部――情報機関を含めて――では対立や競争が生じているようだ。そのうえ、サイバー攻撃の実行部隊はゆるやかに組織化され、幅広く多様なアクターに委託されている。指揮系統の中に厳格に組み込まれた組織もあれば、政府当局とのつながりが希薄な組織――委託業者、ビジネスマン、民間ハッカー、組織化されたサイバー犯罪ネットワーク――もあり、〔後者の場合は〕機敏性、スピード、適応性、創造性を最大限に発揮できる。こうして実行部隊は試行錯誤を繰り返しながら、国家アクターが攻撃元として特定されること《アトリビューション》――そして報復を受けること――を回避している。ロシアによる犯罪組織の運用の実例――ロシアに限ったことではないが――にはユニークな特徴が認められる。治安当局のサイバー能力に加え、いまだにロシアはサイバー犯罪者のリクルートやパートタイム的な招集に相当依存している。二〇一〇年のナスダックの中央システムへの侵入〔アメリカのナスダックOMXグループへのサイバー攻撃で、NSAやFBIが調査に加わった。特にNSAの捜査への協力は、外国政府が絡んだサイバー攻撃か、あるいは非常に高度な犯罪組織の攻撃だと当局が判断したことを裏付けている〕のように、犯罪組織の仕業に見えるサイバー攻撃も実際に起きている。[*11] 二〇〇七年のエストニアおよび二〇〇八年のジョージアに向けられたDDoS攻撃、ウクライナで現在〔原著書の出版以前〕も続いているサイバー妨害工作に見られる[*12]ように、犯罪組織はサイバー攻撃にサージ効果〔一気に活性化すること〕をもたらす。そのため、サイバー攻撃やサイバー諜報の機会が増大するにつれ、政府のサイバー部隊はロシア国内の犯罪組織に〔任務を〕外注するようになっている。[*13] しかしそれは〔自ら外注したサイバー攻撃の〕制御や有効性を犠牲にすることを意味し、[*14] 二〇一七年のワナクライによるサイバー攻撃のときのように、ロシア政府は自己防護できず、これにより数千におよぶロシア企業や政府系ネットワークが被害を受けたのであった。[*15]

ロシアのサイバー能力は、他の主要サイバー大国と同様、さまざまな制度を通じて進化と適応を遂げてきた。[*16] ロシアのサイバー制度は当初から政府、財界、犯罪者集団による相互の連携を独自の特徴としている。[*17] 初期のDDoS攻撃――ロシアのサイバー作戦の常套手段――は、さらに高度な戦術とマルウェアツールにより強化されてきた。サイバー能力の研究開発の支援を得るため、ロシア政府は産業界や大学と強力なパートナーシップを維持している。[*18]

攻勢的サイバー作戦において以前にも増して直接的な役割を果たしているのが、ロシア連邦軍参謀本部情報総局（GRU）――ロシアの軍事情報機関――およびロシア連邦保安庁（FSB）――ソ連時代のKGBを継承するロシア筆頭の治安機関――である。[*19] FSBはロシア連邦政府通信情報庁の暗号解析・解読部門を吸収している。[*20] GRUは「高度で持続的な脅威」（advanced persistent threat）グループであるAPT28/Fancy BearおよびAPT29/Cozy Bearに明らかに関与しており、またロシア人によるサイバー攻撃集団やプロパガンダ集団ともつながりをもつ。[*21] GRUのAPT28/Fancy Bearには26165部隊や74455部隊が含まれ、APT29/Cozy Bearとともにコンピュータに不正侵入して窃取した文書データを段階的に公開するなど、一連のサイバー作戦を遂行してきた。その中には、二〇一六年のアメリカ大統領選挙や二〇一八年の中間選挙への不正介入もあった。[*22] これと同じ部隊が、フランスのエマニュエル・マクロン大統領、北大西洋条約機構（NATO）、ドイツ連邦議会、ジョージア、欧州各国政府を狙ったサイバー攻撃に関与している。[*23]

興味深いことだが、オランダの総合情報保安局（AIVD）は、APT29/Cozy Bearのコンピュータサーバと、モスクワにある大学の建物に入っていた彼らのオフィスの入口に設置されていた監視カメラに侵入した。アメリカ政府機関や民主党全国委員会（DNC）に不正アクセスしていたロシアのサイバー攻撃の実態について、アメリカ政府に警告したのはオランダ政府が最初であった。この経緯については、本件を直接知り得る立場にいた十数人のオランダ人関係者やアメリカの政治・外交・インテリジェンス関連の情報源とのインタビューに基づいている。[24]

これらの活動は、二〇一二年初めにサイバーコマンドが創設された後のサイバー作戦の変更を反映したものであった。ロシアのサイバーコマンドは「きわめて特殊な目的を有する部隊《スーパー・スペシャル・パーポス・フォース》」と見なされ、将来の幅広い任務を担うよう設計されていた。サイバーコマンドの創設は、二〇〇八年から開始された「ニュールック」と呼ばれた最も野心的で一貫性のある効果的な軍制改革の一部を占めていた。こうした新構想のもと、ウクライナ危機は最初の重大な試金石となった。欧米やウクライナの観察者たちは、二〇一四年のクリミアへの隠密なロシア軍による介入を目の当たりにし、新しいハイブリッド戦争だと語り始めた。[25] ロシアはこれまでにも数回にわたりハイブリッド戦争に訴えてきたが、現在のハイブリッド戦――経済操作、広範かつ強力な偽情報およびプロパガンダ・キャンペーン、〔相手国の〕市民を対象とした〔相手国政府への〕不服従や暴動の教唆、十分な装備を施された民兵組織――は、ロシアの通常戦力を支えている。[26]

ロシアはGRUの隷下に特別軍事サイバー部隊とサイバー調整部隊――サイバー防衛センター――を設置し、攻勢と防勢双方のサイバー能力を軍事力の中心に位置づけている。[27] 二〇一三年、軍の研究開発部門の政府高官は、ロシアはサイバーセキュリティ能力を高め、軍の管轄下に独立したサイバー戦組織を創設したことを認めている。これはサイバースペースを新たな戦域と見なしていた証である。[28]

他の大国プレーヤーと同様、ロシアはサイバー戦と民間ハッカーの制度化を進めてきた。他国政府が自国ネットワークの強靭化に努めているのを尻目に、ロシアの国家機関は高度なネットワーク偵察を実施し、特定システムの脆弱性を攻撃できるマルウェアを開発した。例えば、ジョージアとウクライナでは、紛争勃発前にサイバー攻撃が実行に移されたが、それは将来の軍事行動や外交行動を見越して事前にマルウェアを埋め込み、標的システムへの遠隔アクセス権限を確保するスピアフィッシング手法を用いたサイバー諜報キャンペーンによって可能になった。[*29]

複数の名称で呼ばれてきた悪名高い民間ハッカー集団があった。その集団はインターネット・リサーチ・エージェンシー（ＩＲＡ）という名で広く知られていた。ＩＲＡはロシアのサンクトペテルブルクにある組織で、インターネット上で偽情報を拡散していた。数百名規模のロシア人ソーシャルメディア利用者を雇用し、身元を偽ってオンライン上にロシア政府を支持するプロパガンダ記事を投稿させていた。故意に対立を煽る広告の買い取りや個人情報の窃取も行っていた。ＩＲＡは二〇一六年に大統領選挙を含むアメリカの政治制度への干渉を企て、連邦犯罪〔刑事裁判権が連邦に留保されている犯罪〕を犯した容疑で、数名の幹部とともにＦＢＩから訴追を受けた。[*30] ＦＢＩやロシアの報道機関[*31]によると、ＩＲＡはレストラン業界の新興起業家エフゲニー・プリゴジンが出資した組織だった。彼は政府からの大規模な契約事業を抱え、プーチン大統領とは親密な関係にあり、「クレムリンのシェフ」の異名をもっていた。しかし、プリゴジンの持ち株会社であるコンコルド社がＩＲＡに資金を融資していた事実が明るみに出た。それは不正アクセスされたｅメール文書の中に、コンコルド社の経理係がＩＲＡへの送金を承認する内容が記載されていたために発覚した。[*32] その漏洩した文書には、すでに退役していたサンクトペテルブルク市元警察大佐のミハイル・ブルチックが二〇一四年二月に取締役としてＩＲＡに雇用されていたことが記載されていた。[*33] これはＩＲＡが政府と複数の次元で結びつきがあった事実を暗示していた。

サイバー戦略

ロシアはサイバー戦略や情報作戦に幅広く取り組んでいる。ロシアのサイバー戦略は、①情報収集や防諜（counterintelligence）などのサイバー諜報分野、②電子戦、通信の減衰、航法支援機能や情報システム機能の低下などのサイバー攻撃分野、③偽情報、心理的圧力、プロパガンダなどソーシャルメディアを活用したサイバー攻撃分野〔丸数字は訳者〕から成る。ロシアの情報戦、コンピュータ、民間ハッカー、ボットは、報道機関、ソーシャルメディア、ハクティヴィストたちのコミュニティと一体化して運用されている。[*34] ＤＤｏＳ攻撃、偽情報を拡散するソーシャルメディア用ボット、ロシア政府の見解を広めるＲＴテレビチャネル（かつての「ロシア・トゥデイ」）はどれもが、アメリカの選挙やイギリスにおける欧州連合との関係を問う投票で偽情報キャンペーンを展開したロシアの通信社と相互に結びついたサイバー戦のツールなのである。[*35]

ロシアの戦略ドクトリンである新世代戦（New Generation Warfare）は「主として影響力工作のための戦略」であり、その第一の目標は「敵のシステム内部の一体性に亀裂――全体の破壊ではない――を生むこと」である。[*36] 新世代戦は簡潔でわかりやすい。例えば、新世代戦では独立系メディアや司法の関与を許さず、マスコミに偽情報を配信させて世論を混乱させたり大衆に幻滅を抱かせるなど、システムに内部から浸透し、それを悪用する。[*37] もはや何を信じればよいのか、誰もわからなくなる。

さらに、新世代戦では「ロシアの影響力が及ぶネットワークを広めるための国家資源の活用」[*38] が重視される。これはロシアにとって最優先の戦略が「欧米の自由民主主義システムの権威を失墜させ」、政治と経済の権力構造を高度な集権的システムとする「代替案を提示すること」[*39]だと気づいたとき、〔その影響は〕決定的となる。この戦略は、欧米型世界秩序の結束性と安定性を弱体化させることを狙いとしている。[*40]これは大戦略であり、二〇一六年のアメリカ大統領選挙の結果をめぐって生じた混乱や、イギリスのブレグジットをめぐり発生した激しい国内の分裂を思い起こしてみれば、おそらく、この戦略は有効に機能していると言えるだろう。

ハイブリッド戦もロシアの戦略の中核を占めている。〔サイバー戦の〕三大プレーヤーの中で——二一世紀の初めにアメリカが小規模ながら実践を試みたことはあったものの——ロシアは現代のサイバー攻撃をハイブリッド戦と完全に一体化させた最初の国であったと言えよう。サイバー攻撃やサイバー偽情報工作にキネティックな物理的軍事攻撃を組み合わせた戦略——真のハイブリッド戦の戦略——は、二〇〇七年頃にロシアが実践を開始し、その後、質的向上と拡大を遂げてきた。[*41]そして二〇〇八年にジョージアにおいてサイバー攻撃がキネティック攻撃と組み合わせて運用された。それは物理的攻撃とサイバー攻撃との見事な連携であった。戦闘とインテリジェンス、プロパガンダなど各種ツールを混合したハイブリッド戦は、シリアなどの紛争でも活用され、特にシリア内戦はロシアの対外介入が成功した事例として引き合いに出されている。[*42]

さらにサイバー戦は、ロシアの戦略的抑止の枠組みの中で中心的役割を担っている。ロシア人たちは、相手国の重要インフラを動かしている産業制御ネットワークの内部に浸透している。[*43]抑止の枠組みの中での戦略目的は、遠隔アクセス能力を保持し、対立関係が激化した場合——敵対行為がサイバー戦、キネティック戦、ハイブリッド戦のいずれであっても——相手側の制御システムに混乱をもたらすことである。[*44]

サイバー戦をめぐるロシアの理論とドクトリンの根底には、「情報分野でロシアの安全を脅かそうとする内外の敵対勢力との絶え間ない闘争から逃れることができない」という信念が影響している。ロシアのサイバー戦ドクトリンは平時と戦時の境界線を顧みない。これが示唆するのは、ロシアによるサイバー兵器の行使や偽情報の発動は比較的ハードルが低いということであり、〔こうした行動は〕他国から威嚇的と見なされやすく、またエスカレーションを誘発しかねないという点だ。[*45] 低強度で常続的な戦いという「陰の戦い」の基本概念は、このようにロシアの戦略の中にしっかりと根付いているのである。

ロシアの軍事戦略を作戦レベルで具体化したものである新世代戦は、まず心理面で相手に勝利し（wins hearts and minds）、その後キネティック作戦に移行する。二〇二〇年までのロシアの軍事力整備のガイドラインは次のとおりである。

1　直接的破壊から、直接的影響力へ
2　敵の直接的殲滅《せんめつ》から、内部崩壊へ
3　兵器やテクノロジーを用いた戦争から、文化戦争へ
4　通常戦力による戦争から、特別に編成した部隊および民間の非正規集団へ
5　伝統的な（三次元）戦争から、情報・心理戦および認知戦へ
6　直接衝突から、非接触戦争へ
7　表面的で区画化された戦争から、総力戦《トータル・ウォー》へ（敵の本土や基地を含む）
8　物理的環境における戦争から、人間の意識空間およびサイバースペースにおける戦争へ

9　対称戦から、政治・経済・情報・テクノロジー・エコロジーの各分野を組み合わせた非対称戦へ
10　明確に時期の区切られた戦争から、国民生活における自然状態としての常続的戦争状態へ[*46]

それゆえ、「陰の戦い」に対するロシアの立場は、闘争の主要舞台は人間のマインドをめぐるものである、という思想に基づいている。その結果、新世代戦では偽情報や心理戦が支配的となる。戦場で優位に立ち、兵器システムを確実に制御するため、ロシア政府は相手国の軍事要員やシビリアンの民衆を道義的かつ心理的に参らせようとする。これは第一次世界大戦期のロシアで、前線の実態がどうあれ、国内の士気を高揚し、敵を愚弄してその士気を挫くため、ポスターや報道に威勢のよい描画や記事が使用されたのと歴史的に類似している。[*47]その主な目標は、相手国の軍や一般市民に対し、自国政府や国家に被害を与えている攻撃者を支援するよう教唆しつつ、キネティックな軍事力を配備する必要性を最小限に抑えることである。

新世代戦のドクトリンは、微《かす》かで見逃されがちな国家関与〔の形態〕と明白な直接的関与〔の形態〕が混在している。新世代戦を構成する要素は以前から知られていたが、ウクライナで実行に移され、さらに磨きがかけられた。フィリップ・カーバーとヨシュア・チボーが「ロシアの新世代戦」という論文の中で整理しているように、この戦略は五つの要素から成る。第一に、工作員《エージェント》の潜入や政治プロパガンダ、現代マスメディアを利用した政治転覆工作によって、既存の民族・言語・階級の相違を利用して分裂を生み出したり、汚職事件を大々的に報じたり、地方役人の評判を落としたりする。第二に、代理勢力《プロキシ》という聖域の活用であり、①地方の行政センター、警察署、空港、軍の補給処の占拠、②反乱勢力の武装化と訓練、③検問所の設置と侵入口となる交通インフラの破壊、④通信に不正アク

セスするサイバー攻撃、⑤一党体制のもとで行うでっち上げの住民投票およびロシアの後ろ盾による政権の樹立〔丸数字は訳者〕などがある。第三に、新世代戦は対外介入を行う。①陸・海・空軍および空挺部隊による突然の大規模軍事演習を通じた国境地帯へのロシア軍の急速展開、②反乱勢力に対する重火器の隠密裏の引き渡し、③国境付近への訓練・兵站キャンプの設置、④いわゆる志願兵《ボランティア》から成る諸兵科戦術グループへのてこ入れ、⑤ロシア軍により装備化され、支援を受け、指導された上級編成部隊への代理勢力部隊の統合〔丸数字は訳者〕などである。第四に、ドクトリンでは強制的抑止手段が用いられる。①戦略軍に対する警戒発令《アラート》や「抜き打ち検閲」、②戦術核兵器運搬システムの前方展開、③戦域や大陸を横断した機動展開、④外部からの介入を阻止する周辺エリアでの威嚇的な空中警戒〔丸数字は訳者〕などである。第五に、新世代戦では交渉による環境操作が行われる。①ロシアの代理勢力に対する再武装の時間を確保するための西側との交渉による停戦期間の活用、②エスカレーションを恐れて第三国が援助に乗り出すことを妨害しつつ、協定違反により相手の軍事能力を弱体化、③経済的誘因を刺激し、西側同盟を分断、④友好的な安全保障パートナーとの選択的かつ頻繁な電話交渉〔丸数字は訳者〕などである。*48

ロシアのサイバー戦略は、かつて人民の思想領域にまで踏み込んだソヴィエト時代の支配様式の特性を取り込んだものである。それは過去において効果を発揮したが、サイバー戦にも完全に適合しているように見える。ソヴィエト式支配はしばしば、一九六五年にノーベル文学賞を受賞したミハイル・ショーロホフの大作『静かなドン』のような偉大な作品の手で育まれてきた。この作品に触れて、多くのソヴィエト人民は、集団農場のような制度がいかに壮大で、国家の強さと持久力を体現したものであるかに感銘を受けた。ソヴィエト式支配様式は、ウラジーミル・プーチン大統領がＦＳＢ

〔ロシア連邦保安庁〕とその前身であるKGBの経歴を通じて最も熟知している分野を反映している。この戦略は相手国の電力網にあらかじめマルウェアを埋め込むことを除外しないが、その重点はむしろ相手に影響力を及ぼし続けるという長期的な狙いのほうにあると言える。

サイバー諜報

ロシアによるサイバー諜報は、アメリカや中国と同様、数十年にわたり実施されてきた。ウラジーミル・プーチン大統領のもとで、ロシア政府はオンライン上の言論を統制するため、サイバー諜報の国内システムを強化した。メディア検閲、サイバースペース監視、友好的なメディアへの放送許可、反対勢力への脅し、特定の話題に関する討論の制限などである。ロシア政府は監視、国内メディア政策、サイバーセキュリティ、インターネットガバナンスを相互に関連のある課題として扱っている。プーチン大統領は戦略的インフラ――ボット、民間ハッカー、プロパガンダ組織――を築き上げ、国民へのメッセージを統制するとともに、グローバルなメディア制度に介入している。RTやスプートニクといった官製の報道機関は〔プーチンの〕戦略インフラの主要な役割を占め、正確なニュースに偽情報を織り交ぜた報道を流すことで、偽情報に信憑性をもたせている。[*49]

ロシア国内におけるサイバー諜報は、二〇世紀終わりのインターネットの出現とともに始まった。通信傍受システム（SORM）は、国内通信のメタデータやコンテンツ――電話の通話、eメールのトラフィック、ウェブの閲覧履歴――を監視するため、FSBが提供するハードウェアを設置することを電気通信事業者に義務づけるもので、一九九五年に適用された。二〇一二年、SORMの対象範囲が拡大され、ソーシャルメディアのプラットフォームも含まれることとなった。「フコンタクテ」（「連絡中」の意）や「アドナクラースニキ」（「クラスメート」の意）など、ロシアのソーシャルネットワークで共有される情報はすべて情報機関が握っていると予想される。二〇一八年には少なくとも一九名のフコンタクテ利用者（公表された起訴件数の七六パーセント）が[*50]、ミーム〔SNSを通じて素早く広まる情報〕を投稿したり、サイト記事に「いいね」を押しただけで刑務所に入れられた。二〇一六年にはすべてのインターネット・サービス・プロバイダーが新たなハードウェアの設置を法により義務づけられ、ロシアのインターネット――「ルネト」とも呼ばれる――を経由するあらゆる情報に政府はいつでもアクセスできるようになった。政府によるインターネット情報のアクセス範囲は、出会い系サイト「ティンダー」からのデータ収集にまで拡大している。[*51]「データ保持およびデータ・ローカライゼーション法」により、ＳＯＲＭに必要な情報が集められている。インターネット会社は通信のメタデータとコンテンツを保存し、ロシア国内に物理的に所在しているサーバにロシア国民のあらゆる情報を記憶させておかなければならない。[*52]

　ロシア国内のサイバー諜報は、議会選挙の不正に不満を抱き、数万のロシア市民が街頭に繰り出した二〇一一年の反政府運動の後になって活発化したように見える。この抗議運動はフェイスブックやツイッターなど、主にソーシャルメディア・プラットフォームにより組織化され行われた。ロシア人口の四分の三以上が主に携帯電話を通じてインターネットにアクセスしていたことがその背景にあった。大手放送局や新聞社にアクセス手段をもたない反対派にとって、インターネットは自分たちのメッセージを発信する有力な媒体であったが、抗議行動の混乱が治まると、それも終わりを告げた。二〇一一年春、反プーチン派勢力のウェブサイトに対してＤＤｏＳ攻撃が行われた。数ある標的の中でも、特にブログサイト「ライブジャーナル」——汚職防止運動の活動家アレクセイ・ナワリヌイが運営するウェブサイト——と『ノーヴァヤ・ガゼータ』紙が集中的に狙われた。[*53] 一日あたり三〇〇〇名以上の読者がいるブロガーに対し、メディア規制機関ロスコムナゾール〔連邦通信・情報技術・マスコミ分野監督庁。電気通信分野を直接監督する規制当局。事業者への免許付与、周波数割当、電波利用料の設定を所掌〕への登録を義務づける法律が二〇一四年に可決された。同法によりインターネット企業はロシア当局にブロガー情報を与えるよう義務づけられ、その情報は政府が利用できるようロシア領内に置かれたサーバに保存しなければならないとされた。[*54]

二〇一二年から二〇一三年に導入された修正条項により、政府は裁判所命令が無くとも特定のウェブサイトを検閲できるようになった。[*55] インターネット関連事業を手掛けている多国籍企業ヤンデックス〔モスクワに本社を置き、検索エンジン、ポータルサイトのサービスを提供。ロシアのグーグルとも言われる〕のようなインターネットプラットフォームは政治的圧力にさらされ、フコンタクテなども政府関係機関の統制下に置かれている。プーチン大統領はインターネットのことを「ＣＩＡのプロジェクト」と呼び、それからロシアを守る必要があると考えている。オンラインの規制は、ソーシャルメディア利用者とボットによって拡散されるディジタルプロパガンダが引き起こす新しい波とセットの関係にある。[*56] 国内の観衆に向けられているロシアの諜報活動は、おそらく、欧州とアメリカではロシアとプーチン大統領の代わりは務まらない——つまり、欧米諸国は〔ロシア国民に〕合理的な代替案を提示できない——ということを証明しようとしているかのようだ。[*57]

二〇一九年一一月、インターネットに新たな規制を設けるインターネット法が施行され、政府当局がロシア国内のウェブトラフィックを規制する広範な権限を有することになる。プーチン政権はこの法律がサイバーセキュリティを改善するものであると語っていたが、批判者たちは中国で起きているように、インターネットのファイアウォールの構築につながる新たな一歩になることを恐れた。つまり、この法律によりロシア国内での接続、あるいはワールド・ワイド・ウェブとの接続を遮断することが可能になるというのだ。政府はいつ接続を遮断するかを決定し、インターネット・サービス・プロバイダーに対し、トラフィックの発信元の識別が可能でコンテンツをフィルタリングできるネットワーク設備の設置を義務づけ、そうすることで国内および国際のサイバースペースを効果的にコントロールすることができるようになった。*58

ロシアの国際的なサイバー諜報は、外国からの情報窃取に活用されてきた特異なマルウェアのツールセット——少なくとも二〇〇八年以降にコンピュータネットワークに浸透し、窃取したデータから取り出したもの——をファミリー化することにより活発化した。国際サイバー諜報の標的は、ジョージア国防省、トルコとウガンダの外務省、アメリカ、欧州、中央アジア諸国の政府機関、政治的シンクタンクなどである。こうしたサイバー諜報によるサイバー攻撃では、外交安全保障政策問題に関する情報をロシア政府に提供している「単一の巨大で潤沢な資源を有する組織」が重要な役割を果たしている。*59

ロシアのサイバー諜報は政府機関を標的とし、それには大使館、核関連の研究機関、石油ガス関連の研究機関などが含まれている。「レッド・オクトーバー」と名付けられた初期のサイバー諜報イニシアティブでは、さまざまな組織から秘密文書を窃取し、その中には地政学的なインテリジェンス報告、機密コンピュータシステムへのアクセス認証情報、個人の移動端末やネットワーク設備から引き出したデータなどがある。特定の暗号化ファイルを盗み出す計画もあった。ロシアの諜報活動は北米を対象としたものもあるが、主要ターゲットは欧州諸国と旧ソ連地域の各共和国であった。フレームと類似して「レッド・オクトーバー」はいくつかの独特なモジュールから構成されており、各モジュールは特定の目的と機能をもつ。いくつかのモジュールは、クリプトファイラー――かつて情報機関で広く利用されていた暗号化標準――として知られるシステムを使用し、暗号化されたファイルを対象に設定されている。いまではクリプトファイラーは機密度の高い文書には使用されていないが、NATOでは、個人情報やサイバー従事者にとって貴重な情報の保護を目的に、依然として利用されている。[*60]

二〇世紀末のロシアのサイバー諜報作戦「ムーンライト・メイズ」では、アメリカ国防省のコンピュータに一年以上も不正侵入が繰り返され、膨大な機密情報が抜き取られた。[*61] 別の作戦では、ロシアの情報機関がサイバーセキュリティ企業や、有名なウイルス対策ソフトの販売企業であるカスペルスキー社を利用して秘密情報を窃取していることがまことしやかに噂された。この〔窃取された情報の〕中には、「シャドー・ブローカーズ」と呼ばれる隠密集団によって一般社会に公開され、大きな痛手となったNSA情報のリークとの関連性を示す証拠があった。[*62] NSAが保有するサイバー兵器は、二〇一六年にシャドー・ブローカーズによって外部に売りに出された。これを提供したのは、実行の可能性が最も高いロシアか、NSA内部の人間、あるいはその両者であると考えられている。二〇一五年以降、三人のNSA職員または契約社員が秘密ファイルの持ち出しで逮捕されているが、一人かそれ以上の漏洩者がいまだにNSAで勤務している恐れがある。ウィキリークスに掲載されたCIAのサイバーインテリジェンス・センターが保有するサイバー兵器と秘密文書の流出に関与した最大の容疑者はロシアである。[*63] 二〇一六年八月一六日、NSAから盗まれた悪質ソフトウェアファイルがオークションに出品されていたことについて、エドワード・スノーデンは「一般常識からすると、ロシアの仕業である」[*64] とツイートした。スノーデンがコメントで示したかったことは、そのオークションが、民主党に属する二つの組織のeメールと文書に不正アクセスし、その内容を不正に持ち出したことに対し、アメリカが報復に乗り出す前に、アメリカに慎重な判断を求めるロシアからのシグナルであったかもしれないということである。[*65] スノーデンは「攻撃元をめぐる応酬《アトリビューション・ゲーム》のエスカレーションは、すぐに厄介な問題になる」[*66] と語り、自身のツイートを締めくくっている。

サイバー攻撃

サイバー攻撃はロシアの「陰の戦い」の戦略と軍備の重要な一角を占めてきた。二〇〇七年にモスクワは周辺諸国、すなわちエストニア、ジョージア、キルギス、リトアニア、ウクライナに対するサイバー攻撃を開始した。二〇一五年までにロシアはさらなる標的、すなわちドイツ、ポーランド、オランダ、アメリカに対してサイバー攻撃を行っている。[*67] 当初〔の攻撃形態〕は多くの人員の参加を必要とするDDoSであった。その後、サイバー攻撃は高度化し、マルウェアも複雑化した。例えば、フランス、ドイツ、オランダの各政府は二〇一七年の大統領選挙や国政選挙に先立ち、影響力工作――不法入手したeメールの拡散、ソーシャルメディア上での偽情報キャンペーン――に備えるための情報共有に合意した。影響力工作や偽情報キャンペーンの目標は、〔対象国の〕世論を分断し、最終的に真実という概念を打ち砕くことである。[*68] 最も規模が大きく長期にわたる攻撃を受けた国は、ウクライナ、アメリカ、ドイツである。以下で取り上げるのは、ロシアも認めているサイバー攻撃の実例である。

初期のサイバー攻撃は、二〇〇七年にエストニア政府のウェブサイトに対して行われた。それはソ連時代に「解放者の広場」と呼ばれたタリン公園から、第二次世界大戦の戦争記念碑が撤去され、軍人墓地に移設された後に起きた出来事だった。ロシア政府は、ナチ・ドイツと戦ったソ連軍を記念するブロンズ兵士像の移設に不快感を示した。サイバー攻撃の最初の波は、ロシア国内の政府関連施設から行われた基本的なDDoS攻撃であった。国有コンピュータサーバがホストとなり、サイバー攻撃の実施要領に関する指示がロシアのウェブサイトにロシア語で配信された。このDDoS攻撃では、政治的動機を秘めたハクティヴィストたちがボットネット――複数のボットを動かす悪意あるソフトウェアに感染させられた私有コンピュータがインターネットでつながれたネットワーク――を利用し、持ち主の意思と関係なく、それらを端末グループとして制御した。[*69]

　エストニアでは政府機能のほとんどがオンラインで運営されていたため、DDoS攻撃にことさら脆弱であった。バルト海沿岸諸国はペーパーレスの電子政府をもち、議会選挙をオンラインで行っていた。[*70] DDoS攻撃の標的は外務省、国防省、新聞社や報道機関、金融機関に及んだ。政府はこの大惨事を何とか食い止めようと、エストニア外部からのサーバへのアクセスを遮断した。[*71]

　二〇〇八年六月、ロシアは新たなサイバー攻撃の矛先をリトアニアに向けた。このときのサイバー攻撃は、ソヴィエトのシンボルの表示を違法とするリトアニア政府の決定が引き金になったと思われる。この決定に対し、ロシアのハクティヴィストや民間ハッカーたちは、推定されるところではロシア政府からの指図を受けながら、リトアニア政府のウェブサイトにソヴィエトのシンボルである槌と鎌、それと赤い星を書き込んだ。[*72]

　ジョージアに対するロシアのサイバー攻撃は〔その開始の〕数週間後には軍事力が行使されることになるのだが、これは本格的ハイブリッド戦の幕開けを告げる初期の事例であった。[*73] ジョージア政府のサイトに対する攻撃は早くも二〇〇八年七月二〇日に開始され、調整のとれたDDoS攻撃によりジョージア政府のサーバが過重負担となり、シャットダウンした。[*74] DDoS攻撃ではボットネットとして知られる悪質プログラムが世界中の数十万台のマシンを乗っ取り、そこへ「ジョージア政府のサイトを襲え」と指示が出され、ジョージア政府のコンピュータに向けて無用データが一斉に送り付けられた。ボットはジョージアの大統領、議会、外務省、通信社、銀行のページを狙った。DDoS攻撃に加え、ジョージアのインターネットトラフィックはロシアの電気通信会社を経由して出力先を変更《リダイレクト》された。「ストップ・ジョージア」というロシア語のサイト上には、民間ハッカーたちがDDoS攻撃用にダウンロードできるソフトウェアが掲示されていた。ロシア・ビジネスネットワーク（RBN）というサンクトペテルブルクに拠点を置く犯罪組織は、その掲示板にあった署名ツールや攻撃コマンドを用い、自分たちが制御するコンピュータからサイバー攻撃を行っている。あるときには、議会ウェブサイトがジョージア大統領とアドルフ・ヒトラーを重ね合わせるイメージ画像に書き換えられた。[*75]

ボットネットは攻撃準備の一環として各所に配備され、ロシアの航空攻撃が開始される直前に活動を開始した。[*76] ロシアが〔ジョージアと〕南オセチアの国境地帯に部隊を移動させ、ジョージアを威嚇している間に、ボットが攻撃する手はずであった。二〇〇八年八月、親欧米派のジョージア政府が南オセチアに軍を派遣した後、ロシア軍——陸・海・空軍——がジョージアに侵攻した。〔七月二〇日に続く〕この二度目のサイバー攻撃と連携して実施されたハイブリッド作戦により、ジョージアの国内通信網が遮断された。[*77] このハイブリッド戦により、ロシアはわずか五日間で勝利を収め、南オセチア共和国はモスクワの支援を得て独立を宣言した。その一年後、作戦成功の一周年を祝うロシアのサイバー攻撃が実施され、ジョージアのソーシャルメディア・プラットフォームを停止させた。*78

中央アジアの諸共和国はソヴィエト連邦から離脱した最終組ということもあり、モスクワはカザフスタンやキルギスをはじめとする国々と今でも緊密な関係を維持している。しかし、二〇〇九年一月、キルギスのインターネット・サービス・プロバイダー四社のうち二社をDDoS攻撃によりシャットダウンさせた。このサイバー攻撃は、二〇〇一年九月一一日のニューヨーク世界貿易センターが攻撃を受けた後に設置されたアメリカ軍基地を撤去するよう、キルギス政府に迫ったロシアの圧力の一環のように見える。長引く交渉の末、〔キルギスのアメリカ軍〕基地は二〇一四年に閉鎖された。のちにキルギス政府はロシアから二〇億ドルの援助と融資を受け取った。キルギスがDDoS攻撃を受けた三カ月後の二〇〇九年四月、カザフスタンのヌルスルタン・ナザルバエフ大統領はロシアへの批判と受け止められる声明を発した。その声明を公表した報道機関はDDoS攻撃を受け、ウェブサイトが一時的に機能不全に見舞われた。*79

オランダに対するロシアのサイバー攻撃は二〇一五年一〇月に行われた。サイバー攻撃の目的は、二〇一四年七月に東部ウクライナ上空で撃墜されたMH17便関連の報告書のあるオランダ政府のコンピュータにアクセスすることだった。おそらくロシア政府は、MH17便の墜落に関するデータ内容を確かめたかったのだと思われる。*80 オランダ安全委員会はマレーシア航空の機体損壊状況の調査に乗り出していた。同委員会の報告書によれば、旅客機は撃墜され、全乗客・全乗務員は親ロシア派反政府勢力の支配地域から発射されたロシア製ミサイルによって殺されたと結論づけられた。*81

ウクライナはロシアのサイバー戦の主要なターゲットのひとつである。例えば、二〇一四年三月にロシアがウクライナからクリミアの支配権を奪取している間、それまで史上最大として知られていた攻撃規模を三二倍も上回るＤＤｏＳ攻撃が敢行された。[*82] 攻撃の意図は長距離通信インフラを無力化し、クリミアに駐留するウクライナ軍どうしが連絡を取り合うことを阻止するとともに、おそらくさらに重要なのは、ロシアが圧倒的な物理的戦闘部隊を投入している間、〔クリミアのウクライナ軍が〕キーウのウクライナ政府と十分な通信を取れなくすることだった。ロシアがサイバー戦とキネティック戦を組み合わせ、ハイブリッド戦を遂行したのはこれで少なくとも二度目となる〔一回目は前述した二〇〇八年のジョージア紛争〕。

二〇一〇年にアメリカとイスラエルが使用したスタックスネットのような最先端のマルウェアが登場した後、ロシアはＤＤｏＳ攻撃よりもさらに高度なサイバー攻撃を実施するようになった。二〇一四年五月のウクライナ大統領選挙では投票日の三日前、ウクライナ中央選挙委員会に対するサイバー攻撃があった。その攻撃の狙いは現地に混乱をもたらし、ウクライナ国家主義を掲げる〔反ロシア派の〕候補者の権威を失墜させる一方、親ロシア派の候補者を後押しすること――だが、こうした努力にもかかわらず落選した――だった。[*83] このとき親ロシア派民間ハッカー集団「サイバーベルクート」がウクライナ中央選挙委員会のウェブサイトを不正操作し、極右派の大統領候補を勝者であると〔虚偽の〕掲示をした。サイバーベルクートはのちに二〇一六年のアメリカ大統領選挙で民主党を標的とするサイバー攻撃にも関与した。[*84] 中央選挙委員会のシステムを襲ったマルウェアの系譜は、ＧＲＵのAPT28/Fancy Bear にさかのぼることができる。[*85]

サイバーによる一斉攻撃は、二〇一五年秋に激しさを増した。それは、スタックスネット以降に発見された産業制御システムを標的とする新種のマルウェアのみを利用した、さらに高度な攻撃だった。[*86] ロシア政府のサイバー攻撃者はマルウェアを使い、ウクライナ西部の電力供給ネットワークにアクセスし、これにより二二万五〇〇〇人の住民が停電に襲われた。[*87] 翌二〇一六年一二月、ロシアのマルウェアによって、ウクライナの首都キーウの電力の二〇パーセントが機能停止した。「クラッシュオーバーライド」(Crash Override) というマルウェアは産業制御システムを標的とし、通信プロトコルを攻撃し、切替装置や回路遮断器《サーキット・ブレーカー》を直接制御するペイロードをもつ。[88] クラッシュオーバーライドは回路遮断器の操作や電流を止める遮断器の開閉を行っている重要部署をあらかじめ捜索し、遮断器を開放〔回路の開放は電流の停止を意味する〕したままにする。このため、グリッドオペレータがいくら遮断器の閉鎖〔電流の復旧〕を試みても無駄であり、停電状態が続いた。さらにこのマルウェアは回路遮断器を制御するコンピュータシステム上のソフトウェアを消去してしまったため、グリッドオペレータは手動制御へと切り替え、電力復旧のため〔オペレータが自ら〕変電所に向かわなければならなかった。このマルウェアを使って、攻撃者は複数の場所に攻撃を仕掛け、同時多発的に停電を引き起こすことができた。理論上、このマルウェアは水道やガスなど他の産業制御システムの攻撃用に改良することができた。二〇一五年にウクライナの電力網を襲った「エレクトラム」や二〇一四年にアメリカの産業制御システムを標的とした「サンドワーム」は、同じグループか、同じ組織内で活動する二つの別々のグループの仕業と考えられるが、フォレンジック捜査の証拠からこれらのマルウェアの間には関連性が確認されている。[89]

欧米のアナリストによると、ウクライナに対するロシアのサイバー戦略は「ウクライナ情勢を不安定化させ、その政府が無能かつ弱体であるように見せること」[90]に加え、新しい形態のサイバー戦やサイバー兵器を完成させるための実験場としてウクライナを利用することである。停電やその他のサイバー攻撃のほか、ロシアの偽情報はウクライナのメディアに氾濫し、国民は二〇一九年にユダヤ系大統領を選出したにもかかわらず、ウクライナを反ユダヤ主義者で埋め尽くされたファシスト国家として描くストーリーを流し続けている。[91] この手の偽情報は、第二次世界大戦におけるロシアの勝利という栄光の時代に立ち返り、国民の熱狂を喚起することを目的としている。こうしたロシアのサイバー戦略は、いずれの事例にも適用できるモデルとなっているように思われる。

二〇一六年のアメリカの選挙に対するロシアのサイバー攻撃は、ウクライナで用いたものと同様の戦略に従って実行されたと言える。それは電子データや通信設備に対する物理的サイバー攻撃と連携して、大規模なサイバー偽情報工作をベースとしたサイバー攻撃を組み合わせて行われた。ロシアのサイバー攻撃に関するアメリカ政府の公式レビューは偽情報工作に焦点を当て、「ロシアのウラジーミル・プーチン大統領は二〇一六年、アメリカ大統領選挙を標的とする影響力キャンペーンを命じた。ロシアの目標はアメリカの民主的プロセスに対する国民の信頼を失わせ、クリントン国務長官を中傷し、彼女が大統領に当選する可能性を無くすことであった。我々はプーチンとロシア政府が大統領候補のトランプに明らかに好意を寄せていたと評価している。我々はこれらの判断に高い信頼を置いている」と評価している。[92] 攻撃はＧＲＵにより調整・運営され、民間ハッカー集団のサイバーベルクートの支援を受けて実施された。サイバーベルクートは類似の攻撃に頻繁に運用されていた。[93]

このように当初、公の議論の焦点は大規模な偽情報工作に関するものだった。アメリカ国家情報長官室の報告書「最近のアメリカ合衆国選挙におけるロシアの活動と意図に関する評価」は次のように述べている。

> プーチンとロシア政府はクリントン長官を中傷し、トランプに否定的な彼女の姿を公の場で際立たせることにより、大統領に選出されたトランプ候補の当選確率を高めようとした。三つの機関すべてがこの考えに同意した……モスクワの影響力キャンペーンはロシアのメッセージ戦略にしたがって実行さ

れ、隠密のインテリジェンス作戦——サイバー活動など——と、ロシア政府機関、国営メディア、第三者機関、有給のソーシャルメディア利用者やトロールたちによる活動が一体化したものだった……ロシアの情報機関は二〇一六年のアメリカ大統領選挙関連のターゲットに対するサイバー作戦を実施した……GRUはグシファー2・0の人格《ペルソナ》およびDCLeaks.comを利用し、被害に遭ったアメリカ側のデータを公開した。*94

このアメリカの分析は、影響力キャンペーンを補完するためにロシアの偽情報が——国家が保有する多様なプラットフォームを用いて——どのように運用されたのか、という問題に焦点を当てている。アメリカ上院報告が指摘しているように、オープンソース情報の収集やそれに基づくレポートは、通常、特定の分析結果を裏付けるために活用されるものであるが、ウィキリークスによるDNC情報の公開を報じたRTやスプートニクの報道も同じように活用されるべきである。*95

ロシアによる二〇一六年のアメリカ選挙に対するサイバー攻撃には、二つの物理的要素があった。第一に、スピアフィッシング——ジョン・ポデスタ選挙対策本部長に代表される民主党上層部まで浸透した——によるeメールや選挙資金データベースの窃取である。ロシアのサイバー攻撃集団APT28/Fancy Bearに対する調査結果から、サイバーによる選挙干渉キャンペーンの一環としてDNCのeメールシステムに不正アクセスしたのはロシアであると結論付けたアメリカのインテリジェンスレポートの内容が裏付けられた。ウラジーミル・プーチン大統領の命令により、DNCのeメールを第三者を通じてウィキリークスに渡したロシアの政府関係者をCIAが特定したのだ。このように、盗まれた文書がGRUからウィキリークスへと直接手渡されないケースもある。*96

二〇一六年のアメリカの選挙に対するロシアのサイバー攻撃の第二の物理的要素は、深刻な副次的影響をもたらした。ロシアのサイバー攻撃は有権者のデータベースとソフトウェアシステムを攻撃した。アメリカの有権者データベースは三九州、全体の七八パーセントでサイバー攻撃を受け、当初報道されていた数を上回った。イリノイ州では、投票所係員が使用するはずだったソフトウェアにサイバー攻撃者が不正アクセスし、有権者データが消去または改ざんされた。[*97] 二〇一六年選挙のロシアの干渉にかかわるロバート・モラー特別検察官の報告書では、スピアフィッシング「作戦により、GRUは少なくとも一つの州政府（フロリダ州）のネットワークにアクセスした」[*98] ことが確認されている。フロリダ州選出の上院議員マルコ・ルビオはさらに一歩踏み込んで、ロシアのハッカーたちは国家の投票システムにアクセスしただけでなく、有権者名簿データの書き換えができる「ポジションに」いたと語っている。[*99] こうした投票システムに対するサイバー攻撃は、国家情報長官室の報告書の中で正式に取り上げられ、「ロシアのインテリジェンス部門は、アメリカの複数の州や自治体の選挙管理委員会にアクセスすることができ、それを維持している」[*100] と警告している。有権者データや投票システムへのサイバー攻撃についてはNSA文書にも明記され、二〇一六年一一月〔大統領選挙の開催月〕以前にGRUがいかにして一二二名の地方選挙管理人のコンピュータに入り込んだかが書かれている。[*101] このNSA文書が無断で公表された一件については、リアリティ・リー・ウイナー――アメリカ空軍の若い退役軍人で、除隊後はインテリジェンス部門の契約社員――が国防インテリジェンス情報を不法に保持・配布し、自ら有罪を認めた。[*102] 彼女は文書をGRUに直接渡したわけではないが、アメリカのメディアに配布した。その〔文書の〕内容から、GRUがアメリカの選挙関連コンピュータにアクセスしていたことをNSAはすでに承知していたことを確認することができる。

物理的な投票システムに向けられた活動の一環として、GRUは少なくとも一つの投票システム関連のソフトウェア製造企業に対してサイバー攻撃を実施し、一一月の選挙前に一〇〇名以上の地方の選挙管理人に対し、スピアフィッシング・メールを送り付けた。NSAはロシア政府による多方面にわたるサイバー攻撃は「明らかにアメリカや外国の選挙に向けられ」[*103]、有権者登録プロセスに関連したシステム――登録者名簿を管理・照合する選挙関連機器の製造企業を含む――に狙いを定めたものと認めている。製造企業の機器の中には、ワイヤレスのインターネットやブルートゥース接続を備えていると広告されているものもあり、それらの製品は悪質な行為をする場合に理想的な踏み台となり得た。[*104]

次に取り上げる二件のサイバー作戦は、ロシアによる物理的な投票システムに対するサイバー攻撃の一部である。一つ目の事例では、ロシア軍のサイバーオペレータがアメリカの選挙関連会社になりすましてeメールアカウントを作り、そこから「選挙関連の製品やサービス」[*105]を提案する虚偽のテストメールを送りつけた。フロリダ州に対してもこの手口が使われた。二つ目の事例では、新たに別のスピアフィッシング攻撃が行われる前触れとして、アメリカ領サモアの選挙事務所にテストメールが送付された。ロシアは「正当な不在者投票関連のサービスプロバイダーになりすます」[*106]つもりだった。こうした特殊な攻撃は、アメリカの選挙プロセスの弱点を探ろうとするものであり、これにより国内的にも国際的にも選挙の信用度を貶めることができた。

前述したように、アメリカのエネルギー企業は、ロシアによる一連のサイバー攻撃の重要目標であったが、会社の操業を制御するコアシステムの侵入に成功したケースもある。そのアクセスはスピアフィッシング作戦により成し遂げられた。サイバー攻撃は二〇一五年後半に開始され、二〇一七年四月になるとその頻度が増した。エネルギー企業や他の生活関連事業は、破壊目的——エネルギー供給を制限し、経済に打撃を与え、主要都市を混乱に陥れる——のサイバー攻撃にさらされた。さらにエネルギー企業へのサイバー攻撃は、ハイブリッド戦の一環として物理的攻撃と同時に行うこともできた。[*107]

二〇一七年、ロシアの国防機関はアメリカ軍がコンピュータネットワーク防護に使っていたサイバー防衛ソフトウェアのソースコードを再調査した。ヒューレット・パッカード社の「アークサイト」システムは、アメリカ軍で数多く使われているサイバーセキュリティ用ソフトウェアであるが、コンピュータシステムが攻撃を検知するとアナリストに警報で伝える。アークサイトは民間部門でも広く使われていた。[*108] しかし、このソースコードにロシアがアクセスしていることが明らかとなり、アメリカ軍ではもはやこのソフトウェアを使用することができなくなった。

ウクライナやアメリカに向けて実施したものと同じサイバー戦略に基づいたロシアのサイバー攻撃は、二〇一七年一月にチェコ共和国外務省に対して行われた。その攻撃は「陰の戦い」と言うにふさわしく、単にサイバー攻撃というだけでなく、攻勢的行為《アグレッシブ・アクション》とサイバー諜報を一体化させたものだった。ほとんどの上級外交官のeメールがアクセスされており、チェコ共和国の外務大臣の目には〔アメリカの〕DNCへのサイバー攻撃に匹敵するもののように見えた。この攻撃により、チェコ共和国とNATOおよび欧州連合加盟国との関係が記載された電子書簡が抜き取られた。[*109] この緻密なサイバー攻撃は、チェコ共和国内で活発に行われていたロシアの偽情報キャンペーン——最初は、チェコ領内への最新ミサイルシステムの配備をめぐるアメリカの動向、その次に、チェコ大統領選挙の行方を左右する社会問題——の最中に実施された。[*110]

ポーランド外務省に対する二〇一七年のロシアのサイバー攻撃に関する情報は限られているものの、〔上述した〕チェコ政府への攻撃と類似したものだと思われる。この攻撃に使われたマルウェアは、正規のソフトウェアと見紛うほど精巧なものだった。ポーランド外相は、機密情報は漏洩しておらず、攻撃により影響を受けたのは部内システムだけであったと主張している。[*111] この攻撃で使われた精巧なサイバー兵器は、二〇一一年から二〇一四年にかけて政府と金融機関を標的にした数千回にもおよぶＤＤｏＳ攻撃の後に登場した。[*112] ポーランドにおける当初のＤＤｏＳ攻撃の実施主体《アトリビューション》として、サイバーベルクートが名乗りを上げた。サイバーベルクートは二〇一四年のウクライナ選挙、二〇一五年にドイツ政府、二〇一六年にアメリカの選挙を攻撃したロシア政府とつながりのあるグループである。

ドイツへの攻撃でも、ウクライナやアメリカに対するものと同じ戦略が採用された。つまり、まず大掛かりな偽情報キャンペーンから開始され、続いて政府系のｅメール、政党、インフラといった物理的構造に対するサイバー攻撃を組み合わせたやり方だ。このとき、サイバーベルクートのようなロシア人ハッカー集団とAPT28/Fancy BearやAPT29/Cozy BearなどのＧＲＵ傘下の部隊が利用された。

二〇一五年一月、サイバーベルクートはドイツ政府のコンピュータに二日間にわたるＤＤｏＳ攻撃を実施した。それはウクライナ首相のドイツ訪問にタイミングを合わせたものだった。ウクライナとロシアとの関係は二〇一四年――ユーロマイダン革命、クリミア併合、ドンバス地方での戦争の勃発――以降、前例のないほど疎遠になっていた。ロシアは国家として破綻しているウクライナに代わって、クリミアやウクライナ東部のロシア語を話す住民に対して経済的および政治的支援を与えているのだと主張する一方、ドイツと欧米諸国はロシアをウクライナから締め出し、〔ウクライナの〕国家統合を後押しするための条約や制裁を支え、[113]ロシアと直接国境を接するウクライナのＮＡＴＯ加盟条件を検討してきた。[114]二〇一五年の四月と五月、ＧＲＵのAPT28/Fancy Bearはドイツ連邦共和国議会に対するサイバー攻撃を継続的に行った。ドイツの情報機関は、この一連の攻撃はロシア大統領ウラジーミル・プーチンが直接認可したものだと断定した。この攻撃の際立った特徴は、通常のサイバー攻撃のみならず、攻勢的行為《アグレッシブ・アクション》とサイバー諜報を一体化させていたことだ。ドイツの国内情報機関である連邦憲法擁護庁（ＢｆＶ）は、〔ロシアによる〕サイバー諜報はドイツ連邦議会、ＮＡＴＯ、ドイツの指導者――アンゲラ・メルケル首相が率いるキリスト教民主同盟の高位の政治家を含む――の活動に関する情報を探索したことを明らかにした。[115]このサイバー攻撃により五六〇〇台以上のコンピュータと一万二〇〇〇人の登録利用者――メルケルの事務所を含む――から成るネットワークがマルウェアに感染し、一六ギガバイトのデータが盗まれた。攻撃はあまりに激しく、連邦議会のネットワークは四日間機能停止に追い込まれた。[116]

憲法擁護庁は二〇一六年一二月、ロシアが二〇一七年九月に予定されていた連邦議会選挙を妨害し、ドイツ社会に動揺を与えるため、サイバー攻撃と偽情報キャンペーンを画策している兆候が増えていると警鐘を鳴らした。ロシアによるクリミア併合の後、プーチン大統領の私的友人に対する制裁を支持したアンゲラ・メルケルは明らかに標的にされていた。[117]連立与党に関係する二つの財団法人も攻撃された。

二〇一七年にロシアがサイバーキャンペーンの一環としてドイツに対し行った偽情報工作の中には、いくつかの特徴を指摘できる。偽情報キャンペーンに関わりをもつ三つの主要な報道機関はＲＴドイツ、スプートニク・ドイツおよびニュースフロント・ドイツである。偽情報の配信はボットや人的ネットワークを通じて行われ、人的ネットワークは極右系〔陰謀論〕の報道機関や反移民グループとともに親ロシア派とのつながりもあった。[118] 偽情報キャンペーンで最も知られた事例は、ドイツの世論操作を企図し、ロシア系ドイツ人の少女がアラブ系移民にレイプされたというでっち上げの話《フォニー・ストーリー》をめぐるメディア炎上事件であった。対ロシア制裁に肯定的であったアンゲラ・メルケルの政治的立場に加え、ウクライナ危機で果たしたドイツの主導的な役割から、ドイツ政府はロシアによる偽情報の中心的なターゲットとなった。[119] ドイツのメディア各社は事実確認や調査能力を強化して対応にあたったが、その効果は限定的であった。[120]

　ドイツ政府が見せた反応はロシアに対する強硬姿勢で一貫し、それはドイツ国防予算の増額、NATOへのコミットメントの強化、普段は人気のないドイツ情報機関に対する国民からの支持となって現れた。ドイツ政府がとった対応の中には、APT28/Fancy BearとAPT29/Cozy Bearがサイバー攻撃に使用したサーバを始末してよいとする権限の認可が含まれていた。メルケル首相は現任および前任の外相とともに、ロシアとの戦略的〔提携〕関係は終わりを告げたと表明した。[121] ロシアとドイツの政治的関係は今も緊張したままである。[122]

　欧州の各国政府――特にフランス、ドイツ、オランダ――は、二〇一七年に予定されていた大統領選挙や国政選挙と連動したサイバー攻撃を受けるのではないかと警戒していた。サイバー攻撃には偽情報キャンペーン、eメールの中身や他のデータを取得するサイバー諜報、政党や政府機関への攻撃など、すでにお馴染みとなった戦略が用いられる。この一つの事例がフランスで起こった。不法に取得されたeメール――大統領選挙運動に絡むあらゆる事柄を議論したeメール――が、被害が最大化するように撒《ま》き散らされた。政治指導者や政党を誹謗するため、ボットを使ったソーシャルメディア、ロシア国営外国語放送の通信社であるスプートニクやRTによって偽情報が広められた[*123]。だが、ロシアは二〇一七年のフランス大統領選挙の干渉に成功したとは言えず、フランス社会に亀裂を生み出すこともできなかった。二〇一七年の春、エマニュエル・マクロンの大統領選挙運動に対する綿密に調整された偽情報キャンペーンが開始され、いわゆる「マクロンのリーク」——本物のeメールと偽物を混ぜたもの——が決選投票のちょうど二日前にオンライン上にリリースされた。しかし、このときフランスは有利だった。なぜならフランスが標的とされたのは、サイバー攻撃と偽情報キャンペーンがすでにオランダ、イギリス、アメリカで実施された後のことであったからである。フランスでは、非政治的な独立行政機関が選挙プロセスの正当性を確保するため、技術的かつ政治的に中立な専門知識を使って選挙活動を支援した[*124]。

二〇一七年、APT29/Cozy Bearがノルウェーの外務省、軍部、情報機関やその他の機関に対し、スピアフィッシング攻撃により窃取した九つのeメールアカウントを使ってサイバー攻撃を実施した。そのサイバー攻撃はさらに、ノルウェーの放射線防護庁、学校、労働党院内会派を標的とした。NATO加盟国でありロシアと国境を接する国でもあるノルウェーは、これまでモスクワとの間で良好な関係を維持してきたが、最近の両国関係は緊張をはらんだものとなっている。このノルウェーに対するサイバー攻撃は、二〇一七年九月に行われた〔ノルウェーの〕国政選挙、ウクライナ危機をめぐり欧州連合がロシアに対して発動した経済制裁への参加、約三〇〇名のアメリカ軍兵士の国内への配備との関連があると見られている[*125]。

〔これまで見てきたように〕ロシア起源のサイバー攻撃は二〇〇七年以降に急増しているが、それは主に影響力工作か、あるいは強力な軍事力と一体的に運用されたものである。古典的な影響力工作では、物理的な操作を必要としない。情報を収集し、偽情報を拡散することによって、社会的不和を煽り、ある政治的決断を行ったことに対する代価を払わせ、国政選挙に影響を及ぼすのである。[*126] 他方、ロシアのサイバー攻撃は当初はジョージア、最近ではウクライナ——クリミア併合や東部への介入——で見られたように、軍事行動と同時に生起している。影響力キャンペーンは軍事行動よりもコストが安く済むが、キネティックな軍事力と連携したサイバー攻撃はより一層の効果を期待できる。

サイバースペースの制御

ロシア政府はサイバースペースの最重要部分をコントロールできると確信している。サイバースペースの制御という概念は、二〇一四年一二月に策定された『ロシア連邦軍事ドクトリン』[*127] の中で取り上げられている。その第Ⅱ部第一二節「ロシア連邦が直面する軍事的リスクと軍事的脅威」では、主要なリスクとして「軍事的および政治的目的——主権、政治的独立、国家の領土保全に反し、国際の平和と安全、グローバルおよび地域の安定への脅威となる国際法に抵触する行動をとること——のための情報通信技術の利用」[*128] を掲げている。また第二一節「軍事紛争の抑止と予防に関するロシア連邦の主要な任務」において、サイバースペースの制御には「軍事・政治目的——主権、政治的独立、国家の領土保全に関する国際法を侵害し、国際平和と安全およびグローバルと地域の安定を脅かす行動をとること——のため、情報通信技術を利用する際のリスク緩和条件を設定する」[*129] 必要があると述べている。

サイバースペース制御の中心的課題は国内統制にある。ロシアはグローバルインターネットとの接続を遮断することで国内サイバースペースを完全にコントロールすることができるかどうかを試している。しかし、ワールド・ワイド・ウェブからの切り離しは困難を伴い、予期せぬ結果を招く恐れがある。いずれにせよ、ロシアによる遮断の試みは、グローバルインターネットがいかに複雑に絡み合っているか――そして強靭であるか――を物語っているとも言える。[*130] 先述したように、その最終目標はロシア当局が中国のグレート・ファイアウォールのようなサイバースペーストラフィックのフィルタリングシステムを実装し、〔外部から〕遮断する必要が生じた場合――サイバー攻撃を受けた場合または攻撃が予想される場合――に備え、〔遮断した後も〕有効に機能する国内サイバースペースを保持することである。[*131] しかし中国はグローバルインターネットが出現しつつあった時期に国内のインターネットシステムを築いたのに対し、ロシアは過去三〇年間にわたってほとんど制限なく拡張を遂げてきた既存システムに〔今になって〕制限を加える必要性に迫られている。〔中国の場合と比べ〕明らかにこちらの方が難しい。例えば、ロシア連邦通信・情報技術・マスコミ分野監督庁《ロスコムナゾール》はテレグラム社のインスタントメッセージ・サービス〔スマートフォンのモバイルアプリケーションとして無料で利用できる〕の使用を禁止するという大胆な、破壊的ともいえる措置を断行した。テレグラム社は利用者データの共有を求めるＦＳＢからの要請に従わなかったとして告発された。こうした措置に対抗し、テレグラム社のロシア人創立者は、クラウド・ホスティング・サービスを利用してトラフィックを別ルートに切り替えた。これによりロスコムナゾールは、規制当局側のウェブサイトも含み一時的に一六〇〇万以上のＩＰアドレスを削除するという、もぐら叩きゲームのような対応を余儀なくされた。結局、テレグラム社への影響はほとんど生じなかったのである。[*132]

インターネットのデータ量を制限することにより生じる経済的影響については、国内統制の観点からは、さほど重要視されていない。確かに現在の経済情勢は、石油価格の下落や国際的制裁によりロシア経済全体に負の影響を及ぼしている。こうした懸念はルーブル安の進行、インフレの高進、家計所得の圧迫、eコマースの制限をもたらした。[*133]ロシアのeコマース市場は健在であり、二〇一八年のモルガン・スタンレー社の研究によれば、二〇一八年から二〇二三年の間に三倍近く成長すると予測されている。[*134]とはいえ、eコマースの割合はロシア小売市場全体のわずか三ないし四パーセントにすぎない。[*135]市場規模が限られていることは、主要国経済と比較して、ロシアのオンライン小売業界の売上額が少ないことから明らかだ。[*136]ロシアのeコマースの問題は、オンライン購入者についての情報の収集およびオンライン商品の支払い方法を制限する政府決定に端を発している。例えば、銀行カードやクレジットカードはロシアではさほど普及しておらず、利用される場合でも、カードの詳細情報はカード会社に保存され、それが政府に利用される。さらにロシアン・ポスト社――国内最大手の国営郵便サービス会社――は製品配送の著しい遅れが理由で顧客からの不満を招いている。最後に、eコマース部門よりも経済的に重要な石油や天然ガス部門における産業制御の脆弱性を考慮すれば、ロシア経済にダメージを及ぼすサイバー攻撃への懸念は高まっていると言える。

サイバースペースを活用した軍事作戦においても、サイバースペースの制御は重要である。ロシアは自国のサイバースペースの安全を脅かそうとする勢力との間で、不断の闘争の渦中にあるとクレムリンは認識している。その勢力はウクライナにおけるロシアのサイバーおよび非サイバー分野の政策に反対する欧米諸国の支援を受け、送電網など自国のインフラに対するサイバー攻撃を行う力をもつ。サイバースペース――具体的にはサイバー兵器が通過する経路となり、サイバー諜報を実施し、情報や偽情報の配信を可能にする空間――は、脅威であると同時に好機ともなる。「陰の戦い」の時代にあって、持続的脅威に立ち向かう確固たるロシアの立場を維持しながら、ロシア政府はサイバースペース内での闘争を、とりわけ欧米との間で繰り広げられる攻撃と防御をめぐる終わりのない戦いと見なしている。これが示唆しているのは、他国が採用した場合には攻勢的であるとか事態をエスカレートさせかねないと懸念されるようなサイバー作戦を、ロシア政府は比較的容易に実行してしまうということだ。*137

サイバースペースの制御の問題で見逃せない視点は、ロシア政府の国際的態度である。第2章で述べたように、サイバースペースの管理をめぐっては二つの主要な陣営に分かれる。一方の陣営は、サイバーセキュリティの問題は国際条約作成プロセスにおいてのみ解決されると主張する。ロシアはこの陣営の早期からの主唱者である。もう一方の陣営は、国家によるサイバースペースのいかなる不正利用も現行の国際法のもとで十分に対処できると主張する。両陣営間の争点は冷戦期のそれと似通っていた。つまり、ロシアと中国は国家主権に基づく条約に保護されたインターネットという考え方を重視していたのに対し、アメリカと西欧諸国は比較的拘束の少ない自由な国際主義的インターネットという考えを重視していたのである。*138

サイバースペースの規範を求める動きは、ロシアが主導した軍備管理決議に起源をもち、それは一九九八年にさかのぼる。この最初の決議では、国内のサイバースペースを統制する能力を強化しつつ、サイバー兵器や情報戦からの脅威をいかに緩和するかが焦点であった。こうした考えは、サイバースペースはコントロールされるべきであるとするロシアの主張の土台となっている。*139 ロシアは新たなサイバースペース規則の制定、サイバー条約、情報の流れに対する政府による国内サイバースペースの規制といった自陣営の主張を支持する気運を醸成するとともに、国際的な支援を取り付けた。そしてサイバースペースの規制問題を、核軍縮や不拡散、軍拡問題、違法な武器取引を審議してきた国連総会第一委員会に提議した。[*140] サイバースペースの規制問題を国際条約や国際的規則で取り扱おうとする動きの一環として、ロシアは、情報トラフィックの統制によりサイバースペースを規制しようとする中国の立場と、情報の自由を擁護するアメリカの立場にそれぞれ反論したうえで、国家主権に基づく強力な制限を盛り込んだ新しい国際的な法的レジームによってサイバースペースを規制しようという立場を取っている。一九九九年から二〇〇三年の間にロシアが国連総会第一委員会に提議した事実に注目すれば、ロシアを指導者とする国際陣営はまさにそれを達成しようとしたのかもしれない。実際、サイバー兵器やサイバー戦に関する国際軍備管理レジームの有効性について、ロシアと見解を共有する国も存在した。[*141]

二〇〇五年から二〇〇九年にかけて、ロシアは国際レベルでサイバー関連のルールや規範を条約として具現化するのではなく、それを地域レベルで達成する路線に舵を切った。その結果、サイバースペースの規制に関するいくつかの地域的条約が生まれた。第一に、「上海協力機構加盟国間の国際情報セキュリティを確保するための協力に関する協定」が二〇〇九年六月一六日、中華人民共和国、ロシア、カザフスタン、キルギス、タジキスタン、ウズベキスタンの間で締結された。この協定は「国際情報セキュリティ」を確保する狙いがあるが、国際サイバーセキュリティに対する次の〔六つの〕脅威に立ち向かうための協力関係について具体的に定めている。(1)情報兵器の開発と運用、情報戦の準備と実行、(2)情報テロリズム、(3)サイバー犯罪、(4)情報空間の支配的地位を利用して他国の利益や安全に危害を及ぼすこと、(5)他国の社会政治的・社会経済的システム、他国の精神的・道徳的・文化的環境に有害となる情報の拡散、(6)自然であれ人工的であれ、グローバルおよび国家の情報インフラの安全・安定機能に対する脅威、である。[*142]

二〇一一年九月二二日、ロシアは「国際情報セキュリティ協定」（「コンセプト協定」と略称される）という国際サイバーセキュリティ条約草案を公表した。これは当時、どの関係者も自由に閲覧できるよう、ロシア連邦外務省のウェブサイトに掲載され、また主にロシア大使館や外交代表部により配布された。[*143] これに続き二〇一三年には、サイバーセキュリティ強化のための協力条約が独立国家共同体――ロシアの近隣諸国――加盟国間で締結された。[*144] そして二〇一一年と二〇一五年、ロシアは再び上海協力機構の加盟国と協議し、サイバースペースの国家行動の指針となる規範やルールに関する国際的コンセンサスを形成することを狙いとした国際条約草案を国連に提出した。[*145] この草案はモスクワの意向を最も強く反映していたため、サイバーセキュリティに対するこの路線をモスクワが変更するとは考えにくい。

二〇一七年にロシアが作成した「情報犯罪対処のための協力に関する国際連合条約」と題する五四頁の草案には、七二箇条から成る条項案、当局によるサイバースペース内のトラフィックの収集やサイバースペースの行動規範、悪質な活動を合同捜査の対象とすることなどが盛り込まれていた。この条約草案によれば、ロシア陣営に属する国々は自国の国内サイバースペースをコントロールし、他国の通信にアクセスする能力を高めることができる。この草案は、サイバースペースの国際レジームを築きあげようとしてきたロシアによる新たな取り組みの一部なのである。[*146]

サイバースペースの制御は、国内的にも国際的にもロシア政府の中心的な重要課題である。二〇一三年、ロシアのプラウダ[*147]のウェブサイトには、国家院〔ロシア連邦議会の下院〕情報政策・情報技術・通信委員会議長のアレクセイ・ミトロファノフへのインタビュー記事が掲載され、その中でミトロファノフ議長は「技術的にコントロールできるサイバースペースというものは実現可能であるし、必要でさえある」とロシアに特有の信念を語った。ミトロファノフ議長によれば、「あらゆるものがコントロールされる……技術的に問題はない……もともとITはアメリカで始まったが……〔ロシア人は〕ITには軍需製品が含まれており、つまりITとは機密解除された軍需製品であり、インターネットは軍需製品だと認めなければならない。非常に残念なことだが、一九九一年にロシア軍は物件〔IT製品を指す〕を賃貸する道を選択してしまった……我々は最高のコンピュータをもっていた。そう、我々はもっていたのだ。しかし、我々はそれをビジネスに転用しなかった」[*148]。ロシア政府は、サイバースペースの制御に関してはいかなる留保も認めず、その中でロシアが重要アクターとして存在できる強固なサイバー環境を築き上げようとしている。サイバースペースの制御は、パワーを投射し、国内経済、軍、政府を防護するために必要とされているのである。

「陰の戦い」政策

基本的にロシアの「陰の戦い」政策は、政治的、経済的、社会的現実に導かれている。戦場で緒戦を飾るのはサイバースペースであるというロシアの考えはアメリカと一致している。しかし、一致するのはそこまでである。アメリカは技術や経済的福利に対する脅威という観点から〔陰の戦いに〕懸念を抱いているのに対し、ロシアは自国の国家主権が絡んだ政治的問題への干渉の恐れのあるサイバー活動に懸念を抱いている。[*149] したがってロシアは、化学兵器〔禁止条約〕で採用された国際条約方式を好んでいる。ロシアから見れば、条約の不在は政治的・社会的安定への影響をはじめ、潜在的に危険な事態を招く可能性がある。ロシアが提案した条約は①戦争勃発の際に遠隔地から起動できるマルウェアを秘密裏に設置することを禁ずるとともに、人道法の適用〔欧米はグローバルなインターネット規範として適用を望んでいる〕の除外、②サイバー攻撃に絡む匿名性の問題に対処するため、サイバー作戦における欺騙の禁止、③幅広い分野の国際政府によるインターネットの監視〔丸数字は訳者〕という三つの措置を求めている。*150

二〇一三年にウラジーミル・プーチン大統領が承認したサイバー戦に関する方針は、国内の政治的安定を重視するとともに、サイバー攻撃を国際安全保障上の重大な脅威であると捉えており、サイバースペースを管理するためには、特定の国際機関や国際行動規範を設置し、そうした脅威に対抗すべきであると提案している。この方針はある意味で、二〇一一年にアメリカ政府が承認した「サイバースペース国際戦略」〔二〇一一年五月〕への応答という形で用意されたものと言えた。この方針で重視された主な脅威は、国内の政治的安定性に対する「軍事・政治目的、テロリスト・犯罪目的に使われる情報兵器」および「他国の内政への干渉」であった。*151〔上述した〕サイバースペースを管理するための国際機関と行動規範の提案は、他国による国内政治への干渉を制限することに重点が置かれていた。あるイベントをきっかけに街頭での抗議デモを起こすなど、ある国の国内政治に影響を及ぼすために、オンラインのソーシャルネットワークが絶大な潜在的影響力を見せつけるようになった。この領域こそ、まさにアメリカをはじめ欧米諸国がソーシャルメディアやインターネットを利用し、他国を扇動してきたとロシアが疑いを抱いてきた脅威なのであった。

ロシア政府は、二〇一三年の方針がアメリカのアプローチよりも平和的政策につながると主張している。アメリカ軍はサイバー攻撃とキネティック戦とを同列に扱い、必要とされるあらゆる手段を用いて——核兵器を含め——サイバー攻撃に対処すると宣言している。ロシアの方針は、サイバー攻撃の発生を阻止する国際協調や予防的な規制措置の強化を重視していると言える。提言された措置は、国際サイバーセキュリティに関する国際連合条約の承認、「国際的に合意されたサイバースペースにおける行動ルール」の作成などである。ロシアはインターネットを管理する国際システムを発展させ、情報兵器の拡散を防止する国際法の制定を望んでいる。つまり、ロシアはすべての国家によるインターネットの政治的規制の実現を望んでいるのである。*152

第二に、ロシアで最高レベルの戦略機関であるロシア連邦安全保障会議と主要な安全保障関係機関は、「陰の戦い」政策の具体的措置をプーチン大統領に提案する役割を期待されている。例えば、二〇一三年に米露間で交わされた「国家間紛争に発展する可能性のあるサイバーインシデントの防止」に関する二国間協定は、積極的な協調の典型例として取り上げられている。*153 この〔協定という〕制度化に踏み込んだアプローチによって、米露両国のコンピュータ緊急即応チームが共有する脅威指標に基づき、重要インフラへのサイバーセキュリティ上のリスクに関する実践的技術情報の定期的交換が両国間で促進された。今後も継続的に、先を見通した脅威の緩和に役立てるため、これら二つの組織のもとで、マルウェアや他のマリシャス・インジケーター——互いの領内から発生したと思われる脅威——に関する技術情報が交換されていくだろう。*154

最後に、政策を形作る国家的・イデオロギー的原則について触れたい。〔これまで論じてきた〕国際規範を確立するプロセスを見ると、ロシアの「陰の戦い」政策の根底にあるサイバー戦争の考え方は、アメリカや中国とは異なっていることがわかる。〔それを探る〕主な出発点となるのは、プーチン政府の戦争ドクトリンを支えているイデオロギーおよびロシア正教会による「時には必要な《サムタイムズ・ネセサリィ》」戦争という戦争観である。サイバー政策に対するプーチン政権のアプローチは、過去のソヴィエト時代の政策や実践経験が活かされている。それが如実に表れているのが、サイバー諜報や他の情報源から収集した情報の兵器化およびコンプロマート〔特定人物の信用失墜を狙った情報素材〕の悪用である。プーチン大統領はソヴィエト時代のKGBからキャリアをスタートさせたが、数十年にわたりロシアの政治家に対してコンプロマートを活用してきた。FSBはこの戦術を国内および海外にいる外国人に対して用いており、来るべきときに備え、コンプロマートを蓄えている。例えば、あるアメリカの外交官はビデオ映像に娼婦と一緒に登場していると噂されたが、それは本人がモスクワのアメリカ大使館に赴任する以前に撮られた〔偽の〕映像だった。[*155] サイバースペースから流出したコンプロマートやサイバースペースから入手したコンプロマートの目的は、兵器化した情報によって政府や当局を窮地に陥れるとともに、世界を舞台にロシアがソヴィエト時代と同等の地位を取り戻すことである。

　ロシア正教会はプーチン政府と直接協力しながら、ロシアのサイバー戦争政策に影響を与えている。ロシアの著名な民族主義思想家アレクサンドル・ドゥーギンは、戦争政策を作成するにあたり正教会からお墨付きを得ることを支持している。ドゥーギンによる『第四の政治理論』[*156] はサイバー戦争政策を考えるうえで示唆に富んでいる。彼の主張によれば、欧米の近代化原則に対し、ロシアは伝統を擁護する立場であるという。ロシアとロシア正教会は、ドゥーギンによれば、独自の路線を歩まねばならず、普遍主義を拒否し、多極の世界を作るため世界のさまざまな人々が自分たちの多様な文化や伝統を再発見し、それを讃えなければならない。ドゥーギンはロシア正教会のキリスト教徒であると称しているが、上述した伝統に信憑性があるか否かには関心を払っていないようだ。ロシア正教会は欧米流の政教分離の思想に縛られないとも主張し、現代戦争とサイバー戦の政策を再構築している。戦争を邪悪と見なす一方で、近隣諸国の安全が危ぶまれ、踏みにじられた正義を取り戻すことが困難であるときには戦争状態は禁止されない。ロシア正教会・教会外交部の文書「社会契約の基盤」の第八節「戦争と平和」によると、そうしたケースにおいては戦争が必要とされる。ロシア政府は、宗教的に多様な国内に団結をもたらす力として教会に依存している。他方、政府や軍部における教会の役割や影響力は着実に増加し、ロシア国防省が独自の大聖堂を建築するまでになった。*157

ロシアのサイバー戦政策は、他のアクターが遂行するサイバー戦への対応《リアクション》であると同時に、多極世界を創造するため他国政府にダメージを及ぼす積極策でもある。ロシアによるサイバースペース国際管理への取り組みは、国際サイバースペースの「所有権」の多角化を目論む欧米諸国のコントロールに対する抵抗の試みである。こうした事情により、ロシアはサイバースペースにおいてより重要なアクターとなり、この領域で欧米が独占的な影響力をもてないようにしている。そして、世界秩序を国益にかなうとロシアが信じる多極化の方向へと向かわせようとするだろう。

第4章　中国のサイバー戦

本章では、パワープロジェクション、国家安全保障、戦略計画の観点から、中華人民共和国の国家政策とその根底にあるドクトリンについて概観する。また、重要な問題として「どの国が、なぜ、どのように攻撃を受けたか」という観点から、サイバー攻撃の事例について取り上げる。「陰の戦い」において、中国は他の二大国〔アメリカとロシア〕よりも経済分野のサイバー諜報政策に大掛かりに取り組んできたが、サイバースペース活動における軍の役割を高めてきたという点ではアメリカやロシアと同様である。「陰の戦い」への中国の関心に見られるユニークな特徴といえば、国家によるサイバー統治〔という構想〕を世界中に広めるために指導的役割を果たしているということである。具体的に言うと、国家が国内のサイバースペースを規制するという、国家主権に基づくガバナンスの構想を中国は提唱している。将来のグローバルなサイバースペースを形成するうえで現在の欧米諸国がもつ圧倒的な優位性を考慮すれば、国家主権に基づくサイバースペース・ガバナンスの構想は中国にとって望ましい。情報を統制できないことから生じる潜在的脅威のマイナス面に加え、非対称な優位性を獲得するための戦略兵器として活用できるサイバースペースのプラス面についても中国政府は自覚している。[*1] 中国は世界最大のオンライン人口を抱えながら——二〇一九年六月現在のインターネット利用者数は八億五四〇〇万人であり、そのほとんどは携帯電話を通じて利用している[*2]——アメリカとロシア、そして〔サイバースペースを活用した〕新しい形態の戦いと影響力の行使に指導的役割を果たそうと決意している他のプレーヤーとともに、サイバー大国としての地位を公然と宣言している。

中国は公式文書の中で、サイバー戦争の能力を重視する議論を展開している。二〇一六年のサイバースペースに関する「国家サイバースペース・セキュリティ戦略」の中で「サイバースペースは、陸上、海洋、空中、宇宙と同様、人間活動の重要な新しい領域となった。国家主権の拡大はサイバースペースにまで及び、サイバースペース主権は国家主権の重要な一部となった。サイバースペース主権を尊重し、サイバーセキュリティを維持し、共通のガバナンスを追求し、相互にウィン・ウィンの結果が得られるようになることは、国際コミュニティのコンセンサスになっている」[*3]と述べ、特にサイバースペースを国家主権の及ぶ新たな領域として強調している。

二〇一六年の「国家サイバースペース・セキュリティ戦略」の序論では、中国および国際コミュニティに貢献するサイバースペースのプラス面が語られている一方で、政治、経済、社会、文化といった各分野のセキュリティ問題に言及し、それらを深刻な課題として論じている。さらに、二〇一七年に世界中に広がったワナクライによるランサムウェア攻撃は、外国からのサイバー攻撃を恐れる中国に衝撃を与えた。[*4]前にも述べたようにワナクライ・ランサムウェアの開発にサイバー攻撃者らが利用した悪質なバックドアのソフトウェアはNSAが作ったもので、それがのちに「シャドー・ブローカーズ」[*5]として知られるようになる秘密グループに盗用された。エドワード・スノーデンは「状況証拠と一般常識」から推測すれば、ロシアがその背後にいたと推定できると書き残している。[*6]

二〇一九年の白書『新時代における中国の国防』の中で、北京は「陰の戦い」の時代において、国家の発展と安全に影響を及ぼすサイバーテクノロジーの能力について繰り返し言及している。

サイバースペースは国家安全保障、経済成長、社会発展の鍵となる領域である。サイバーセキュリティはグローバルな課題であり、中国に対する重大な脅威となっている。中国軍はサイバースペース能力の構築を加速し、サイバーセキュリティと防御手段を開発するとともに、中国の国際的地位と主要サイバー大国としての立場に見合ったサイバー防衛能力を保持しなければならない。また軍は、全国的なサイバー国境防衛を補強し、ネットワーク侵入をいち早く検知し、それに対処する。さらに軍は、情報とサイバーセキュリティを保護し、国家のサイバー主権、情報セキュリティ、社会的安定を断固として維持する。[*7]

二〇一六年の戦略は知的雰囲気を高める記述スタイルが採られたこともあり、二〇一九年白書が脅威を強調しているのに比べると、さほど危機意識は強くない。「国家サイバースペース・セキュリティ戦略」では「サイバースペースには機会と挑戦が併存しているが、機会の方が挑戦を上回っている」[*8]と述べられている。そして、次のように目標を掲げている。

国家安全保障コンセプト全体を指針とし、我々は技術革新、協調、環境、開放性、分担といった開発概念を実行に移し、リスク認識や危機意識を高め、国内および国際情勢を調整するとともに、積極防御と効果的対処という二つの要素を調整する。サイバースペースの平和、安全、公開、協調、秩序を促進し、国家主権、安全保障、開発利益を保護するとともに、ネットワークパワーの構築という戦略目標を達成する。[*9]

サイバースペースの主権を重視する立場は、政府の主要な文書で繰り返し言及され、それらは〔中国の〕国家主権に対する強い選好を表している。[*10] サイバー脅威を重視する姿勢は、アメリカやロシア政府の発する声明や行動と軌を一にしている。

制度・組織・実施機関

サイバー政策が軌道に乗るにしたがい、中国の「陰の戦い」政策の形成において中心的役割を担う機関および個人は、ここ数年のうちに変化した。この変化を促した要素のひとつは、主要機関の新たな創設と高度なネットワークの再編であった。このサイバーネットワークは少なくも三つの要素から成り立っている。第一に、サイバー部隊専用の軍事ネットワーク、第二に、政府の情報・治安部門を含むシビリアン組織内のネットワークサイバー戦専門チーム、第三に、サイバー攻撃やサイバー防御に関わる非政府系機関であり、その中には民間のコンピュータ・ソフトウェアおよびハードウェア業界が含まれる。[*11]

このような構造的変化を表す一つの例であるが、軍部ネットワークの「高度で持続的な脅威グループ」だったAPT1/Unit 61398——サイバー諜報で悪名高い中国軍組織——はどうやら廃業してしまったらしく、そこで勤務していたオペレータたちは他の軍部組織、民間、情報部門に散り散りになった。これは習近平国家主席の統制のもと、サイバー政策や戦略を策定する制度を築こうとする広範な取り組みの一環である。現在、中央インターネットセキュリティ情報領導小組、工業・情報化部（M

ＩＩＴ）の優れた技術、公安部の法執行活動、国家安全部のサイバー諜報スキル、軍部内のサイバー戦部門などが習近平の統制下にある。[*12]

二〇一四年に創設された中央インターネットセキュリティ情報領導小組は国家サイバー政策の立案を担い、習主席は中国のサイバー作戦の決定権限を彼個人に集約した。[*13] こうしたサイバー政策を指導する主席主導型の機関の創設を受け、二〇一六年一二月、中華人民共和国国務院はサイバー事業に関わる新たな五カ年計画を公表した。この計画は「中国の国家情報化に関する五カ年計画（二〇一六〜二〇二〇）に基づき……５Ｇ無線システム、ＩＰｖ６、スマートマニュファクチャリング、クラウドコンピューティング、モノのインターネットなど最先端の情報テクノロジーの開発に対し、より一層の資源が投入される。情報産業での一五兆三〇〇〇億元規模の特許の認可を目標にする」[*14] と謳っている。

この他、五カ年計画が二〇二〇年五月までの完成を目標と定めたものに、衛星ベースの全地球測位システム、政府・学術機関・公共部門から集めた公共総合国立データベースの増設、農村や辺境地域に必要な情報インフラへの投資拡大がある。また別の目標として、中国版「スマート政府」の意義が強調されている。〔スマート政府は〕統合オンラインシステムを利用して、さまざまな組織や地域から情報やサービスを集約し、文書業務の八〇パーセントを処理する能力をもつとする。[*15] また、国内インターネットの速度を増やし、コストを下げることで、政府はインターネット産業と製造業・農業を結び付け、二〇二〇年のｅコマースの総取引量を拡大するとした。五カ年計画の最終目標では、国内のサイバーセキュリティに焦点が当てられ、リスク警戒と緊急対処のメカニズムを設けるとともに、遠距離通信の不具合の是正が掲げられた。[*16]

こうした国家レベルの計画は、多様な政府機関により実施されている。主要な機関のひとつがＭＩ

ITであり、サイバーテクノロジーの開発努力の一環として二〇〇八年三月に設立された。[*17] MIITによる中央集権化の施策として、国防科学技術工業委員会（COSTIND）や工業・情報化部の再編がある。MIITは国家国防科学技術工業局（SASTIND）を傘下にもち、そこでインターネットは規制され、また、その他の情報関連組織を統括している。MIITはインターネットの運営基準を定め、動作確認を行い、ネットワークの安全を点検し、政府内の情報や通信セキュリティを調整している。サイバー攻撃への対処は、二〇〇二年に設立された非政府系の技術センターである「中国全国コンピュータネットワーク緊急技術対応チーム・調整センター」（CNCERT）の重要任務である。MIITはCNCERTの活動を行政的に支援し、マルウェアや脆弱性のデータベースの構築、悪質な情報プロトコルやドメイン・ネーム・プロバイダーの捜索および国際協力へのCNCERTの取り組みを指導している。[*18]

他にも重要なサイバー政策を担当する政府機関がある。国務院公安部は国家最上位の法執行・治安維持機関であるが、サイバー犯罪の捜査に任じるとともに、重要インフラ防護および広範な研究ネットワークを通じた開発事業を所掌している。また、政府が利用する商業製品を監視し、民間の情報セキュリティ企業の活動を統制している。重要なこととして、公安部は中国のグレート・ファイアウォール――中国全土のサイバースペースを国家主権に基づく統治下に置き、広範な検閲と国内向けサイバー諜報を可能にするソフトウェア――を運営している。[*19] グレート・ファイアウォールはインターネットが中国に広がった最初の一〇年間に導入が開始され、一九九〇年代後半に定着した。国内インターネットの検閲や規制に取り組んでいる国は中国だけではないが――スーダン、カザフスタン、ブラジル、バングラデシュ、ジンバブエなどは「インターネットの自由」の衰退を招いている国々である

――中国は検閲と規制を最も効果的に行っている国のひとつである。インターネット検閲の実態を追跡調査している機関のフリーダム・ハウスは、二〇一五年から二〇一九年の期間中、中国は「インターネットの自由」を最も侵害した国であると認定している。[*20]検閲のテクニックは時間とともに変化し――二〇〇八年の北京オリンピック開催中はグレート・ファイアウォールの規制が緩和されたが――ディジタル化や規制強化が進んでいる。特定キーワードからのアクセスを禁止するとともに、〔政府の〕失策への反動を恐れて実施される国内機関による民間人の取り締まり、規則違反者の追跡など、手作業でインターネットを検閲するのに必要な大量の労働力を雇用した。不正侵入を完全に防げるわけではないが、悪質なソフトウェアが物理的に接続していないサイバーネットワークにも入り込める時代において、中国国内のサイバースペースはどこにでもある英語コードではなく、中国語で書かれた独自のコンピュータコード――ランダムなサイバー脅威に対して脆弱性を抑制できる――を使用している。公安部は中国のサイバーセキュリティ法――企業やプロバイダーによる中国国内のインターネット利用の指針となる一連の法規則――のもとで国内サイバーセキュリティの保護とサイバー犯罪の取り締まりを任務とした主要機関である。[*21]

国家安全部（ＭＳＳ）――シビリアンの情報機関で、アメリカのＣＩＡやロシアのＦＳＢに相当する――は、防諜活動、対スパイ活動、対外情報活動、国内情報活動を所掌している。元来はテロリズム対処――しばしば三点セットと呼ばれる分離独立運動、テロ行為、宗教的過激主義への対処――が主な任務であった。外国政府、非政府組織、民間の市民に関する政治経済データを収集するようになると、ＭＳＳのサイバー能力は著しく強化された。[*22]例えば、ＭＳＳのサイバー諜報員は、クライアントから企業秘密を窃取する一年間にも及ぶ活動において、世界最大手の技術サービスプロバイダー八社のネットワークに不法侵入した。[*23] 二〇一七年に施行された国家情報法のもと、MSSは――他の情報当局と協力して――国内外における多様なタイプのサイバー諜報を実施する広範な権限を有し、外国と国内の個人や機関を監視・捜索している。[*24] 複雑なテクニックを駆使し、標的とするネットワークの中で持続性を維持している少数の集団〔の正体〕はMSSであると見なされてきた。それらの集団の中には「高度で持続的な脅威」であるAPT3とAPT10が含まれているようで、いずれもMSSのために活動するサイバー諜報員であると特定されてきた。[*25]

軍はサイバー戦を遂行する主要機関であるため、中国のサイバー戦へのコミットメントは軍の近代化と改革にインパクトを与えてきた。人民解放軍――中国軍全体を指す公式名称――における組織改編の中で最も著名な機関は、新たに創設された軍の戦略支援部隊である。

戦略支援部隊はそれまで情報、宇宙、インテリジェンス、監視、偵察支援を統括してきた軍事部署を統合し、空軍、海軍、陸軍といった既成の軍種に属さない〔中国共産党中央軍事委員会に直属する〕部隊として新たに創設された。戦略支援部隊は国家の安全を確保する新しいタイプの戦闘団であり、新たな戦闘能力を増強する重要な牽引力となっている。戦略支援部隊は戦場環境、情報、通信、情報セキュリティ、新技術の開発実験といった各分野の支援部隊から成り立っている。既存システムの統合化、民軍活動の連携といった戦略レベルの要請と軌を一にし、強力かつ近代的な部隊を築くため、戦略支援部隊は重要分野の発展と統合的な新しい戦闘部隊の開発に取り組んでいる。[*26]

二〇一五年の軍制改革による戦略支援部隊の新設から明らかになったことは、軍はサイバースペース優勢《ドミナンス》の確保やサイバー攻撃について、戦争遂行能力の補完的もしくは支援的役割にとどまらず、将来の中国防衛やパワープロジェクションに不可分かつ決定的な要素と見なしているということだ。[*27] 今ではそれが実際に明らかとなり、『新時代における中国の国防』には「人民解放軍戦略支援部隊（PLASSF）は、統合作戦システム（およびハイブリッド戦）との一体化を進める積極的な活動に取り組んできた。戦略支援部隊は新たなドメインにおける実戦的訓練を行うとともに、緊急事態や戦闘に備えた訓練を行っている」[28]と書かれている。

中国軍は研究開発に重点を置く大学[29]など、他の機関や公共部門[30]との提携を維持し、高等教育プログラムや専門課程におけるサイバー戦関連の教育を支援する大学や研究機関とのネットワークを築いている。[31]こうした取り組みを支援する軍の大学再編の一環として、国防大学の改編や国防科学技術大学〔湖南省長沙市開福区〕の設立がある。中国軍は中国軍事委員会軍事科学研究運営委員会を設置するとともに、軍事科学院（AMS）や各軍種の研究機関を改編した。これにより軍の科学研究制度はAMSを筆頭とし、各研究機関や各軍種の関係部署が主要機関となり、教育機関の研究所や各部隊がそれを補佐する形に再編された。[32]

中国は他国と同様、はじめは民間のインターネット関連企業の人材に頼っていた。だが、中国のサイバー戦略が成熟するにつれ、この路線は修正された。一九九九年から二〇〇四年の間、中国の民間ハッカーたちは政治的動機に基づく大掛かりな分散型サービス拒否（DDoS）、データ破壊、外国ネットワークのウェブページ改ざんなどに関与し、悪名を馳せていた。はじめのうちは〔ハッカー行為が〕奨励されていたものの、政府系メディアの論説[33]において重要コンピュータ利用者の国内的影響に関する懸念が表明され、また、サイバー攻撃や偽情報活動は〔政府として〕容認できないことが暗に示されたことを受け、全体の雰囲気は変わった。[34]とはいえ、昔ながらのハッカーたちは依然として特殊なスキルを保ち、軍や国家の情報収集活動の中に彼らが有用な役割を果たせる分野が存在しているかもしれなかった。[35] 悪質なコンピュータセキュリティの侵害に活動を特化している中国人ハッカーと、ネットワーク侵入を任務とする中国政府のオペレータとの間で何らかの関係が成り立っていたことを示唆する証拠がある。これがアメリカやロシアと同様、〔政府が必要とする〕要員の一部を中国人ハッカーから募集することにつながった。[36]

サイバー戦略

中国のサイバー戦略は三つの要素から成り立っている。第一に、純粋に軍事的な要素であり、軍隊とサイバースペースとの接続、敵の指揮統制システムを妨害する能力、国外マルウェアからの被害を回避し、DDoS攻撃に耐え得る能力および相手と同等のサイバー攻撃を相手に課す能力である。これが長期にわたって中国のサイバー戦略を支配してきた要素である。第二に、経済的要素であり、国内の経済発展〔のためのサイバー諜報〕と国際的な経済ターゲットに対するサイバー諜報から成る。これも中国のサイバー戦略の長期的な要素である。第三に、中国のサイバー戦略では、国内のサイバーセキュリティに重点が置かれ、国有インターネット、国内監視、グレート・ファイアウォールによる保護と検閲を柱としている。以上のように、軍事、経済、国内の構成要素がここ数十年間における中国のサイバー戦略を形作ってきた。

二〇一四年から二〇一五年にかけて、中国の軍事的サイバー戦略は現在の形に変更された。この変化を表すものとして、二〇一五年春に公表された『軍事戦略の科学』では――外国の専門家たちがこの数年間にわたって指摘してきたことであるが――中国がサイバー攻撃部隊のネットワークを擁するサイバー大国であることをはじめて認めている。この二〇一五年の文書で明らかにされたように、攻勢および防勢に任じるサイバー部隊は、専門の軍事ネットワーク戦部隊、政府のシビリアン組織に所属するネットワーク戦専門チーム、ネットワーク攻撃／ネットワーク防御に従事する政府外の実施主体――民間の情報テクノロジー産業を含む――に分類された。[*37] 同様に、二〇一五年の別の公式文書『中国の軍事戦略』は「中国は国防近代化のため科学技術に一層の努力を傾注し、情報資源の要求に迅速に備え、専門の支援部隊を編成する。中国は情報化戦争に勝利し、非常事態と戦争への対処に必要な要求を満たすことのできる国防近代化システムの構築をめざす」[*38] と主張している。こうした強力なサイバー部隊の必要性やシビリアンの専門家の国防への統合は、二〇一九年の攻勢戦略へのシフトの先駆けとなる重要な転換点であった。

このように二〇一四年から二〇一五年にかけてのサイバー軍事戦略の転換は、現在に至る軍の近代化改革の一部であった。この改革は二〇一五年一一月に北京で開催された中央軍事委員会改革工作会議で宣言された。会議の場で、中央軍事委員会――中国で最高位の軍事組織体――は二〇二〇年までに改革を終えるための構想を定めた。[*39] この構想では、それまでの七大軍区を五大戦区に整理統合し、新たな統合軍を設立する改編事業に加え、ミサイル部隊や宇宙軍と並び、サイバー戦を専門とする部隊を強化するとされ、「これらの分野〔ミサイル、宇宙、サイバー〕は、今日の軍事紛争で重要性を増している」[*40] と謳われた。

とはいえ、中国のサイバー戦略を軍事的文脈でのみ捉えることは誤りである。ＦＢＩ防諜部門のアシスタントディレクターを務めたビル・プリースタップは、二〇一九年に上院司法委員会において、「中国政府はアメリカ合衆国とソヴィエト連邦との間の冷戦の核心的教訓を理解している。それは経済的強さが国力の基盤であるということである。したがって、アメリカと中国との競争は、我々の経済的強さによって、決定的ではないにせよ、大いに影響を受けるものとなろう」と証言した。[*41] 中国のサイバー戦略は経済的要素を含むものとされ、全般的には中国の経済開発の向上、世界経済における中国の役割の影響、世界的規模で競争可能な軍事力の構築に重点を置いている。

経済分野における中国のサイバー戦略も二〇一四年から二〇一五年にシフトした。ファイア・アイ社〔カリフォルニア州ミルピタスに本社を置く世界的なサイバーセキュリティ企業〕は早くも二〇一四年に、中国政府はサイバー作戦のアプローチを変更したと結論づけた。サイバースペースを活用した経済情報窃取の容疑で、中国軍幹部とサイバー攻撃者がアメリカ国内で訴追された頃のことである。[*42] サイバー諜報の成果を活用した経済発展は、いまなお中国のサイバー戦略の一角を成しているが、サイバー諜報は軍のサイバー部隊よりもシビリアンによるサイバー作戦として実行されている可能性が高い。中国がグローバル経済で成長するにつれて、経済主体のサイバー諜報がセキュリティの対象とされるようになった。例えばアメリカは、自国の原子力、金属、太陽光発電業界の企業――アルコア社〔アルミニウム関連製品の世界的メーカー〕、USスチール社、ウェスティングハウス・エレクトリック社、ソーラーワールド社〔ドイツの太陽光発電・ソーラーパネル製造企業〕のアメリカの子会社など――に不正アクセスし、各社の企業秘密を窃取した容疑で中国軍幹部を告訴した。[*43]

中国国内のサイバー戦略はインターネットそのものと同じ長さの歴史を有し、これも二〇一四年から二〇一五年に転換期を迎えたと言える。サイバーセキュリティの開発とその関連政策と同様、国内向けのサイバー戦略は一五カ年の大戦略《グランド・ストラテジー》と関連している。これは国務院から発出されたもので、正式なタイトルは「二〇〇六年から二〇二〇年までの科学技術開発のための中長期国家プログラム」である。この大戦略の目標では、外国の組織体に対するサイバー攻撃とともに、脆弱な民間サイバースペースを先行的に防護し、国内サイバースペースの安全を万全にすることが望ましいとされている。また、国際的な生産ネットワークとの一体化がますます深まる中で、国内におけるイノベーションの実現についても目標に掲げられた。*44

中国は産業化の新たな原動力として、コンピュータ産業と情報産業を成長させる国内政策を推し進めた。テクノロジーを基盤とした国家経済と現代サービス産業の成長は、サイバーテクノロジーの開発需要を高めている。それには、地元の開発能力の向上や技術レベル全体を底上げする集積回路や主要部品の中核テクノロジー、主要ソフトウェア、高性能コンピュータ、広帯域移動体通信および次世代インターネット分野におけるイノベーションなどが含まれる。さらに、電子政府やeコマース用プラットフォームに加え、信頼性の高いネットワークの構築、ネットワーク情報セキュリティの技術や製品の開発に重点を置いている。*45 高性能で信頼性の高いコンピュータの国内生産や、次世代インターネット技術が重視され、国家インフラ情報ネットワークや重要情報システムに関わるセキュリティ技術の開発によって、複雑で大規模なシステム、リアルタイム防護、安全なデータ保管という条件を備えたネットワークが安全に運営されるための斬新な暗号化技術を開発している。*46

現在の中国のサイバー戦略は一五年前の戦略に基づいており、それが現在の戦略へと積み上げられてきた。二〇〇〇年の初め、中央軍事委員会が人民戦争論の見直しを求めたとき、軍事サイバー戦略はまさにその最前線にあった。人民戦争とは「情報化」の条件の下、敵との長引く戦争に必要な人民からの支援の維持に重点を置いた非対称戦の軍事理論であった。中国のサイバー戦略は「網電一体戦」*47と呼ばれ、軍の総参謀部のもとでコンピュータネットワーク攻撃と電子戦*48の攻勢的任務を集約していた。総参謀部は軍で最高位の権限を有する組織であったが、二〇一六年の軍制改革で解体され、主な活動は中央軍事委員会統合参謀部の中に吸収された。初期の軍事サイバー戦略はサイバー戦の二つの側面に焦点が当てられ、当時のサイバー戦に対する理解を反映していた。第一に、多様な情報源からのインテリジェンス、監視、偵察活動を遂行するうえで、また、膨大な量のデータを短期間に処理するうえで、サイバー能力の活用は中心的役割を果たす。例えば、正確な目標の位置がわからなければ、精密誘導兵器は有効に機能しない。第二に、作戦前および作戦中に敵の指揮・統制・通信・コンピュータネットワークをリアルタイムに近い形で妨害することは、軍事サイバー戦略の重要な要素である。[*49]

初期の戦略で指針となるドクトリンは「情報化条件下での局地戦」[*50]と呼ばれた。このドクトリンでは、陸・海・空・宇宙およびサイバー領域での軍事作戦を調整することが可能なネットワーク化されたサイバー作戦を遂行するための取り組みが扱われている。その目標は、ライバル国のサイバー作戦をコントロールし、キネティック紛争の初期段階で優位を確保することである。[*51] アメリカの戦略予算評価センターによると、

（中国は）主要な二つの層から成る総合的な大戦略を追求しているようだ。上層に位置する平時の要素は、自国の利益を確保するため、実際に軍事力を使用する必要のない中国にとって好ましいパワーの分布状態を作り出すことである。下層の要素は、武力を行使して国益を守らなければならない日に備えるものであり、敵の情報と支援システムの弱点に攻撃を集中し、驚くべき一撃で相手を麻痺・打倒することを期するというものである。その根底にある目標は、軍が「最初の戦闘開始以前に勝利を獲得する」ことができる計画・戦略・戦術を策定することである。この戦略から明らかなことは、「まさに決定的

な時機に敵の最も脆弱な要点を打撃する秘密兵器」[52]を開発することが、人民解放軍の理論家たちの変わらぬ関心事であるということである。

当時の国防白書『二〇〇四年における中国の国防』では、サイバー軍事作戦が「軍隊の戦争遂行能力を向上させる重要な要因である」[53]とし、また、軍がサイバー作戦を「軍の方向性と戦略的焦点」[54]と位置づける国防戦略について説明している。中国の軍事ドクトリンでは、紛争の初期段階においてサイバー戦と電子戦能力を組み合わせる〔必要性〕を提唱している。[55]二〇一五年の軍再編以前には、二〇〇四年版白書や中国軍に関する著名な専門家である由冀は、[56]空軍が情報作戦や対情報措置《インフォメーション・カウンターメジャーズ》の責任を有すると認めていた。それ以外のサイバー任務は、当時の総参謀部に委ねられていた。[57]

二〇〇五年の『軍事戦略の科学』によると、中国の軍事戦略家たちは早くからサイバー優勢《ドミナンス》を、戦略・作戦レベルにおける重要な目標であると見なしていた。[58]当時の戦略は、敵の指揮・統制・通信・コンピュータ・インテリジェンス・監視・偵察（C4ISR）ネットワークおよびその他の重要情報システムに対する電子戦およびコンピュータネットワーク作戦を重視している。そこでサイバーツールは紛争の最も初期の段階で、おそらく先制的に敵の情報およびC4ISRシステムに対して広範に使用されるはずである。

〔上述した〕中核的な軍事目的に加え、新たな目的が登場した。二〇〇五年のサイバー戦略の第一の目的は、継続的な戦闘行動に不可欠な情報に対する敵のアクセスを拒否することであり、これを部隊が戦闘を開始する以前に達成できれば理想的である。[59]例えば、台湾の政府関係者や軍の研究者によると、中国は島内およびアメリカとの通信を使用不能にすることを目的としたサイバー攻撃によって台湾への攻撃を開始し、台湾の軍事指揮官の情報の受領や命令の発出を妨害し、ミサイル防衛に必要な電子ターゲティング・システムの破壊を行うための手段を奪い取ろうとするだろう。[60] 第二の目標は、情報欺騙や心理戦を行って市民の認知や信条体系を標的にすることである。[61] 例えば、台湾との再統一を妨害していると中国から名指しされている政党「民主進歩党（DPP）」の公式ウェブサイトは、同党を中傷するメッセージ――「台湾社会に反対派を生み出すためのフェイクニュースを拡散している」と民主進歩党を中傷する匿名の中国政府当局による明らかなサイバー攻撃――に置き換えられた。[62]〔サイバー戦の〕第三の目的は戦略的抑止である。中国の軍事戦略家の中には、これを核兵器〔による抑止〕に匹敵すると見なす者もいるが、〔サイバー兵器のほうが〕他の兵器よりも精密であるうえに、はるかに犠牲者が少なく、さらには射程が長い。[63] 例えば、中国のコンピュータから開始された二〇一八年のサイバー攻撃では、衛星オペレータや国防請負業者、電気通信会社の中に深く入り込み、衛星を制御して軌道上の装置の位置を変えたり、マッピングデータや位置データの中断のほか、通話やインターネット接続に必要なデータトラフィックを妨害することにより、一発の弾丸も撃たずに戦闘に勝利する〔方法が〕採られた。[64]

　中国政府国防部の耿雁生報道官は、軍事訓練を支援し、軍のインターネットセキュリティ防衛を強化するため、軍がサイバー戦部隊――あるいは「サイバー青チーム」――を創設したと語った。中国国営新華社通信の報道によると、耿報道官のコメントは二〇一一年五月一七日付『解放軍報』――軍の公報紙――の記事を追認したもので、これによりサイバー戦部隊の存在が明らかとなった。青チームは二〇一一年四月終わりに、ハイブリッド戦演習の一環として[65]さまざまな部隊の行動と連携させたサイバー演習を、今では改編されてしまった当時の広州軍区で実施した。おそらく今では、このような演習が戦略支援部隊により何らかの方法で実施されているはずだ。

中国のサイバー戦略――二〇一四年から二〇一五年の転換期以降に修正された経済分野のサイバー戦略――における初期の目的はサイバー諜報であった。実際のところ、ほとんどの国々が何らかの形でサイバー諜報に関与していた。しかし中国のサイバー戦略の初期段階（二〇〇六年から二〇一四年まで）において、中国軍は政府が保有する秘密情報ではなく経済的利益に狙いを定めたサイバー諜報に積極的に関わってきた。この経済分野を対象とした諜報活動は中国経済の建設に必要であったと主張する学者もいる。[*66] 大規模な経済分野のサイバー諜報キャンペーンが、高度で持続的な脅威グループAPT1/Unit 61398――複数のオペレータが所属する単一組織――によって実施された。ファイア・アイ社を親会社にもつマンディアント社〔二〇二二年一〇月に独立した後、二〇二二年三月にグーグルが買収〕の調査によると、二〇〇六年以降、APT1/Unit 61398は主要産業二〇部門の一四一社に不正侵入し、長期的かつ広範なサイバー諜報による商業キャンペーンを行った。その能力は政府からの直接的な支援――主として軍の六一三九八部隊による――を受けて発揮できた。[*67] 二〇一一年になると、APT1/Unit 61398は一〇分野の業種にまたがる一七の新たな標的への侵入に成功した。[*68] 例えば、「あるグループがいちど被害者のネットワークにアクセスを確立すると、数カ月または数年にわたって定期的にアクセスを維持できる。そうすれば、技術の設計図、特許で認められた製造工程、実験結果、価格算定書、提携協定、被害組織の指導層のeメールや接触リストなど、膨大な知的財産を窃取することができる」。[*69] 中国のサイバー戦略は「量」から「質」へ、「主として商業分野」から「主として政府目的」へと転換を終えつつあり、二〇一七年までにはAPT1/Unit 61398はそのほとんどが解体されてしまった。[*70]

中国におけるサイバー戦略――二〇一四年から二〇一五年の転換期以降に改善された国内サイバー

戦略――の矛先は、社会不安を煽っていると疑われてきた国内グループに向けられている。例えば、中国はさまざまなテクノロジーを用いて、チベット人やウイグル人など少数民族《エスニック・マイノリティ》から受ける国内脅威の実態を把握するためにサイバー作戦を実施している。特定の技術を使えば、多様な民族集団の言語で交わされる通信を追跡することができる。このシステムは、音声通話、インターネットを経由して送付されるテキスト、「社会不安の可能性あり」と警告する画像や図に付属した通信をモニターすることができる。[*71] この通信技術は地方の政府当局で使われ、そこでは現地語を知らない治安当局者でも直接リアルタイムでインテリジェンス情報にアクセスできる。[*72] 例えば、二〇〇九年に明るみに出たゴーストネットという特殊な監視システムは、インドに居住していたダライ・ラマとチベット人コミュニティが使っていたコンピュータから情報を窃取した。[*73]

国内少数派の監視に使われている別の技術セットとして、DNAや顔認証技術を利用した物理的な追跡システムがある。警察は中国東部の杭州市や温州市および中央部の三門峡市といった都市で顔認証技術を活用している。二〇一八年以降、一六の州と行政区の二〇あまりの地方警察でこの技術が導入された。こうした技術の利用を警察とテクノロジー企業は「少数派の身元確認《マイノリティ・アイデンティフィケーション》」と呼んだ。[*74] 以上のような国内向けのサイバー作戦は、二〇一四年から二〇一五年の戦略的再編期以降に急速に強まった。

経済および国内を対象としたサイバー戦略の比重は依然として大きいが、軍のサイバー戦略が中国では中心的であることに変わりはない。このことは戦略支援部隊を創設するなど、軍の活動や装備のための指揮管理システムに改善が見られることからも明らかである。二〇一九年の『新時代における中国の国防』では、「国家安全保障、経済成長、社会発展」[*75] にインパクトを与えるサイバー技術の能力が繰り返し強調されている。

サイバー諜報

中国のサイバー諜報はロシアやアメリカのそれと同様、過去数十年間にわたり論争の的であった。北京は「陰の戦い」の全期間を通じ、ハイレベルのサイバー諜報を実施してきたと非難されてきた。サイバーであれその他の分野であれ、戦いの中で諜報活動は何ら目新しいものではないが、経済的利益を目的とした対外諜報に軍事組織を活用することは、かなり異例である。現在の中国のサイバー諜報は、経済分野からその重点を移行しつつあるが、いまだサイバー要員を使って世界中から企業秘密を窃取している。国内向けの中国のサイバー諜報は、社会不安のレベル判定に活用され、住民や外国人訪問者の中からテロリズムとの関連性を探るといった通常の方法を採用している。また、国内および国外の商業主体についても厳格な調査対象となっている。

中国の国際的サイバー諜報の活動量を計算すると、欧米の商業主体に対する平素のサイバー諜報は減少している。例えば、APT1/Unit 61398はほとんどが職を失ってしまったようで、チームの要員たちは軍内の他の部署やインテリジェンス部隊、民間に移籍してしまった。こうした中国のサイバー諜報界における変化にはいくつかの理由がある。第一に、ファイア・アイ社のiSight脅威インテリジェンスの研究が示しているように、この変化は中国軍――商業分野と政府を対象としたサイバー諜報の主要なスポンサーのひとつ――に対する統制力を一段と強化しようとする習近平国家主席の広範な努力の一環であったとする説である。*76 第二に、焦点の変化であり、ある時期の中国のサイバー攻撃の矛先はロシアに向けられていたが、その後、韓国とヴェトナムへと移り、時折、南シナ海の領有権をめぐる紛争に関連した標的が狙われている。第三に、ある報告によると、中国のサイバー攻撃は件数こそ減少したものの、質の面では高度化しており、しかも目標を慎重に選定したうえで行われるようになったことが挙げられる。[*77] 最後に、おそらくこれが最も重要なことだが、数十年にわたり競争相手に対する経済分野のサイバー諜報を行ったあと、技術開発の分野で世界的プレーヤーになるため、国内では現在、自国の経済力の発展に重点が置かれるようになったことだ。[*78]

APT1/Unit 61398 の解体と要員が配置替えとなる以前の中国のサイバー諜報の実態は、ファイア・アイ社の調査の一部であるマンディアント社の報告の中に記載されていた。[*79] その分析結果からAPT1とは少なくとも「二〇〇六年以降、広範なターゲットに対してサイバー諜報キャンペーンを仕掛けているサイバーオペレータが所属する単一組織」であることが明らかとなり、軍の六一三九八部隊と事実上同一組織であると判定された。実際、それは数多くの成果を達成したサイバー諜報グループであった。高度で持続的な脅威グループAPT1は政府から直接的支援を受け、継続的かつ広範なサイバー諜報作戦を実施できた。マンディアント・グループの調査によれば、軍の六一三九八部隊は任務、能力、資源の面でAPT1と類似しており、その位置はAPT1の活動発生源と完全に同じエリア——上海にある四つのネットワークのうち二つは浦東地区をカバーしていた[*80]——であった。

再編前の六一三九八部隊は人民解放軍総参謀部第三部第二局に所属し、その一部は上海市内を流れる黄浦江の東岸に位置する浦東新区高橋鎮の大同通りに所在していた。[*81] そこにコンピュータセキュリティ技術、コンピュータネットワーク作戦が導入され、英語の訓練を積んだ要員が配置された。六一三九八部隊の物理的インフラ〔建物の収容スペースなど〕の規模に応じて、要員は数千とは言わないまでも数百名を数えた。中央の建物の面積は一三万六六三平方フィート〔約一万二一四〇平方メートル〕あり、二〇〇七年初めに建てられた一二階建ての施設だった。国防の名のもと、チャイナテレコム社によって部隊専用の光ファイバー通信インフラが整備された。[*82] これを利用し、APT1/Unit 61398はその絶頂期に、中国の経済発展を押し上げる商業用データを窃取するためのサイバー諜報を行ったのである。

この時代にAPT1/Unit 61398によるサイバー攻撃の手法はさらに磨きがかけられ、膨大な量の貴重な知的財産を窃取できるまでになった。いちどAPT1/Unit 61398によるアクセスが確立されると、この「高度で持続的な脅威グループ」は技術設計図、専売特許の製造工程、実験成果、事業計画、価格算定書、パートナーシップ契約、eメール、上層部の連絡先リストなど、広範な種類の知的財産を窃取するため、数カ月あるいは数年をかけて標的とするネットワークを繰り返し訪れている。六一三九八部隊はeメール窃取用の二つのユーティリティ――GETMAILとMAPIGET――など、独自のサイバー兵器とテクニックを活用した。APT1/Unit 61398は平均三五六日間にわたり、相手ネットワークへのアクセスを維持した。具体的な組織は特定されていないものの、APT1/Unit 61398がアクセスを維持した最長期間は一七六四日間、つまり四年一〇カ月間にも及んだ。[*83]

経済情報の窃取を重視した時代が終わりに近づくと、中国のサイバー諜報は政府関連のデータに狙いを定めた。例えば二〇一五年、中国のサイバー諜報はアメリカ合衆国人事管理局の二一〇〇万人分にのぼる人事データに不正アクセスした。だが、この作戦の意図を示す証拠は公開情報の中には存在しない。また、窃取したデータがどこかで悪用された形跡もなく、それが何のために奪われたのかを探るヒントさえつかめていない。[*84] 二〇一六年、中国のサイバー諜報は連邦預金保険公社――アメリカ銀行の預金を保証する独立連邦機関――の数十台のコンピュータに不法アクセスした。[*85] このケースでも、窃取したデータが中国にとってどのような価値や目的をもつのか定かではない。

中国国内を対象としたサイバー諜報――他のサイバー大国と同様、「陰の戦い」の一環――は、中国がグレート・ファイアウォールを実装したインターネットを利用し始めたときからすでに行われていた。その後、一九八九年の天安門事件の三〇周年記念、二〇一九年から翌二〇二〇年にかけての香港における反政府運動など、インターネット検閲のさらなる強化を加速したいくつかの事例がある。政府当局は軽微な違反を理由にWeChatなどのソーシャルメディア・プラットフォームの個人アカウントを閉鎖した。環境災害についてコメントを書き込んだり、「有害な」コンテンツを掲示したとの容疑で三カ月ごとに数万件のアカウントが削除された。[*86] WeChatから追い出された市民らは、交通機関や銀行など社会生活に不可欠なサービスにアクセスできなくなる。[*87] 中国国内のサイバー諜報はインターネットに焦点を絞り、最近ではデータ収集をベースとした「社会信用システム」（人民の社会的信用度をスコアとして数値化し、得点に応じて社会的優遇を得るメリットがある反面、信用度が下がれば罰則が科せられる）にまで広がっている。つまり、グレート・ファイアウォールの背後にある完全に独立した自国のインターネットの中で活動しているのである。国内からのデータ収集は、二〇二〇年に「全面的に社会信用システム建設を躍進させる」[*88]中国政府の計画の一部である。政府は全国規模で「信用」の測定と向上を図り、「誠実」の文化を育む望ましい方法として社会信用システムを奨励している。その政策方針には「社会信用システムは信用を維持することは名誉であるという世論環境を形成するだろう。それは政務の誠実性、商業の誠実性、社会の誠実性を強めるとともに、司法の信頼性を強化するだろう」[*89]とある。

このようなインターネットを基盤とした国家的規模のデータ収集システムは、社会信用システムに限らず、商業活動や地方政府が運営するものなど、広範な分野の各種試験的システム（の全体）を指している。強大な権力をもつ中央機関である国家発展改革委員会は、いずれ国内で利用できる膨大な量のデータを保有することになるだろう。中国国務院は、現行のデータ収集システムの欠陥を最小限に抑える方法として、「政府は開発計画の立案と実行、規則や基準の整備、信用サービス市場の促進と監督に責任をもつ。社会信用システムの建設に向け、市場メカニズムの役割を重視し、資源配分の調整と最適化を行い、社会的勢力を喚起・結集させ、参画者を拡大し、共に前進し、統一勢力を形成する」[*90]と述べている。

さらに信用システム〔の運営〕を通じ、詐欺商売、偽造品の販売、脱税、不正な金融申し立てを制限することが期待されている。すべての市民生活のあらゆる側面を評価する〔全国共通の〕単一のスコアが配分されることはないにせよ、[*91]社会信用システムは犯罪件数を減少させるだけでなく、反体制活動家や好ましからざる市民を監視し、社会的制裁をちらつかせて〔市民の行動を〕抑制することができる。例えば、二〇二〇年にCOVID-19が大流行すると、中国はパンデミック拡大を抑制する手段として社会信用システムを活用した。あるケースでは、旅行歴や医療の診療履歴を隠匿した――潜在的なCOVID-19感染者と疑われる――市民が社会信用スコアを減点されたり、禁止リストに載せられた。[*92]ある地方では、風評の拡散や商品の買いだめは社会的信用に背く行為と見なされた。COVID-19は異種間伝播〔例えば、牛の狂牛病が人間にも感染するなど、異なる生物種の間での感染形態〕により発生したと推定されていることを考慮すれば、政府が取り組んでいることは、社会信用システム内の禁止規定に反し、健康リスクを冒している特定のアニマル〔人間を指す〕を区分している行為と言えなくもない。[*93]

単一システムという形式ではないが、公共・民間部門には数多くの試験的プロジェクトが並存している。中国国内を対象とした調査[*94]への回答者のうち八〇パーセントが商業分野と政府が管理するデータ収集プログラムを容認している。商業分野の試験的プログラムでは——今は終了しているが——政府は社会信用スコアを稼働させるシステムやアルゴリズムの試運転を民間企業に行わせた。その中には広範囲をカバーする二つのプロジェクトがある。一つ目はソーシャルネットワーク大手のテンセント社のパートナーで、メッセージアプリケーションWeChatの開発者が請け負い、二つ目はアリババ・グループの金融系列会社アントフィナンシャル・サービスグループ（ＡＦＳＧ）が経営するセサミ・クレジット社が担当した。[*95] これら民間のシステムは、社会信用システム用のパイロット事業として運用され、二〇一七年に終了したようである。

とはいえ、中国の社会信用システムでは何よりもまず商業主体がメインプレーヤーである。例えば、商業主体は期限通りに税を納めていれば良い地位を得られ、製品が品質不良であったり、衛生基準を満たしていなければその地位を失う。中国では悪徳商法や食品の安全基準を満たさないスキャンダルが頻繁に生じており、中国の市民にとっては痛い所を突かれた形だ。[*96] 中国市民は社会信用システムを、商業主体や社会組織の信用度や、信用詐欺に見舞われる可能性を判断するための信頼できる情報源と見なしている。アンケート調査を受けた者の七六パーセントが「中国社会では信頼性が一般的に欠如していることが問題である」と回答している。[*97] 回答者は社会信用のことを不当な監視であるとも、過度の情報収集であるとも見なしておらず、むしろ悪徳業者を罰し、不良品を減少させるための有益な手段であると見なしている。急速な商業化と経済成長の時代に入り、遅かれ早かれ、怠慢な商業主体に対しては規則を遵守させる必要があると考えられているからだ。[*98]

社会信用システムのデータ収集の目的は、商業主体の信用価値をモニターすることであるが、それに加え、市民一人ひとりに信用記録を提供することでもある。長期的な運営を前提とした社会信用システムの実験は、主に地方政府が行ってきた。地方政府の計画案では――二〇一九年には四三の都市が試験的プログラムを実施した[*99]――犯罪行為を行うと本人の信用スコアの合計点数が減点される。社会信用システムは伝統的な信用制度から取り残された人々――低所得者や農村家族を含む――を〔新しい〕信用システムに組み入れ、犯罪記録をより一層重視する方法であると政府は主張している。[*100]中国における経済の拡大と急速な都市化現象――都市に住む人々は隣人が誰なのかをよく知らない――により、この制度は「政府の行き過ぎ」としてではなく、サイバースペースの拡大を通じた市民どうしの信用水準を向上させる方法であると見なされている。

このように商業主体と市民――公務員と民間人――をモニターするプログラムは、ビデオ監視システムと急速に発展を遂げた顔認証ソフトウェアとともに発達している。中国はアルゴリズムによる監視システムを運用し、監視器材を全国に配備しており、今や欧米や日本と肩を並べるまでになった。[*101]顔認証ネットワークと連結された閉回路テレビ（ＣＣＴＶ）カメラが中国やその他の場所において不正目的で利用され得るというもっともな懸念がある。これらの監視システムは、上海では地下鉄の乗車口を監視するために利用され、欧米では無差別発砲者を捕らえるため、日本では眠気を催している雇用者の目を覚ますため、ＵＡＥではバスの運転手の体調管理のため、シンガポールでは認知症の高齢者を見つけるためにそれぞれ利用されている。[*102]しかし一方で、〔中国では〕少数民族の追跡に使われていることは問題だ。

最も知られた国内サイバー諜報および少数民族関連の情報収集は、中国西部・新疆《しんきょう》地区に居住するイスラム教徒のウイグル人を対象としたものだ。大規模なデータ収集と分析システムに人工知能を利用し、市民をカテゴリー別に分類している。その中には、監視強化の対象とされ、しばしば政治的再教育を行う収容施設に抑留されている市民もいる。人工知能を搭載したプラットフォームは、誰がテロリズム、分離主義運動、犯罪活動に手を染める可能性が高いかをコンピュータがはじき出した結論に基づいて判断する。このプラットフォームは警察および軍隊で利用され、サイバー諜報のあらゆる場面でテクノロジーの威力を見せつけている。それはマニュアル検索、顔認証カメラ、ソーシャルメディア、社会信用システム、犯罪や「愛国的でない」社会活動に従事する個人――とくにウイグル人のような少数民族――を見分けることのできる携帯電話アプリまで動員し、膨大な量の特定個人データを集めることができる。[*103] アメリカやロシアも自国市民に対し問題のあるサイバー諜報活動を行ってきたが、中国はかつて見られないほどの規模で行っている。

二〇二〇年のシステム実装を目標――この目標は最終期限というよりも、計画段階の終わりという意味合いが強い[*104]――とした国家スキームを設計中の中国人研究者が指摘しているように、社会信用システムは、市、政府関係省庁、オンライン決済プロバイダー、近隣地域、図書館、企業が多種多様な方法で営んでいる電子世界のエコシステムのようだ。[*105] こうしたサブシステムの多くは、サイバースペース内の情報網でつながっているかもしれないが、それはIDを入力し、市民生活を評価する単一のスコアを得るといったような統合プラットフォームとはならないだろう。一四億の人民――一日当たり約四万六〇〇〇人が生まれ、一万九〇〇〇人が亡くなっている――一人ひとりに固有のスコアを割り当てるシステムという構想は、技術的にはいくつかの点で、政治的には多くの点で困難な課題に直面している。[*106] 政治的には、中国政府は商業主体と市民からの信用および両者間の信用の醸成に努めているが、もし政府が商業主体や市民から信用を失えば、大きな危険を冒すことにもなる。このように、中国においても国内サイバー諜報にリスクは存在している。

サイバー諜報は中国のサイバー戦に対するアプローチの中心的要素である。中国の国際サイバー諜報は、敵の計画や作戦内容を傍受する昔ながらの諜報活動に加え、中国経済を成長させるため――経済成長から中国の国力の増強へ――軍のオペレータを使って企業情報や知的財産を収集するという他国にはない異例の要素を併せもっている。中国における国内諜報は、厳重に管理された国有インターネットの範囲内で大掛かりな規模で展開されている。

サイバー攻撃

サイバー攻撃は中国の「陰の戦い」に関わる戦略と軍備の重要な要素である。中国のサイバー攻撃は、ハードウェアの設計図などの軍事情報あるいは人民やシステムに関する政府情報を重視している。中国のサイバー戦略は経済重視の路線から政府・軍事重視の路線へと移行し、サイバー攻撃のターゲットとして航空機から電力網に至るあらゆるものの制御システムを外部から遠隔操作することに力を入れている。こうしたターゲットの転換は、パワープロジェクション能力を重視するとともに、潜在的な敵の能力に関する理解が進んでいることの表れである。次に述べるのは、中国によるものと認められているサイバー攻撃の事例である。

ロシアに対する中国のサイバー攻撃は、二〇一五年から二〇一六年にかけてエスカレートした。*107 その攻撃はアメリカといったんは停戦し、その後サイバー攻撃を再開した時期と何らかの関連がありそうだ。例えば、中国の習近平国家主席とアメリカのバラク・オバマ大統領が商業分野のサイバー諜報に関与しないことを約束した二〇一五年九月合意のすぐあと、*108 ロシア国防省と連邦保安庁は中国によるサイバー攻撃の増大に対処するための措置を講じていた。二〇一五年五月にモスクワと北京で調印された情報セキュリティ協定があったにもかかわらず、中国と関連のあるマルウェアの一種「ネット・トラベラー」が〔ロシアの〕兵器メーカーに対して使用され、ロシア国家の安全を脅かした。二〇一六年、五〇のタイプを超える中国版トロイの木馬がロシアの多数の商業主体や政府機関を襲った。その中にはミサイル、レーダー、海軍の艦艇技術を専門にする軍需企業七社、政府機関五省庁、航空業界四社、原子力産業関連の二つの営利団体が含まれていた。[*109] 国営戦車メーカーのウラルヴァゴンザヴォート社およびロシアン・ヘリコプターズ社も攻撃対象となった。これらの攻撃は二〇一七年、ドナルド・トランプ大統領が中国製品への関税賦課の必要性について声明を出すと再びアメリカに対して向けられ、[*110] 二〇一八年の米中貿易戦争へといたる。トランプ政権期にアメリカへのサイバー攻撃が再び激化すると、同時期のロシアに対するサイバー攻撃は減少した。このように中国、ロシア、アメリカの戦略的トライアングルは「陰の戦い」の時代へと突き進んでいる。

二〇一七年、中国によるサイバー攻撃は、韓国内へのミサイル防衛システムの配備に関与した組織に対して行われた。[*111] アメリカが開発した終末高高度防衛ミサイル（THAAD）が韓国に配備され、中国政府が懸念を表明したのち、韓国の軍事、政府、国防産業ネットワークがサイバー攻撃を受けたのである。この攻撃には、韓国外務省のウェブサイトを狙ったDDoS攻撃、マルウェアに汚染された添付ファイル付きeメールを送付するスピアフィッシング攻撃、軍・政府職員・国防産業関係者が頻繁に閲覧するウェブサイトからのマルウェアのダウンロードが含まれていた。[*112]

二〇一三年には中国のサイバー攻撃により、オーストラリア国防省、首相府と内閣府、外務貿易省、準備銀行、統計局が標的となった。有名なオーストラリア保安情報機構――最高位の国家安全保障機関――でさえサイバー攻撃の標的となった。キャンベラでの新司令部建設に関わった契約業者は、サイバー攻撃により建物の警備・通信システム、間取り図、サーバの設置場所などが記された設計図面を盗まれた。こうしてオーストラリアのスパイ組織は、さらなるサイバー攻撃に対し、ますます脆弱となった。*113

中国はカナダの国防研究開発機構――カナダ国防省に所属するシビリアンの機関であり、軍や他の政府省庁に技術やデータを提供する――に対しても、サイバー攻撃を行っている。中国のサイバー攻撃は機密度の高い連邦政府情報にアクセスするとともに、財務省と予算庁――連邦政府の二つの主要な経済中枢――のシステムをインターネットから切り離した。このサイバー攻撃は二〇一一年初めに発覚し、カナダ政府はどれだけの機密情報が窃取されたのか究明を急いだ。*114

二〇一二年九月、テルヴェント・カナダ社は、自社制御システムにアクセスしプロジェクトファイルを奪った痕跡から、APT1/Unit 61398によるサイバー攻撃であることを特定した。テルヴェント・カナダ社は今ではシュナイダーエレクトリック社が所有しているが、石油ガスパイプライン企業や送電事業者がバルブ、スイッチ、警備システムに遠隔アクセスするためのソフトウェアを設計している会社だった。同社は北米と南米の石油ガスパイプライン全体の半分を超える詳細な設計図面をもち、パイプラインシステムにアクセスすることができた。また、システムへの侵入が検知されればすみやかにアクセスを遮断し、攻撃者がシステムを制御できなくすることができた。テルヴェント・カナダ社へのサイバー攻撃は、それが南北アメリカ大陸全体の重要システムに被害を及ぼす攻勢的能力であることを意味し、きわめて危険な攻撃だった。*115

二〇一四年に新たに別のサイバー攻撃を、カナダの国家暗号機関である通信保安局が発見した。サイバー攻撃のターゲットは国立研究評議会で、カナダ最大の政府系科学研究機関である。国立研究評議会のコンピュータはカナダ政府のコンピュータの外部で運用されているため、サイバー攻撃が政府内に浸透するとは考えられていなかった。[*116] 国立研究評議会の任務は、知識を創造し、最先端技術の応用に努め、他のイノベーターと協力してカナダの現在と将来の経済・社会・環境分野の諸課題に対する創造的で持続的な解決策を見出し、社会に影響を与えることである。同評議会は数千に及ぶカナダ企業と緊密に連携している。したがって、こうしたタイプの攻撃が繰り返されると、カナダ科学界の全般的な方向性とともに、軍用アプリケーション情報や著作権情報など、多くの科学的発見に関する機密情報が失われることを意味する。

インドはモバイルマルウェア――携帯電話や無線機器を標的とする悪意あるソフトウェア――の攻撃を受けた国の中でも件数において上位を占めている。[*117] 二〇一七年、インドは中国が五月二三日に行ったサイバー攻撃により、中印国境で航空戦の任務に就いていたインド空軍航空隊の一部であるSu‐30戦闘機が墜落したと主張した。墜落により二名のパイロットが死亡した。戦闘機の残骸は三日後に発見され、インド空軍は墜落機の分析を行った。調査の結果、戦闘機は飛行中にサイバー攻撃の被害を受けたと判断されたが、それ以外に決定的な証拠を導くことができなかった。アメリカの連邦航空局は、サイバー兵器を使って空中でジェット戦闘機を墜落させることができる可能性を否定しなかったものの、Su‐30戦闘機墜落事件について結論を出すことは控えた。[*118]

アメリカに対する中国政府のサイバー攻撃は、インターネットの初期にまでさかのぼることができる。「タイタン・レイン」とは一年にも及んだアメリカに対する断続的なサイバー攻撃を指す一般的なコードネームである。二〇〇三年の初め、アメリカ政府のコンピュータネットワークとウェブサイトは、中国発と思われる攻撃に見舞われた。おそらくそれは、一九九九年のコソボ紛争中に起きたアメリカ軍によるベオグラードの中国大使館爆撃事件との関連があるものと推測された。*119 このサイバー攻撃は中国軍による可能性が高かったが、国防省やその他の機関（国務省、エネルギー省、国土安全保障省、その他国防契約業者）のコンピュータネットワークが標的となった。*120

『ニューヨーク・タイムズ』紙によると、タイタン・レイン事案後の十数年にわたって、中国軍のAPT1/Unit 61398からのサイバー攻撃は、情報窃取にとどまらず、送電網や生活関連設備など重要インフラに対する遠隔操作能力の獲得にも及んだ。インフラ運営のための産業制御コンピュータを専門にする小規模なセキュリティ企業であるディジタル・ボンド社は、二〇一二年にAPT1/Unit 61398から攻撃を受けた。このとき、大規模な水道事業、発電所、採掘会社など、ディジタル・ボンド社のクライアントがもつ機密情報へのアクセスが試みられた。さいわいにして、ディジタル・ボンド社に対する攻撃では実質的な効果はなかったと発表されたのだが、このようなタイプの攻撃では産業制御システムを〔乗っ取り〕自由自在に遠隔操作することが目的であると考えられた。*121

APT1/Unit 61398による別の攻撃では、送電網の部品製造業界を代表するロビー団体であるアメリカ電機工業会が狙われた。当時、バラク・オバマ大統領は二〇一三年の一般教書演説で「今、我々の敵は、我々の電力網、金融機関、航空交通管制システムを妨害する力をもとうとしている。我々は今から数年後に〔過去を〕振り返り、なぜ何も手を打たなかったのかと後悔するようなことはしない」*122 と懸念を表明した。アメリカは報復として中国のインフラにマルウェアを設置しただけでなく、この措置により米中の緊張関係が高まったままトランプ政権へと至ることになる。

APT1/Unit 61398によるサイバー攻撃は〔アメリカの〕国家地理空間情報局の契約企業に対しても

行われた。国家地理空間情報局はアメリカ国防省傘下の戦闘支援組織で、情報コミュニティのメンバーである。主な任務は、国家安全保障に資する地理空間情報の収集・分析・配布であるが、このときのサイバー攻撃はアメリカに撃退されている。*123

成熟した偽情報サイバー攻撃とは言えないまでも、中国外務省の職員たちは中国に好感のもてるメッセージを広めるため、ソーシャルメディア――ツイッター、ユーチューブ、フェイスブックなど――を使いこなしている。*124 ツイッターが中国国内での使用を禁じられていることは事実であるが、影響力を拡大する努力の一環として、政府職員は国外で〔ツイッターを含む〕ソーシャルメディアを活用している。ファーウェイ社への不信感、新疆ウイグル自治区の抑留施設、COVID-19発生時の初期対応への疑念など、中国は世界的な信用危機に直面しているが、それらに対する信用改善を図るため、中国は計画的に偽情報キャンペーンを展開している。ウェイボー〔微博〕やWeChat〔微信〕といった中国系ソーシャルメディアと異なり、〔外務省のメッセージに対する〕批評や反対意見は多く、最初の年のツイッター攻勢の効果はわずかだった。それでも二〇一九年六月、アメリカ駐在中国大使の崔天凱はツイッターを使い始め、中国外交部駐英大使の劉暁明も二〇一九年一〇月に加入した。*125 グレート・ファイアウォールの外で活動し、ソーシャルメディアのコンテンツの更新に数百万ドルを費やしながら、当初の成功は限定的であったかもしれないが、スタートが遅いからといって、こうした偽情報キャンペーンを止める理由にはならない。*126 そうした中国側の試みを目撃してきた者たちは、長年にわたりウィキペディアに掲載されてきた中国関連の情報の内容に異論を唱えているが、中国が〔偽情報キャンペーンの〕コツをつかむようになれば、現在のところ比較的うまく対処している北京のキャンペーンは、国際的なソーシャルメディアの一大勢力として再編されるはずである。

中国のサイバー攻撃の重点が商業組織に向けられ、知的財産や設計技術が窃取されてきた一方で、外国政府の事業や軍事機密に対しても大規模なサイバー攻撃が行われた。例えば、アメリカのF-22やF-35ジェット戦闘機、ロシアのSu-27やSu-33、MiG-21はすべて中国軍の戦闘機としてコピーされている。サイバー攻撃は外国インフラを標的とするが、それは妨害工作にも効果的であるし、ハイブリッド戦の一環としても有効に活用される。サイバー攻撃の多くは、外国の産業制御システムの脆弱性を評価したり、後々の利用に供するため、インフラ網にマルウェアを埋め込んだりしている。中国政府は世界的な石油・ガス会社にも関心をもっている。不正侵入された会社は自らその事実を認めようとしないけれども。もし外国の石油ガス会社が中国の国営ガス会社が関心を寄せる地域で資源探査に着手した場合、その中国企業は外国会社のコンピュータファイルを盗用し、地質学的な測定値と評価見積りを加味したうえで、競争相手よりも安値で競売にかけるためにそれを利用する。[*127]

サイバースペースの制御

中国政府はサイバースペースを概ね制御可能なものと見ている。二〇一〇年初めのアメリカ国務省の電報で引用されたある情報筋によると、二〇一〇年にグーグル社が中国から撤退した頃――グーグル社が中国におけるインターネット検索の検閲を中止し、中国がグーグル社や他のアメリカ技術系企業に対してサイバー攻撃を行ったことへの報復として撤退を決めた[*128]――中国国務院情報室はオンラインイントラフィックを規制する取り組みを称賛する報告を行ったという。その情報筋は「これまで関係当局はウェブは制御不可能ではないかと懸念していた……だが、グーグル社の一件と実名登録などその他の規制や監視強化を通じ、彼らは『ウェブは基本的に制御可能である』と結論するに至った」[*129]と語っている。

サイバースペース制御の中心的要素は国内統制である。国内のサイバースペースの制御能力を向上させる試みとして、中国は有名なグレート・ファイアウォール——中国政府が自国のサイバースペースを制御する手段——に加え、サイバーセキュリティ法を制定し、サイバー攻撃の脅威の増大に対処している。サイバーセキュリティ法は先述したように二〇一七年六月に発効し、中国が世界有数の主要サイバー大国であるという「客観的要請」に基づくものと位置づけられている。[*130]この法律により、外国籍の技術系企業は国の重要部門での活動を制限され、セキュリティ検閲の要請に従い、データは中国国内のサーバに保存しなければならないとされた。この国家安全保障関連の法律は、すべての枢要なサイバーネットワークのインフラとシステムを安全かつ制御可能な状態で維持することを目的としている。ライデン大学〔オランダのライデンに所在する同国最古の大学〕の現代中国学者ロジャー・クレーマーズは「中国政府は、サイバースペースが国家安全保障のすべてとは言わないまでも、多くの分野に直接的かつ深刻な影響を及ぼすと認識するようになった……サイバースペースは国家の空間であり、それは軍事行動、重要な経済活動、犯罪行為、諜報活動のための空間である」と語っている。[*131]

サイバースペースを利用した経済的成功は、すべての経済発展と同様、中国の優先的課題である。中国はeコマースの世界を牽引し、二〇一七年には世界のeコマース取引量の四〇パーセント以上を中国が占めた。[*132]これは国内経済がサイバー攻撃が引き起こす混乱に脆弱であることを示している。中国の包括的なeコマース関連法は二〇一九年一月一日に発効しているが、ネット上での偽造品や劣悪品の販売を取り締まるため、オンライン小売企業に対する圧力が強まった。この法律は中国のeコマース市場の拡大に向けた国家的取組みの一部だ。[*133] 知的財産権の保護のほか、eコマース事業者に対する登録と免許取得を義務づけ、徴税、電子決済、eコマース上の紛争解決手続きを規定している。中国は、経済力が中国発展の原動力であったことを強く自覚している。経済の保護は最優先課題なのだ。またサイバースペースを制御するため、サイバースペースを活用した軍事作戦を重視している。軍に国際的なサイバー諜報活動を担わせ、中国経済を後押しすることに加え、中国軍は軍事作戦の指揮統制のため、そして他国の指揮統制を妨害するためにサイバー作戦を利用している。他方で、国内統制は国家安全部（MSS）の管轄下にあり、おそらく中国軍と協同連携しているものと予想される。

サイバースペースの制御を論じる際に最も有効な視点は、中国の国際的スタンスであろう。「国際的なサイバーセキュリティはいかにして達成され、どのように組織化されるべきか」をめぐる二つの立場のうち、中国はサイバースペースの国家主権を強調するとともに、サイバースペースにおける国際実行を規制する規範とルールを定める国際交渉を支持している。[*134] 国際交渉に対して中国が抱く関心の焦点は、サイバー攻撃やサイバー戦の合法性にとどまらず、どの国が国際サイバースペースを管理するのかという重要問題であり、管理する側に中国を含めるべきだとする強い主張である。中国はサイバースペースの国際管理に関与するにあたり「情報ハイウェイのためのトラフィック規制の必要性」という用語を使っている。[*135] これはクリントン政権期に使われた用語から引っ張り出したものだ。[*136]

中国政府の見解とアメリカ陣営の見解は「現行国際法はサイバー戦の新たな技術と戦略をカバーしているか」という問いに対する立場の違いとなって表れている。中国は一部にはサイバー戦に適用できる国際法もあるが、大部分は〔サイバー戦の〕実態と乖離していると認識している。両者の相違は、サイバー攻撃やサイバー諜報に伴う武力行使および公然たる偽情報キャンペーンの禁止をめぐるものである。中国は国家どうしのサイバー攻撃を禁止するだけで十分であるとし、他陣営〔アメリカ側〕が採用する自衛権への過度の依存や国際人道法の援用はいずれも誤りであると主張する。そのうえで、国際サイバー攻撃とサイバー諜報の正当性を認めているようだ。中国政府は「武力攻撃を受けた場合の自衛を除き、国連安全保障理事会の承認がないまま、武力の行使に訴えてはならない」[*137]との見方を示し、一貫して関連法規の厳格な解釈に従っている。つまり、中国政府はサイバー戦とキネティック戦との間に明確な一線を引こうとしているのだ。たとえ烈度の高いサイバー戦——目下、中国が磨きをかけている能力——といえども、それがキネティック戦に訴える根拠とされるべきではなく、また、国内でのサイバー諜報は主権国家の排他的権限のもとに置かれ、国際人道法の観点から考慮されるべきものではない〔との立場である〕。中国がこうした態度を取ることは驚くにあたらない。

こうした中国政府の解釈は、国家によるいかなる正当な武力行使——戦争犯罪や集団虐殺《ジェノサイド》から文民を保護する人道的介入を含む——の可能性を拒む見方である。[*138] 国際法の規範やツールに対する中国の立場は、厳格なまでに原典主義的であり、政治的かつ主義主張に基づいている。現行国際法で十分であるとする他陣営〔欧米諸国〕の立場を念頭に、中国政府の見解は「武力行使の禁止はサイバー戦の状況下では絶対であると解釈されるべきだ」というものである。[*139] 中国はいかなる国にも、中国の「陰の戦い」の活動が公然たるキネティック戦を遂行するための戦争準備であると見なされることを望んでいない。

国家はサイバー主権として知られる自国のサイバースペースを管理する権利をもち、それは他のいかなるドメインや領域《テリトリー》〔領土、領海、領空〕とも同様である、と中国は主張する。[*140] こうした立場は、この問題に対するロシアの立場と非常によく似ている。実際のところ、中国のほうがロシアよりもサイバー主権の実現に近づいている。中国政府によると、主権とは絶対的概念であり、唯一主権国家のみが主権の条件を決定することができるため、各国は国内法に従って自国のサイバースペースを運営する権限を有しているとされる。こうした考え方に基づき、中国政府は国境でサイバートラフィックを（送信・受信ともに）止める主権的権利を有することを明確にしている。こうした見解は、繰り返しになるが中国政府の原則的立場を反映したものであり、中国の長年にわたる国際法解釈の範囲内にとどまったものだ。*141

中国政府はサイバースペースについて「情報の自由という誰にも止められない力」とは考えていない。*142 中国はグレート・ファイアウォールを通じて自国領内に主権的サイバースペースを築くことに成功しており、北京は近代軍の建設と並び、経済成長のためにサイバースペースへの依存を強めている。このような状況で産業制御システムに対するサイバー攻撃が生起すれば、中国のインフラに破壊的影響を及ぼす。サイバースペースの制御に対する中国の国際的スタンスは、①国内サイバースペースの統制と保護、②国内・国際双方でのサイバー攻撃の制限、③サイバー諜報の実施と経済発展を目的としたサイバースペースの継続的利用〔丸数字は訳者〕への強い選好を反映している。

「陰の戦い」政策

基本的に中国の「陰の戦い」をめぐる政策は、〔第一に〕政治的・経済的・社会的な現実に導かれている。中国の主要な政治的現実とは、政治的安定の追求である。主としてそれは国内的安定であるが、国際的安定も重要である。中国政府は、西においてウイグル人の分離主義運動、東では独立国家に傾く台湾、そして南では民主主義を求める香港の動向に警戒感を募らせている。もし国内のサイバースペースの制御によって、これらの問題が解決に向かうならば、政府はそれに大きな関心を抱くだろう。経済的に中国政府が直面している現実とは、eコマースやネット通販業者との取引業務が主流を占めるオンライン経済である。中国政府は国内経済を成長させるため、サイバー諜報の活用に利益を見出してきた。中国政府の政策の根底にある社会的現実とは、政治的な安定志向と経済的な成長志向から成り立っている。これらは中国の持続的成長と成功をプラニングする二つの中心的要素である。第二に、中国政府の政策を担っている主要な機関は軍部と文民組織である。中国の軍部は国際的影響力をもち、攻撃的なサイバー諜報や〔サイバー〕兵器の利用を煽る存在となっている。文民組織は国内のサイバー法制と政策を実行する主要部門である。これらの機関すべてが中国の国家主席や共産党政治局の厳格な統制下に置かれている。

最後に、中国におけるサイバー政策は、現代中国そのものと似て、新しいものと古いものとが混在している。政策の新しさは、リープフロッギング技術の重視とサイバー関連のあらゆるものを取り入れる中国の姿勢に反映されているが、それは思想というよりもアプローチと言ったほうが適切である。数世紀にわたるテクノロジー恐怖症の過去を清算し、その世界的プレーヤーとして復興——火薬と紙を発明したのは中国である——を遂げようとする努力をしながら、先進国が歩んできた発展的段階を飛び越えて最先端技術を獲得してきたのである。中国の三大テクノロジー企業——まとめてBAT（バイドゥ社、アリババ社、テンセント社）として知られる——と中国軍の専門部隊は、新たな技術的頂点に到達している。北京は科学技術による偉業を成し、通信技術や再生可能エネルギーなど複数の業界にまたがるイノベーション・サイバーパワーの到来であると歓迎している。例えば、中国は世界初の量子衛星通信の実験を成功させ、量子もつれ現象を用いてある場所から別の場所へと秘匿メッセージを確実に送り届けた。二〇一七年上半期には、二〇一六年にアメリカ国内で稼働していた太陽光発電の半分に相当する太陽エネルギーを生成する能力をもつに至っている。

古きものとしては、孫子の兵法への依存であり、それはロシアが伝統的文化に新たな光を当てている動きと似ている。戦争のルールをめぐる孫子の古典は、中国の内外で絶大な影響力をもち、「実際に戦わず、いかに勝利を収めるか」に焦点が当てられ、すぐれてサイバー戦に有益な書である。二五〇〇年以上も前に書かれたものであるが、孫子の兵法は「陰の戦い」への応用が容易だ。サイバー防勢やサイバー攻勢ほど、欺騙が決定的に重要となる。防勢的・攻勢的サイバー戦争のほとんどは敵対者を混乱させ、錯誤に導くことを企図して遂行される。孫子は「兵とは詭道なり。故に、能なるもこれに不能を示し、用なるもこれに不用を示し、近くともこれに遠きを示し、遠くともこれに近きを示し、利にしてこれを誘い、乱にしてこれを取り」*[143]〔『孫子・呉子』町田三郎、尾崎秀樹訳、中公文庫、二〇一八年、一六頁を参照〕と、戦いにおける欺騙とその重要性について多くを語っている。

中国のサイバー政策の中心的要素は、劣勢にあるときは優勢を装い、優勢にあるときは劣勢を装う点にある。中国におけるサイバー戦の方針は、新しきものと古きものとを融合させ、世界の舞台で中国の存在を誇示することである。

中国政府はサイバー戦のリーダーとしての役割に自信を抱いている。全国人民代表大会常務委員会の楊河清は、サイバーパワーは中国の国家安全保障および経済開発と深く結びついており、「中国はインターネット大国であり、深刻なインターネットセキュリティ上のリスクに直面している国として、早急にネットワークセキュリティに関わる法体系を確立し、万全の態勢を整える必要がある」*[144]と語っている。近年、中国のサイバーアプローチは明らかにシフトしており、戦略とターゲットの面で目標を拡大するとともに洗練さを増している。サイバー攻撃の目標も経済主体から政府・インフラ主体へと転換している。これは多くの側面、とりわけ「陰の戦い」を遂行する能力において、中国がアメリカやロシアと肩を並べる存在であると自任しているからに他ならない。サイバー戦に関するアメリカやロシアの政策と同様、中国はサイバー優勢、国家の影響力、サイバースペースの支配をめぐるグローバルな戦いに参画している。これはキネティック戦の能力を強化し、世界経済で強い立場を築くとともに、世界的に優位なプレゼンスを維持するために不可欠なのである。

第5章　サイバー戦の政策

国際協定というものは、会議室用の長机が長方形に整然と並べられている部屋の中で起草される。机上にはネームプレートやキャンディ入りの小鉢が置かれ、室内には飲料水や紅茶が用意されている。参加者たちは代わる代わる丁寧ではあるけれども強い調子で発言を繰り返す。正式なテーブルトークの合間の休憩時間になると、参加者たちは互いの発言の要点を確認しに動き回り、部屋の片隅には少人数の塊が形成され、そこで仮の合意が交わされる。各国派遣チームは情報共有のために集い、そこで次のラウンドに向けた戦略が練られる。こうして長期間に及ぶ一連の会議が終了する頃には、個々の合意が一つの大きなまとまりに集約される。国連海洋法条約のような大きな国際協定においては、各国が言い逃れや取引に没頭し、会議が数年間にわたり継続することもある。

　ロシアのウラジーミル・プーチン大統領との二時間におよぶ会談のあと、アメリカのドナルド・トランプ大統領は効力を伴わないひとつの国際協定を公表した。「プーチンと私は、鉄壁なサイバーセキュリティ部隊の創設について議論を交わした。それができれば、我々は選挙のハッキングやその他多くのネガティブな事案から保護され、安全でいられる」[*1]。

　二〇一七年七月、ドイツのハンブルクで開催されたG20サミットでプーチンと会談したあと、トランプはこのようにツイートした。サイバースペースとサイバー行動に関する国際協定に向けた異例のスタートは、結局、何も生み出すことなく、サイバーセキュリティに関する意見の一致を見ることもなかった。

この米露間のサイバー合意が失敗した理由のひとつは、〔上述した国際会議に見られるような〕形式と時間をかけた交渉プロセスから生み出される奥行きのようなものを欠いていたからだ。しかし、失敗の理由はまだ他にもあった。主な失敗の原因は、サイバー行動に対して自国のアプローチこそが有効であると、双方の大国が信じていたことにあった。アメリカとNATO陣営は、テクノロジー革命の先頭に立ち続けている自分たちの力に自信を抱いている。例えば、NATOの新しい安全保障問題《エマージング・セキュリティ・チャレンジ》局次長を務めるアントニオ・ミッシローリは、二〇二〇年三月二四日にサイバーセック欧州主催のサイバーセキュリティ・フォーラムの講演において、イノベーションとディジタル技術の重要性について強調し、NATOは強力なサイバー防衛を準備する必要があると述べた。*2 サイバー兵器を制限する国際条約の作成を支持する陣営の筆頭メンバーであるロシアは、再びアメリカに対抗する国際的コアリッションを主導している現状に満足している。そうした主導的役割を通じて、モスクワはグローバルな存在感を示すことができるからだ。国際条約〔の作成〕を支持するという点でロシアと同じ陣営に属する中国は、中国は世界の中心にあることを自国民に納得させるため、独自の国内技術基盤を築きながら、窃取した国際技術の力を借りて経済建設を進めることに満足している。アメリカの強力なサイバースペース活動を制限できるようになれば、中露両国によるサイバースペース国際協定への共同の取り組みは終わりを迎えるかもしれない。中国は偽情報キャンペーンを好むロシアの姿勢を警戒しているが、それは、グローバルな支配をめぐってワシントンと競い合う第一の挑戦者としてモスクワに取って代わろうとする中国の野望を警戒するロシアの恐れとよく似ている。

サイバーセキュリティの国際協定がなかなか締結に至らないもうひとつの理由は——「陰の戦い」

に固有の秘密性を抜きにすれば――主要な多国間安全保障条約の締結に必要とされるタイムスパンの問題と関係がある。サイバー主権といえば、例えば、一六四八年のウェストファリア条約による平和を通じて世界に国家主権の概念が広まった経緯を想起させる。実際、ウェストファリア条約の締結には四年にわたる交渉期間が必要とされ――信教の自由のような――幅広い規範を創設するための合意は、それが完全に実現するまで数世紀を要した。国王から国家・市民への主権規範の移譲――サイバー戦により侵害されている人民の主権――は、一世紀以上も後になってアメリカとフランスで革命が起こるまで現実のものとはならなかった。近年の事例では、第一次戦略兵器制限交渉（ＳＡＬＴ－Ｉ）は一九六四年、一九六六年、一九六七年に出だしからつまずき、正式な協議は一九六九年一一月に始まった。ＳＡＬＴ－Ｉの場合、サイバー戦に関する交渉に必要とされる大規模な多国間協定ではなく、二国間の交渉であった。米ソ両国はいくつかの膠着状態を乗り越え、三年間の交渉を経て一九七二年五月、特定の戦略攻撃システムの部分的制約とＡＢＭシステムの制限に関する条約の暫定合意に到達したのである。[*3] この合意からＳＡＬＴ－Ⅱが締結されるまでに、さらに七年間の交渉を要した。このように戦い方を大きく変えることになる国際交渉では、通常、多くの時間を要するものであり、こうした時間をサイバーセキュリティ交渉では十分にかけてこなかった。

「陰の戦い」をめぐる一般的な国際協定の締結が困難であるもうひとつの問題は、サイバー戦を取り巻く環境や技術が変わりやすいという点にある。サイバー攻撃――サイバー犯罪、ハクティヴィズム、サイバー諜報、兵器化されたサイバー攻撃、サイバー偽情報キャンペーン――が起こる領域とは、新たなテクノロジー、新たなアプローチ、新たなソーシャルメディア基盤がサイバー攻撃の可能性を拡大し続ける領域である。こうしたサイバー攻撃の領域は、民間部門と公共部門の垣根を取り払ってしまう。これらの領域には新しい部分もあるが、政治戦《ポリティカル・ウォーフェア》で使われるような古い戦略もある。例えば、イギリスは第二次世界大戦の軍事教範に記載されていたように、政治戦の価値について、武力紛争において敵に行使される心理戦、イデオロギー戦、モラル戦、プロパガンダの要素を包含するものと見なしていた。[*4] こうした戦いの要素は偽情報キャンペーンやサイバー諜報という形で、〔現代の〕サイバー戦の一部を成している。さらに偽情報キャンペーンやサイバー諜報の活動の舞台は、インターネットやソーシャルメディアである。そうした兵器の種類や活動舞台が頻繁に変化・拡大を遂げる状況の中で、国際協定を築き上げるのは難しいことなのである。

　こうした戦い方の変化の時代に、「陰の戦い」の主要な手段――サイバー戦――を支える理論についてはいまだ合意を見ない。さまざまな理論的根拠がある一方で、「陰の戦い」のルールについての国際的理解を広める必要性は急速に高まり、重要な局面を迎えている。外国の領土に対する「ブーツ・オン・ザ・グラウンド」〔地上部隊の派遣を意味する言い回し〕を必要としないため、サイバー戦は倫理上の問題を引き起こさないという考えは、核兵器は人類のためになると主張された核兵器の誕生期を思い起こさせる。[*5] 一九五三年、国連総会での「平和のための原子力」というスピーチにおいて、アメリカ大統領のドワイト・アイゼンハワーは、原子力の知識は「恐怖の暗闇から光の世界へと抜け出し、あらゆる場所で人類の精神、人類の希望、人類の魂が平和と幸福、福利に向かって前進する道を見つけることに役立つだろう」[*6] と公言した。しかし、原子力技術が創造する世界についての楽観的見方は、アイゼンハワーが望んだようなものにはならなかった。核兵器は国連の五常任理事国のほか、インド、パキスタン、北朝鮮、イスラエルに拡散した。二〇二〇年には原子力を利用している国は三一カ国にのぼる。核兵器や原子力発電もアイゼンハワーが約束した平和と幸福をもたらさなかった。「陰の戦い」の

「持続的な低強度の戦争状態」という性格についても、戦争の遂行や人類の福利を改善してくれそうには見えない。「陰の戦い」の最近の動向を見ても、戦争の理論として――通常型軍隊を律する伝統的な戦い方、核の戦いを律する相互確証破壊原則と同様なかたちでは――、サイバー戦のルールに関する普遍的合意や確固たる規範は、いまだ定まっていないのである。

サイバー攻撃と攻撃者

サイバー攻撃の影響が全体に及ぶ可能性が高まるようになると、何らかの国際規範や法を定める必要性も高まる。過去三〇年間、サイバー戦争ではマルウェアを使い、電力網、ダム、遠心分離器、ミサイル発射機、電子選挙システムの各制御システムに対する攻撃が行われてきた。〔これらを見ると〕サイバー戦争がもたらすダメージはわずかであるとは言い難い。「陰の戦い」がもたらす将来および現在の潜在的可能性と世界に与える影響について、より明確に理解しておかなければ、未来は暗澹《あんたん》たるものとなるだろう。「陰の戦い」が活発化するにつれて――活発化を通じて「陰の戦い」は終わりのない戦いとなり、同盟国と敵対国の明確な境界線がなくなる――国家政策と国際政策をいかに規定し、策定するかをめぐる激しい議論が国際規範を生み出す第一歩となるだろう。そうした国際規範は、自由民主主義諸国における個人のプライバシーや国内監視、あるいは現在繰り広げられている「陰の戦い」を市民が知る権利、「陰の戦い」を遂行する政府指導者の権限の拡大――国民はもとより政府内の他の機関からも見えにくく、指導者の私物化が進み、抑制機能が働かない――などに取り組むための新しい準拠枠となるだろう。「陰の戦い」は十分知ることができる対象であり、市民の生活に大きく関わる事象なのである。

アメリカ、ロシア、中国のサイバー政策について、実態はどのようなものか――パワープロジェクション、敵対国の弱体化、国際的地位の獲得――という観点から検討してみることは重要である。そうした政策は主として軍事的であるが、社会的、政治的、経済的な重要性を併せもつ。サイバー作戦により、大国は敵対国および同盟国の行動を追跡できるのみならず、自国市民の行動を監視することができる。サイバーパワーにより、国家は世界中に複雑なサプライチェーンを築き上げることができるし、互いに経済力を弱体化させることもできる。そして従来の戦争――アフガニスタンやペルシア湾岸、シリアでの紛争――と異なり、サイバー戦はほとんど目立たず、決して終わることがない。なぜなら、サイバー戦の目標は〔国家による〕全面的なパワープロジェクションにあるからだ。ロシア外相のセルゲイ・ラブロフの言葉を借りれば、「世界は変化している。歴史の常であるが、ある時点で、ある国の影響力と権力が頂点に達したとき、どこか別の国が、さらに速くより効率的にそれらを獲得し始める」[*7]。

アメリカのサイバー政策

アメリカのサイバー政策は「陰の戦い」の創始者としての地位を反映している。アメリカは監視・攻撃用ドローンや爆発物処理ロボットの開発により、市街戦に新たなヴィジョンを切り開き、先端技術を駆使した兵士用ボディアーマーの開発、衛星を活用した兵器システムやヴィークルの運用などの革新者《イノベーター》であり、サイバー戦においても先駆者《パイオニア》であった。アメリカは当初からサイバー兵器を利用し、現在においても技術開発の点からこの分野の最先端の地位に踏みとどまっている。アメリカは大規模かつ高度で破壊力のあるサイバー兵器を好んでいるように見える。例えば、アメリカは電子制御システムを攻撃する精密な兵器を――イスラエルと共同で――開発した最初の国だった。

最先端のサイバー兵器の積極的利用は、アメリカのサイバー政策を象徴している。それゆえ、テクノロジーの最前線にとどまる必要がある。アメリカの基本方針はジョージ・ワシントンの言葉を言い換えると「最良の防御とは、良き攻撃である」と表現できる。[*8] 高度なサイバー兵器は、常にアメリカの情報機関の最高の頭脳を結集し、数千人時《マンアワー》をかけて作られている。アメリカは何をもってサイバー戦争政策の成功と見なしているのだろうか。それは、サイバー戦に関する国際協定の必要性に対するアメリカの政策スタンスに反映されている。

これまでアメリカ政府は、サイバー兵器やサイバースペースに関する国際協定を作ろうとするロシア・中国陣営の試みに抵抗してきた。あらゆるタイプのサイバー攻撃に利用されてきた専門知識の最前線に立つリーダーとしての役割から、アメリカは国際協定――特にロシアと中国が提唱するもの――により、サイバー兵器技術が制限されることを危惧している。また、ワシントンは自分たちがサイバースペースをコントロールしているように振舞っているが、この点でもアメリカの政策立案者はそうした態度を取り続けることがアメリカの優位になると受け止めている。それゆえ、国際協定の交渉はアメリカの優位を損なうリスクを冒すこととなり、他の主要なサイバー大国がアメリカにキャッチアップし、ロシアや中国がサイバー戦で独自の強みや優位を獲得することを許してしまうことになりかねない。結局のところ、アメリカは現段階では国際協定を望んでいない。なぜなら、第2章で説明したように、膨大な安全保障上のニーズや欲求を満たすため、サイバー戦の領域は拡大し続けているからである。

他のサイバー大国と同様、アメリカはサイバー戦争を遂行するための制度を継続的に見直し、その充実を図ってきた。政府活動の防護に携わっている国家機関は存在するが、なかでもアメリカのサイバー作戦の主戦力は軍とインテリジェンス機関である。しかし、最大の権力は大統領自身の手に委ねられている。これはクリントン政権期のケースにもあてはまるが、その後、ブッシュ、オバマ、トランプ各政権において大統領レベルにまで集権化がより一層進んだ。最高指導者のもとに意思決定を集中するのはサイバー大国に珍しいことではないが、アメリカ国内の他の意思決定メカニズムと比べると珍しいほうだ。それは核の発射ボタンを独占的に管理している大統領の立場と似ており、サイバー戦においては核政策ほどではないにせよ、大統領は相当な政策統制権を有していると言える。反面、サイバー作戦に対する〔議会やメディアによる〕監視の欠如は、自由民主主義社会では問題を引き起こす。

自由民主主義社会にとっての問題は、エドワード・スノーデンの漏洩事件が明らかにしたように、アメリカ政府は国内環境でサイバー諜報を行ってきたということである。他の国と同様、国内向けサイバー諜報活動はアメリカでも加速化している。例えば、COVID-19パンデミックの最中、アメリカ政府は疾病予防管理センター――保健福祉省傘下の連邦機関でアメリカを代表する公衆衛生機関。行政部門に属し、大統領の指揮系統に組み込まれている――を通じて、特定関心地域の数百万個の携帯電話からアメリカ市民の所在場所と移動に関する位置データを利用している。*9 パンデミックの発生に促されたものとはいえ、自由民主主義社会におけるプライバシーの侵害への長期的な懸念を深刻化させている。これは9・11テロ攻撃の後に制定された愛国者法による国内監視の容認と似ており、その影響は現在に至るまで継続している。パンデミックの監視はマスコミで取り上げられているが、議会による監視や国民的議論はこれまでのところ低調である。

ロシアのサイバー政策

ロシアのサイバー政策は、ロシアの伝統的な偽情報〔キャンペーン〕と現代のサイバー技術を組み合わせたものである。これはロシアによって自国内のみならず、アメリカや欧州など自由民主主義社会やロシア周辺諸国に向けて使われてきた戦術である。ソヴィエト連邦崩壊後、高度なサイバー兵器の開発に遅れて着手し、ロシア政府が「陰の戦い」の遂行、とりわけサイバー諜報と偽情報キャンペーンに熱心に取り組んできた結果でもある。アメリカは一九九〇年代初頭に準備ができていたのに対し、ロシアは「陰の戦い」の技法《アート》に到達するのに約一五年の歳月を要した。多くの面で、ロシアはアメリカに追い付いたのである。[*10]

ロシアはサイバー戦を遂行するための専門機関を設立し、社会的分断を煽るなど敵対国の社会に介入する政策拠点を築いた。アメリカと同様、ロシアのサイバー戦略は攻勢的である。だがアメリカと異なり、ロシアの戦略はサイバー兵器にはさほど力を入れず、むしろ偽情報の拡散による社会的分裂につけ入ることで相手の弱みを白日の下にさらし、相手国に対する影響力を高めようとする。この戦略は、ロシアを軽視したり、ロシアの権威を損ねる行動をとらせないように他国の行動を抑止するとともに、キネティック戦あるいは大規模なサイバー攻撃を準備している敵を弱体化させ、願わくばロシアの政治指導者が自由民主主義諸国と対等またはそれ以上に優れていることを示すことによって国内の士気を高めることを狙いとしている。

ロシアは他のライバル大国と同様に、国内に対するサイバー諜報能力に長けている。eメール、インターネット利用、携帯電話、スカイプ、テキストメッセージ〔SMS〕、ソーシャルメディアを傍受するSORMボックス――スパイ捜索装置――の活用のほか、[*11] 国内監視活動や偽情報キャンペーンを活発化させている。例えば、大規模な偽情報キャンペーンの中で、COVID-19パンデミックに関する国営メディアやソーシャルメディアの内容が利用されていることを私たちは目の当たりにしている。[*12] EUの文書によると、RTやスプートニクなどロシアの国家統制系のメディアは、アメリカやNATO諸国にパニックや不信感を植え付けるため、壮大な偽情報キャンペーンを展開している。[*13] さらに重要なことは、ロシアはパンデミックへの対応としてアメリカや中国と同様、市民一人ひとりの追跡を試みていることだ。この追跡手段の一環として顔認証システムが広範囲に導入されたが、当初、〔ロシアでは〕珍しく国民の反発を招き、プライバシー擁護派は監視の違法性をめぐり訴訟を起こした。だが、こうした抵抗はCOVID-19危機が継続する中で下火となった。上述した追跡システムは、コロナウイルスの感染者または感染の疑いのある人々のソーシャルネットワークを解析し、コロナウイルス感染者の追跡にジオロケーション〔利用者の地理的位置を取得する技術〕が利用されるまでになった。追跡システムにより集められた情報をもとに、コロナウイルス感染者と接触した人に対し、テキストで地方の管理局に関する情報が伝えられ、接触者たちはそこで隔離される。[*14] こうしてパンデミック状況下で築かれた国内監視の仕組みは、仮に健康危機が終息したとしても、このまま継続されるのではないか、という懸念もある。

国内のサイバー政策や国内に対するサイバー諜報活動への批判や〔議会やメディアなどによる〕監視

メカニズムが不在であることに自信を強めた政府は、サイバースペースへの介入をますます強めている。アメリカや中国と同様、ロシアはサイバースペースを制御可能だと認識している。他方、アメリカと異なるが中国と一致しているのは、サイバースペースは主権国家に属するひとつの領域――領土、領空、領海のように――と見なされるべきであると主張している点である。さらにロシアは、サイバースペースを主権領域と見なす認識を国際条約という形で成文化し、世界の平和や安定につなげるべきだという考えの主唱者でもある。とはいいながら、サイバー作戦を繰り返し実行し、世界平和を乱している最も活動的な違反国のひとつであるという意味では、ロシアはアメリカおよび中国のライバルである。これは大国が新技術を使って世界を不安定な場所に変え、核軍縮への障害となる相互不信を招いた過去の事例に匹敵する。

サイバースペースを管理し、改良する取り組みのひとつが、新たな国際規範の創造である。アメリカや中国のアプローチに近い政策スタンスとして、ロシア政府は当初、国際電気通信連合（ＩＴＵ）――国連の専門機関のひとつで各国政府は同等の投票権をもつ[*15]――にサイバースペースの管理を委任すべきだと提案していた。これは現行の法、規範、制度によってサイバースペースとサイバー行動の大部分を規制することができるとするアメリカの政策スタンスと一致していた。現在、インターネットのインフラはＩＣＡＮＮ――ＩＰアドレスの配当やドメイン名システムの管理などを行う非営利法人。理事会のメンバーは世界中から集ったボランティアによって構成され、ボトムアップで開かれた透明性のある手続きを採用している[*16]――によって運営されている。アメリカに設置され、理事会のメンバーの多くはアメリカ人であるＩＣＡＮＮは、今やインターネット利用者のグローバルコミュニティに対して直接的な説明責任を有している。[*17]ロシアは「アメリカが支配するサイバースペース」という考えを支持しないが、〔今のところ〕ＩＴＵのような国際機関への権限の委譲も、アメリカからの権限の剝奪にも成功していない。緊急時には国境内のインターネットを閉鎖する計画が示しているように、モスクワはサイバー主権をめぐっては中国の立場に近づきつつある。サイバー主権――今では国際協定の中にサイバー主権という概念が含まれるようになっている――は、サイバースペースに関する新たな国際条約を支持する中国の政策的立場にとっても重要な要素である。

中国のサイバー政策

中国のサイバー政策は、技術よりも戦略、偽情報よりも隠密性に依存している。とはいえ、戦略が変化し、敵の能力が向上するにつれ、テクノロジーへの依存度は高まっている。中国のサイバー戦略の主眼は、「陰の戦い」時代の最初の二〇年間では特にそうであったが、軍のサイバー諜報活動によって国家の経済力を強化することに置かれていた。中国は今や世界トップクラスの経済大国となったが、５Ｇ分野であれ地球測位システムの分野であれ、政府の重点は自主技術による国内開発へと移行している。

戦略が変化し、サイバー戦に占めるテクノロジーの比重は増している。例えば、サイバー諜報の中心はチャイナテレコム社――国家が統制する大手電気通信企業――へと移り、同社は欧州とアジアの接続ポイント（PoP: point of presence）〔利用者がインターネットやリモートサーバと接続する際に利用する最寄りの接続点〕だけでなく、北米インターネットの主要結節の一〇カ所にインターネット接続ポイント（ＰｏＰ）を設置している。そこからアメリカやカナダに流入したり、同じエリアを横切る情報満載のトラフィックを乗っ取り、迂回させ、コピーをとることで――相手に気づかれず、わずかな遅延のみで転送され――〔中国は〕莫大なインテリジェンスの恩恵に与《あずか》ることができる。この「乗っ取り《ハイジャッキング》」〔接続デバイスに命令を送り出力先を変更すること〕を通じて、チャイナテレコム社は自由民主主義諸国の遠距離通信システムに分散して設置したPoPを悪用し、中国を通過するようインターネットトラフィックの送信先を選択的に変更することができる。このように中国がPoPを押さえることによって、各国のインフラに埋め込まれた「重要通過ノード《キー・トランジット》」を制御し、データを意のままに転送し、コピーすることが可能になる。*18 ロシアもサイバー諜報で類似の仕組みを活用していると疑われているが、アメリカも同様であると考えて差し支えないだろう。*19

今となっては、偽情報〔ツール〕は北京の武器庫に収められている。例えば、新型コロナウイルス流行への対応をめぐり、中国は自国に有利な世界的議論を巻き起こすことを狙いとし、精力的な情報キャンペーンに乗り出した。このキャンペーンでは、他国政府の錯誤を強調する一方で、中国によるパンデミック対応の評価を世界的に広めることが意図された。*20 中国はこれまでの膨大な国内諜報プログラムの実績に基づき、市民の携帯電話にソフトウェアをインストールさせ、大規模な新しい監視プロジェクトを開始した。*21 中国国営の新華社通信によると、健康管理アプリは人の移動と症状を記録し、自主隔離する必要があるのか、それとも自由に行動して構わないのかを判定する電子証明書の役割を果たしている。*22 しかし、長期的に見た場合、そうした広範な監視体制がSARS-CoV-2ウイルス〔COVID-19〕という病気を引き起こす病原体の名称。日本では「新型コロナウイルス」と呼ばれている〕の終息とともに解除されるのか、それとも第4章で論じた一部の少数民族に対して行われているような永続的な措置として存続するのか、という点が懸念される。

政策的立場はロシアと近いものの完全に一致しているわけではない中国にとって、サイバースペースの制御をめぐる中心的課題は国内統制もしくはサイバー主権である。中国はインターネットやソーシャルメディアを通じて市民が利用する情報に制限を加えるとともに、国内インターネットを利用して市民や組織を監視している。また、制御されたサイバースペースの内側で、中国は経済的利益に関心を持ち続けている。サイバースペースにおける経済的成功——中国はeコマースの分野で世界をリードしている——は、他の分野の経済発展と同じように重要視されている。[*23] 軍は国内経済を保護する役割を果たしてきた一方で、今では軍事作戦を指揮統制するため、サイバースペースを活用している。むろん、軍は敵の指揮統制の妨害にも取り組んでいる。

サイバースペース制御のためのサイバー主権に加え、中国はサイバースペースにおける国際行動を規定する規範やルール作りのための国際交渉を提唱している。[*24]〔その理由の〕ひとつは、急速に変化する環境の中で、ある程度の予見可能性を得たいこと、もうひとつは、アメリカや他の自由民主主義諸国が中国に不利なサイバー戦を遂行するため、既存の国際法——自由民主主義諸国が数世紀の歳月をかけて体系化してきたもの——をどのように解釈し、運用しようとしているのかについて懸念を抱いているからである。重要なことだが、中国は自国の「陰の戦い」の活動を「公然たるキネティック戦」を遂行するための準備であると他国から見られることを望んではいない。しかし、アメリカはすでにそのような目で見ている。中国はサイバー主権を欲している点でも、サイバー規範の国際協定を提唱している点でも孤立しているわけではない。それゆえ、サイバー主権とサイバー規範にかかわる国際協定は、未来の「陰の戦い」の争点となる可能性が次第に高まっている。[*25]

不確実な情勢と政策の乖離

大国間の政策の乖離、各国の政策の狙い、国家の性格を考慮すると、継続的に進化するサイバー兵器と不確実な環境のもとで、単一の統一的な法と規範を創造することは困難である。とはいえ、三大国間で暗黙の合意が見られる分野が若干ある。第一に、サイバー戦とは持続的で終わりのないものだという認識である。時折、一時的な中断や重点の変化が見られるにせよ、サイバー戦が終わることはない。第二に、サイバー諜報がサイバー攻撃と融合し、同盟国があたかも敵対国のようにスパイ活動の対象となる度合いが深まるにつれ、同盟国と敵対国との境界線が曖昧になっているという点である。また、パキスタンを標的とするアメリカ、韓国を標的とする中国、エストニアを標的とするロシアのように、サイバー攻撃が同盟国でも敵対国でもない相手に向けられている。大国の行動を律する何らかの理由があるのかもしれないが、三国はいずれも、まるで共通の規範にしたがって行動しているように見える。だが、依然として、文書による合意も交渉による合意も存在しないのだ。

ここでの論点は、協定という形で成文化できる行動の条件について、〔三国の間で〕合意が可能かどうかにある。これまでサイバー戦に関する規範を検討し、それを確立しようとする幾多の試みがなされてきた。しかし、実際のサイバー作戦は、国際協定プロセスを進めるために不可欠な信頼醸成のいかなる試みも阻んできたのである。実際の行動を通じて、アメリカ、ロシア、中国の主要プレーヤーは、イスラエル、イギリス、北朝鮮といった三大国より小国ながら有能なプレーヤーとともに、今にして思えば必ずしも望ましいとは言えない慣例を生み出している。もし大国がサイバー戦に関する規範形成に取り組まなければ――過去三〇年間そうしてこなかった――世界は漂流し、不確実性が増すだろう。

本書の中で、冷戦期の核政策と「陰の戦い」のサイバー政策との比較を行ってきた。原子力の軍事利用を防止する多国間機関である国際原子力機関（ＩＡＥＡ）は一九五七年に設立され、それは核の時代が始まってから一二年後のことだった。核兵器不拡散条約（ＮＰＴ）は初めて原子爆弾が投下されてからちょうど二五年後の一九七〇年に発効した。しかし、残念ながら、サイバー戦を監視・規制し、発生を抑制するためのＩＡＥＡやＮＰＴのような法制や効力を有する国際組織は存在しない。一部の国連機関や地域・国別フォーラムではインターネットのガバナンスの将来について議論されているが、大国はサイバー戦を自国に有利に活用してきたこと、相互確証破壊のような統一理論が欠如している実態を見ると、ほとんど前進していないとも言える。

現状から見て、サイバー戦のガバナンスは実現しそうだとは思えない。二〇一三年の外交問題評議会による〔報告書〕「開かれたグローバルで安全な復元力のあるインターネットの防護」（Defending an Open, Global, Secure, and Resilient Internet）では、サイバースペースの諸課題に対処するにあたり、各国がサイバー戦を重視している現在の傾向に対して懸念が表明され、さらに「国内決定の影響は国境を越えて広まり、他国の利用者、企業、非政府組織、政策決定者に影響を及ぼすだけでなく、グローバルなインターネットの健全性、安定性、復元性、保全性にも影響する」[*26]と指摘されている。サイバー戦に関して大国が示した強い国家的意思のほか、サイバーセキュリティに対する国際的アプローチにも課題が山積している。例えば、経済的なサイバー諜報が蔓延する世界で、世界的な規制の枠組みや知的財産権の保護を伴った商業取引の調和が求められている。大規模なビデオ監視、顔認識ソフトウェア、携帯電話追跡が行われている世界で、重要インフラおよび国内における人権やプライバシー保護を含んだ新たな国家安全保障ヴィジョンが必要とされている。[*27]

世界では、サイバー戦の定義に関する合意さえ欠いているのが実情だ。例えば、中国とロシアが加盟している上海協力機構では、最初は二〇一一年に、二〇一五年一月の改正版では改めて「他国の精神的、道義的、文化的領域を侵害する」[*28]情報の拡散〔問題〕に焦点をあて、サイバー戦を定義した。一方、アメリカや他の主要な自由民主主義国[*29]によるサイバー戦の定義は、物理的被害や経済的損失に焦点を置き、言論の自由の権利を保障する観点から政治的関与を制限している。[*30]このように定義に隔たりがある状態で、サイバー戦を制限する合意に至ることは困難であろう。

その一方で、共通の理解に向けた試みも見られる。二〇一一年初め、イースト・ウエスト研究所〔一九八〇年に設立された紛争予防・解決のためのシンクタンク。ブリュッセル、ニューヨーク、サンフランシスコ、モスクワに事務所を置く〕はサイバー戦のルールと規範を明らかにした初の米露合同報告書を公表した。[*31]米露両国の専門家チームにより準備された「サイバー紛争管理規則に向けた作業――サイバースペース版ジュネーヴおよびハーグ条約」(Working towards Rules for Governing Cyber Conflict: Rendering the Geneva and Hague Conventions in Cyberspace)では、戦争を規制する既存の国際法原則をどのようにサイバースペースに適用するかについて検討されている。この専門家会合では五つの重要問題が討議された。提起された問題を要約すると、すべての戦い――サイバー戦、核戦争、通常戦争――の中で攻撃禁止とすべき標的はあるか、特殊な目印を付してサイバースペースの中に保護区を設定することは妥当か、といったものである。初期の研究で検討された主要な論点の中には、サイバー兵器の中にジュネーヴ議定書ですでに禁止されているものがあるのか、という問題があった。[*32]このルール起案の初期の試みは、まずは〔共通の〕理解に達しようとする狙いがあったが、結局、両大国のスタンスは今日見られるような相互に対峙する二つの陣営へと収斂していった。ひとつ目の陣営は、ロシアと中国を含み、サイバー戦の法と規範の制定は条約プロセスによってのみ可能になるとの立場である。この陣営は、サイバー戦の規範にサイバースペースの主権的統制権を含むべきであると論じている。二つ目の陣営は、アメリカやNATO加盟国を含み、サイバー戦は若干の修正を施したうえで現行国際法の枠内で扱うことができるとの立場である。

二〇一三年、国連の政府専門家会合は、国連憲章をはじめとする国際法はサイバースペースにおける国家行動に全面的に適用できると結論づけた。これはアメリカ陣営が支持してきた立場である。さらにアメリカ陣営は、すでにICANNが推進してきた制度的枠組みの活用を前提としている。しかしこれは、明示的に合意された国際的コミットメントに基づいて修正でもされない限り、インターネットを規制する各国政府の主権を認めるべきだと主張するロシアおよび中国陣営の立場と一致せず、また、サイバー主権——領海や領土と同じように国境内に存在するサイバースペースは国家が所有し、国家によって規制されるという概念——の大前提とも相容れない。[*33] 二〇一五年の「経済サイバー諜報に関する米中サイバー合意」はサイバー問題に関する初めての合意であったが、この合意に対しては楽観的な見方と懐疑的な見方があった。[*34] サイバー戦に関する新たな国際合意に対する中国の姿勢は、二〇一六年の「国家サイバースペース・セキュリティ戦略」で語られている。

サイバースペースに関して一般的に受容された国際ルール、サイバースペースに関する国際テロ対策協定、サイバー犯罪に対する国際司法共助メカニズムの発展を推進するとともに、政策と法、技術革新、基準と規範、緊急時対応、重要情報インフラの防護分野などでの国際協力を深化するうえで、国際連合が主導的役割を果たすことを支援する。[*35]

アメリカおよびNATO陣営では、国際法の専門家グループがサイバー戦に既存の国際法の適用を試みる文書『サイバー戦に適用される国際法に関するタリン・マニュアル』を二〇一三年に作成した。この文書は作成された場所であるエストニアの首都の名にちなんでタリン・マニュアルとして知られている。この『タリン・マニュアル1・0』の起草作業には、中国やロシアは含まれていなかった。現在の第二版は『タリン・マニュアル2・0』として知られ、中国の見解は取り入れられているがロシアのそれはない。サイバー戦を直接扱った新しい国際法は存在しないため、おそらく既存の戦争法の適用範囲を拡大し、その中に「陰の戦い」が含まれると見なすことが可能だ。既存法のサイバー戦への適用について検討するため、二〇〇九年から二〇一二年まで国際法の専門家から構成されるパネル委員会がNATOサイバー防衛協力センター（CCDCOE）で開かれた。この検討成果がタリン・マニュアルの骨格を成し、同マニュアルに含まれている分析とルールの基礎となったのである。[*36]

タリン・マニュアルではサイバー戦の基本的定義が試みられた。ある国家に対するサイバー攻撃は、特定の条件のもとではキネティック戦による攻撃と同等と見なされる場合があるというように、最も基本的なレベルで既存の戦争ルールが再解釈された。そのようなサイバー攻撃は国際法違反であり、攻撃を受けた国家は報復する権利を有するとタリン・マニュアルでは解釈されている。また、一般市民を標的とした攻撃や民間インフラの損壊など特定のサイバー攻撃は、用いられる手段が戦車であれサイバー兵器であれ、既存の戦争ルールに抵触すると論じている。これらの戦争法規の多くは、伝統的なキネティック戦の文脈では十分に理解されている。しかしタリン・マニュアルには、これらの戦争法規はサイバー戦争にも適用されるべきであると記載されている。こうしたルールに特に関心を寄せているのは、サイバースペースに関する本格的な新条約は必要ないと主張する陣営を形成しているアメリカや他の自由民主主義諸国である。[*37]

中国はタリン・マニュアルに記載された内容についてやや批判的である。ある中国人の学者は「どの時点でサイバー作戦が武力行使に至るのか」を評価する要因——重大性、直接性、侵襲性——を設定しているマニュアルは、解釈に幅があり過ぎて〔武力行使への閾値が〕低すぎると主張している。さらに、非国家主体から受けた攻撃に対して自衛権を発動する権利をもたないだけでなく、国家は差し迫った攻撃に対しても自衛権をもたないと論じている。このような見方は、軍事紛争を引き起こすことなく強靭なサイバー作戦を積極的に展開したい中国の思惑と合致している。[*38] マニュアルに対する見解の隔たりは、主要サイバー大国が法的整備の進め方について異なった構想を抱いたままであることを浮き彫りにし、タリン・マニュアルの成果は〔世界各国からの〕普遍的支持が得られないまま据え置かれている。

サイバー戦の理論をめぐる二つの陣営——サイバースペースやルールを規定する条約や協定を制定することに賛成か反対か——には、サイバー戦の実行面でいくつかの共通点が見られる。それは暗黙の合意事項のほか、攻撃に対する自己防護と、攻撃を行う場合に匿名性〔攻撃元の特定が困難なこと〕を前提にしていることである。しかし、高度な暗号解読プログラムにより、サイバー諜報作戦やサイバー兵器の特殊セットを作っている者の正体を突き止めることができるようになってきている。その精度があまりに高いため、〔近年では〕サイバー作戦を静寂のうちに進めていても、匿名性を最後まで維持し続けることが難しくなっている。この他の一般的な現象としては、サイバー諜報の広範な実施がある。三大国ともサイバースペースは制御可能であると考え、三大国すべてがサイバー攻撃の経験を有する。アメリカとロシアはサイバー攻撃をハイブリッド戦争の一部として取り入れ、中国はハイブリッド戦を軍事計画の中に取り込んでいる。アメリカと中国はかつて民間ハッカーをサイバー戦略の一部として大々的に活用していた時期があったが、ロシアは今も活用している。しかし、こうした共通性は決して合意されたものではない。

最も強調したいことは、三大プレーヤーは自然状態としての「非戦の戦い《ノンウォー・ウォーフェア》」を通じて「終わりのない戦争」状態を受け入れていることだ。「終わりのない戦争」は、必ずしも永遠の敵を必要としない。また、「陰の戦い」では同盟国と敵対国を明確に区別できなくなっている。どの国が同盟国あるいは敵対国なのか、双方を区別するのは何か、という判断基準が根本的に変化している。このように「陰の戦い」では、従来には見られない変化が起きている。状況が目まぐるしく変わる「非戦の戦い」では、ある同盟国は部分的な敵対国でもあり、敵対国がときに部分的な同盟国にもなり得る。「陰の戦い」、そしてサイバー戦においては、新たなパワーや新しい兵器が倫理的課題を突き付ける。主要大国は独自のサイバー戦略とサイバー攻撃を用いて目標や目的を満たしている。サイバー戦を制限する新たな法案の作成や、サイバー戦に既存の法規を適用すべきとの圧力があるが、これまでのところ、そうした圧力は主要大国を動かすまでに至っていない。主要大国は自分たちが欲するものを手に入れる。しかし、それで世界がより安全な場所になっているわけではない。

「陰の戦い」の世界とは一体何であるのか、についていて示唆するいくつかの手掛かりがある。第一に、大国が何と言おうと、それは平和に満ちた世界ではない。それは継続的なサイバー戦で覆われた世界である。第二に、「陰の戦い」とは安定した世界ではない。大国に加え、イスラエル、イラン、北朝鮮、イギリスといった国々は「陰の戦い」の戦略を用いて自国のパワー増大に努め、それがパワー構造を不安定化させている。自由民主主義諸国に暮らす人々や多くの国の市民にとって最も厄介な問題は、これまで受容されてきた民主的規範が失われつつあるということだ。なかでも重要な規範は、プライバシーとセキュリティのバランスである。サイバー技術によって国内向けの諜報活動がきわめて容易になり、立法府の監視《オーバーサイト》がほとんど及ばないところで、各国の市民に対する監視が驚くべきペースで進んでいる。あらゆる形態の電子通信機器が傍受されているだけでなく、有線テレビカメラや顔認証ソフトウェアによって、日常生活を営む市民らの行動が記録されている。GPS追跡システムを利用して今や、市民の購入履歴や行動の細部に至るまで把握されているのである。

民主的規範の衰退を促しているもうひとつの問題は、国内の権力バランスである。「陰の戦い」の世界では、政治指導者——大統領、首相——は立法府の監視や司法府の裁定が行き届かないサイバー兵器にアクセス権限を有している。つまり「陰の戦い」の世界では、大国の指導者たちは戦争法規の制約を受けず、戦争が公衆の目にとまることなく、市民の同意もなく、互いに相手にダメージを与え合う類まれな能力を保有するという、これまでにない規範を生み出している。日常生活の場と広範な政治的競争の舞台で、サイバー戦が常態化する傾向を世界が何の疑いもなく受け入れ続ければ、国家権力に歯止めをかけてきた数世紀にわたるこれまでの歩みは、次第に骨抜きにされ、君主が無抵抗な臣民の命を弄ぶような時代〔近世以前の専制国家〕に逆戻りしてしまうだろう。

謝　辞

本を執筆するとき、いつも感謝の言葉を伝えねばならない多くの人々がいる。はじめに、アンナ・ピヴォヴァルチュクに謝意を表したい。彼女は全頁に目を通し、コメントを寄せてくれただけでなく、すばらしいアイディアをくれたり、さらに詳細に記述したほうがよい個所や明確に説明すべき個所を指摘してくれた。率直に言って、彼女なしでは本書は完成を見なかっただろう。また、かつて私の大学院生助手を務めてくれたマーガレット・アルバート・ガリクソンに感謝を伝えたい。執筆開始当時、彼女は私のそばにおり、さまざまな論文や資料を献身的かつ丹念に収集してくれた。彼女の勤勉さと好奇心のおかげで共に仕事をする喜びを味わうことができたし、それが本書の徹底した調査を可能にした。彼女は「陰の戦い」に関する初期の論文の共同執筆者だった。そして、本書で取り上げた題材に関する初期の研究成果を掲載してくれたジャーナル各社、Asia Dialogue、Fair Observer、Asia Times および China Institute: Analysis に謝意を表したい。これら各誌が早い段階から私のアイディアを公表する機会を快く与えてくれたおかげで、その成果を書籍という形に仕上げることができたし、「陰の戦い」とサイバー戦という決定的兵器の複雑な絡み合いを観察するとき、研究の本筋から逸脱していないかを確かめることができた。

何もない所からアイディアは生まれない。会話から生まれたアイディア、書き留めたアイディアはすべて、同僚たちとの交流や議論を通じて得たものであった。まずは、ハワイのキャンプ・スミス海兵隊基地に所属する有能な幹部たちにお礼を述べたい。私は中国のテロ問題について講義するためハワイを訪れた。私は前著を国防省のアジア太平洋安全保障研究センターで約一〇年間勤務している間に執筆したのだが、彼らは次の著作――つまり本書――の題材は、喫緊の課題であるサイバー戦に関するものにすべきだと私に熱心に説いてくれた。彼らはまったく正しかった。その熱意ある提言に感謝している。私はただ執筆に長い時間を要してしまったことを申し訳なく思っている。

次に、私がコロラド鉱山大学（Colorado School of Mines）に転勤したとき、一九九六年に同大学の実験室で起きたベビードウ・サイバー攻撃が、ロシアの二年間の長きにわたる「ムーンライト・メイズ」と呼ばれるサイバー諜報作戦としてアメリカ軍の文書に引用されている最も初期のサイバー攻撃だったことを知った。ロシアのサイバー作戦は多くの大学の研究施設や国防産業、エネルギー省の核兵器研究試験所とＮＡＳＡの機密指定のないコンピュータネットワークに入り込んだ。ムーンライト・メイズは、ペンタゴンの主要な機密指定のないコンピュータシステムである「非機密インターネット・プロトコル・ルータ・ネットワーク」（ＮＩＰＲＮＥＴ）に組織的に不正アクセスした。これに対し、アメリカのペンタゴンは新たな暗号化技術、侵入検知装置、コンピュータファイアウォールによる対策を命じた。サイバー作戦の発生源がロシアであることの確証が得られたのは、ムーンライト・メイズが初めて公の場で確認された一九九九年一〇月の上院小委員会においてであった。そのとき私の勤務先であるコロラド鉱山大学は初期サイバー攻撃の優先順位の高いターゲットに含まれていたのであり、これが本書執筆の動機となった。

以上の経緯を踏まえ、本書の旅立ちの地であるアジア太平洋安全保障研究センターの同僚たち、そして本書の終着点であるコロラド鉱山大学の同僚たちにお礼を述べたい。同僚たち全員が私の構想を形作るうえで重要な役割を果たしてくれたのであり、特に、ジョアン・ジョンソン‐フリース、ロバート・ヴィルズィング、ヴァージニア・ワトソン、イーサン・アーラリ、キャスリーン・ハンコック、デリック・ハドソン、ジェイムズ・ジェスダスン、チュー・チンには感謝している。彼らはアイディアを共有し、私に質問を投げかけて、学者としての私を鍛えてくれた。私の思考範囲を新しい領域に広げ、新しい解釈について考察することを教えてくれた。彼らは何時間にもわたって私と議論してくれた。本当に感謝している。私の同僚であり、聡明なコンピュータ科学者で教授のディネッシュ・メータの友情と知見にもまた深く感謝している。深甚なる感謝に値するのは、私の同僚で友人のカール・ミッチャム博士である。彼は寛大にも自分の時間を割き、深い洞察と厚誼を寄せてくれた。そして初稿に目を通し、本書の分析を深いレベルまで掘り下げてくれた。しかしながら、本書の不備と誤りはすべて私自身の責任である。

最後に最も重要なことだが、心からの感謝の言葉を私の家族に送りたい。素敵な夫でパートナーのグレッグ・デイヴィス。彼は実に多くの面で私を支え、私を気遣ってくれた。賢く素敵な娘のケイト・デイヴィスは、良い研究者、良い学者とはどうあるべきかについて身をもって私に考えさせてくれた。彼女の夫であるドミトリー・ゴロミドフは有能なコンピュータ科学者で、ロシアやコンピュータのことについて私と熱心に議論してくれた。そして息子のジェイムズ・デイヴィス。彼は私にとってこの分野の案内役となり、何年にもわたって私とこの題材について議論してくれた。そして母のマーガレット・ヴァン・ヴィーに本書を捧げる。母が私に与えてくれたものすべて、そして私たちの世界、後の世代に対する感謝の気持ちを私はどう言葉で表現してよいかわからない。母のすべてに、愛と感謝を込めて。

訳者あとがき

本書はElizabeth Van Wie Davis, *Shadow Warfare: Cyberwar Policy in the United States, Russia and China* (Rowman & Littlefield, Lanham, Maryland, 2021) を邦訳したものに、原著者による「日本語版への序文」を加えた全訳日本語版である。

著者は中国の専門家として経済開発や米中関係のほか、中央アジアのエネルギー資源開発への取り組みや国連海洋法条約など多国間のガバナンスを研究テーマとしてきた。近年はサイバースペースという新しい公共空間のガバナンスと主要国の政策に注目し、サイバーセキュリティに関する研究論文をいくつか発表している。本書はそうした研究蓄積の延長上にあるといえる。

本書の特徴

本書の特色は、著者がサイバー戦の三大プレーヤーと呼ぶアメリカ、ロシアおよび中国のサイバー政策について、戦略、制度・組織、サイバースペースの制御（いわゆるガバナンス）という共通の視角から比較を試みている点にある。その狙いは、通常戦と同じレトリックでは捉えきれないサイバー戦の実態を「陰の戦い」という概念を使って明らかにし、いまだ形成されていないサイバー戦をめぐる普遍的なガバナンス作りに向けた知的作業の第一歩を踏み出すことだ。

本書の内容を一言で要約すると「平時に注目せよ」と表現することができる（平時にはいわゆるグレーゾーンも含まれる）。つまり、サイバー戦の全体像を明らかにするには、平時からの政策を多面的に理解する必要があるということだ。サイバー戦の世界は伝統的な武力紛争（戦時）と同じレンズでは捉えきれない部分があまりにも大きい。例えば、過去三〇年の間に、電力網、ダム、核開発施設、ミサイル発射機、電子選挙の投票システム、最新戦闘機などの各制御システムに対するサイバー攻撃が行われたが、いずれも平時に起きたものばかりだ（一八九頁）。その中には、あたかも武力攻撃の結果と見紛うような重大インシデントも含まれている。

このように現代サイバー戦は実は平時が主要舞台となっており、アメリカ、ロシア、中国は平時における地政学的な政策目的――パワープロジェクション、敵対国の弱体化、国際的地位の向上――を達成する手段として日頃からサイバースペースを活用してきた実態が浮き彫りになる（一九〇頁）。この平時から連続する「終わりなき戦い」（continuous warfare）という現実を著者はサイバー戦の第一の特徴に挙げている。

軍事作戦が開始されてからのサイバー戦の行方も、ある意味、平時からの行動の結果である（四二～四四頁）。もちろん、すべてのケースにあてはまるわけではないが、それでも緒戦についてはまちがいなくそういえるだろう。例えばロシアのウクライナ侵攻では、開戦の前後期にロシアから過去最大規模のサイバー攻撃が行われたが、マイクロソフト社の報告書によると、前年の二〇二一年三月からロシア側が高度なネットワーク偵察を行っていたという。[*1] つまり、開戦前からのサイバースペースをめぐる攻防が戦時におけるサイバー戦の重要な鍵を握っているのだ。また、中国のサイバードクトリンは「ライバル国のサイバー作戦をコントロールし、キネティック紛争の初期段階で優位を確保すること」（一五八頁）、そうしたサイバー優越を「部隊が戦闘を開始する以前に達成」することを戦略・作戦レベルにおける重要目標に据えている（一五九頁）。これなどは紛争が始まる以前に準備されていなければ成り立たない。

ここで重要なことは、著者は平時の「陰の戦い」を戦時の武力紛争と対比しているわけではないということだ。むしろ、両者の連続性に注目し、平時の「サイバー諜報活動を通じて相手側のインフラの中に事前にマルウェアを埋め込んで対峙しているように、〔現代のサイバー諜報は〕サイバー戦争行為と技術的に一体化したものである」（二〇頁）と指摘している。たしかにオリンピックゲームズ作戦では、サイバー攻撃が行われる前にサイバー諜報によって攻撃に必要なインテリジェンスが収集され、マルウェアが埋め込まれた（四四頁）。それゆえ、平時のサイバー諜報は本来の情報窃取とともに相手ネットワークの脆弱性を発見し、攻撃のアクセス経路を確保することで、サイバー攻撃の第一段階に位置づけられている（四二頁）。アメリカではこのようなサイバー諜報と攻撃の一体的運用をエクスプロイテーションと呼んでいるが、著者はこのサイバー諜報とサイバー戦の一体化を「陰の戦い」の第二の特徴に挙げている（一四、二〇、四二、四四頁）。

サイバー戦略――政策手段としての三つのカテゴリー

サイバー戦は平時の兵器として、政治、外交、経済、情報といったさまざまな分野の政策遂行手段として運用されている。こうした状況を著者は「非戦の戦い」（non-war warfare）と呼び、次のように述べている。

〔国家が〕「陰の戦い」に従事する動機は、過去に戦争で追求してきたものと変わらない。すなわち、パワーと国益の追求である。戦い（warfare）は戦争（war）の実行手段であるが、必ずしも軍事的な手

表：平時における対外政策手段としてのサイバー戦略

区分		内容	平時（グレーゾーン）		
			アメリカ	ロシア	中国
諜報	政治・軍事情報の収集	政策決定に資する対外情報の収集	○	○	○
	経済情報の収集	企業情報や知的財産の収集			◎
偽情報キャンペーン（情報戦、心理戦のツール）		偽情報を流布し、相手国政府に圧力をかけたり、世論を操作し、自国に有利な政治・社会環境の醸成を企図	○	◎	○
攻勢	利用妨害	個別の端末機器からネットワーク全体に至るまで、コンピュータシステムやプログラムなどを変更または停止させ、特定サービスの利用妨害を企図	◎	◎	
	物理的損壊	データの破損、制御システムの操作による機器や設備の物理的損壊を企図	◎	◎	

＊本文の内容をもとに、訳者作成。○は各国の重視分野を示し、実績や能力が特に顕著なものに◎を付している。

段に限定されない。「陰の戦い」では……サイバー兵器やサイバーアセットを用いた情報パワーや影響力の獲得をめぐる戦いが繰り広げられる（二六頁）。

この「非戦の戦い」とは正規の戦争ではない戦い、すなわち平時の戦いを意味している。そこで用いられる政策ツールとして、著者は大きく①サイバー諜報（政治・軍事情報または経済情報の収集）、②偽情報キャンペーン（情報戦や心理戦のツール）、③サイバー攻勢（サービスの利用妨害やデータの破損、システムの物理的損壊）の三つに区分し（上表参照）、これら政策手段の優先順位と組み合わせが主要三大国の「サイバー戦略」の特徴となって現れていると論じている（第1章、二七頁）。目的は上述したように、国益とパワーの追求である。

例えば、中国はサイバースペースを経済諜

報の有力な手段として活用し、ハイテク分野の機密情報を窃取し、自国の経済成長につなげてきた。ロシアはソ連時代の国家保安委員会（KGB）、冷戦後はその後身である連邦保安庁（FSB）が担ってきた偽情報工作（影響力工作、積極工作）を補完・代替する手段としてサイバースペースを活用している。それに対しアメリカは、基本は防勢であるが、その実効性と抑止の効果的な方法として「積極防御」を採用し、相手側ネットワークのある前方へと進出し、先制攻撃を行える能力を示すことで、それを抑止の強烈なシグナルとして認知させている。

著者はこれら三カ国の共通点として、いずれも敵対国のインフラや主要な都市中枢の機能妨害に焦点をあてた戦略を採用していると指摘し（五六頁）、各章において相手のシステムにマルウェアを埋め込んでいる事態を描き出している。特にアメリカは、相手に発見されることを見込んだうえで、それに警告の意味をもたせる抑止手段として活用し、同時に大規模紛争が起きた場合のサイバー攻撃の準備という意味合いをもたせているという（八五頁）。

一般的に、サイバー諜報活動は違法行為とは見なされていない。しかし、サイバー諜報はサイバー攻撃と見分けることがますます難しくなっており、平時におけるサイバー諜報が戦闘行為と事実上一体化の度合いを深めている現状に著者は警鐘を鳴らしている。なぜなら、「非戦の戦い」の行動は同時に戦時におけるサイバー攻撃の準備ともなり、サイバー戦をめぐる規範形成と制度化が停滞している状況では、「陰の戦い」のエスカレートに歯止めがかからない世界となってしまうからだ。

「陰の戦い」からガバナンスへ――陰から陽へ

サイバー戦は既存の国際法の枠内で規制できるのか、それともサイバー戦のための新たな国際法を構築する必要があるのかという問題についても、現時点では明確な答えは出ていない。その背景には、先にも触れたように、共通規範を欠いたまま、各国が独自の論理にしたがってユニテラルに行動してきた現実がある（二〇五頁）。また、国内外のインターネットの管理と運営の在り方（特にサイバー主権）をめぐっても、各国の間に大きな隔たりが残されたままだ。それゆえ、サイバー分野には通常戦を規制する武力紛争法や国際人道法のような法規範、核抑止を成り立たせてきた相互確証破壊のような理論も存在しない。この理論不在の現状を著者は「陰の戦い」の第三の特徴に挙げている。

とはいえ、相互確証破壊や核軍備管理協定、武力紛争法、国連海洋法など、過去の国際規範やルールの形成には、通常、数十年もしくは数百年（ウェストファリア条約から換算した場合）の経過を辿ったことを考えれば、サイバー領域の規範形成と制度化には相応の時間がかかるとも指摘しており、著者は決して将来を悲観しているわけではない（第五章、一八七、一八九頁）。ただし、サイバースペースは日頃から民間部門と共有され、テクノロジーの進歩により拡大・変容を遂げている。これは主に武力紛争期を対象とした過去の規範やルールとは異なる、多面的な政策分野を視野に収めた考察が必要であることを意味している。

特に、戦時と平時を区分し、戦時の兵器としてサイバー戦を見ることに慣れるあまり、サイバースペースが抱える潜在的脅威を見逃すことがあってはならない。ましてや、著者が試みている国際的なガバナンス（レジーム）の構築に向けた作業を行うには、そのようなレンズではあまりにも視野が狭すぎる。こう考えてみると、本書が制度や政策実施機関、国内外における諜報活動、サイバースペースの制御など、幅広い視点から主要国の共通点・相違点を洗い出す比較作業に取り組んでいること、また、平時・戦時を問わずサイバー戦の事例を（ある意味で網羅的に）拾いあげている理由が、本書を読み進めるにつれて次第に明らかになる。こうした視点のオリジナリティが、本書の白眉であると訳者には思われる。

これまでにもサイバー戦の特徴を陰（shadow）と捉える議論はあった。[*2] 例えば、痕跡や正体を特定しにくいサイバースペースに特有の隠密性や匿名性、代理勢力を使った関与否認性、現行国際法の曖昧性、武力紛争の閾値に至らない巧みな操作など、どれもサイバー戦の実相を言いあてている（当然、本書もそれらを取り入れた議論を展開している（二〇頁））。本書はそれに加え、国際規範が欠如したまま各国が単独行動の応酬に終始している不透明で危ういサイバー戦の実状を陰と表現しているのだ。

そうした陰に覆われているサイバー戦も、共通の規範やルール作りが進めば、著者が目指すようなガバナンスに近づき、陰の部分は徐々に解消され、透明性を増す。そうした含意をくみ取り、本書のテーマであるshadowの訳語には「陰の」をあてている。shadowには、ほかに「影の」「隠れた」という日本語訳もあるが、法と規範の光が当たる領域を「陽」と見なせば、その対比を表現できる「陰の」という訳語が本書にはふさわしい。それは、陰陽から成るサイバー戦のうち、まずは「陰の」領域をしっかりと理解したうえで、そこから共通の規範作りを推し進め、「陽」の領域を広げていこうとする著者の意図に沿っていると考えたからだ。

＊　＊　＊

「日本語版への序文」では、著者からいくつかの貴重なコメントをいただいた。なかでも「平和を願う国々は自国の政府と産業を防衛する必要があり、この防衛が信頼に足るものであるためには、少なくともサイバー攻撃に対する何らかの報復的な対応が必要である」（三頁）との指摘はまさに時宜にかなったものだといえよう。こうした攻撃的抑止力（著者は「報復的な反撃能力《リターン・ストライク・ケイパビリティ》」と呼んでいる）を維持するためには、平時からの取組みが不可欠であることは言うまでもない。

これまで述べてきたように、本書は類書には見られない独自の視点から、アメリカ、ロシア、中国のサイバー政策について論じた稀少な一冊である。しかも、分量的にはコンパクトでありながら、各国のサイバー戦の事例も一九九〇年代から現在に至るものまで豊富に収められ、読み応えがある。現在継続しているウクライナ戦争をはじめ、これからのサイバー戦を展望する有用な概説書として多くの方々に読まれることを願ってやまない。なお、巻末には付録として、本書の内容を訳者なりにまとめた比較表を掲載しているので参考にしていただきたい。

最後になるが、中央公論新社書籍編集局の登張正史氏は、企画から校正の細部にいたるまでいつもながら丁寧に訳者を導いてくださった。ここに改めて感謝の意を表します。

訳者　川村幸城

二〇二二年七月二〇日

＊1　Microsoft Digital Security Unit, Special Report: Ukraine, An overview of Russia's cyberattack activity in Ukraine, April 27, 2022, chromeextension://efaidnbmnnnibpcajpcglclefindmkaj/https://query.prod.cms.rt.microsoft.com/cms/api/am/binary/RE4Vwwd

＊2　例えば、Jim Sciutto, The Shadow War: Inside Russia's and China's Secret Operations to Defeat America, Harper Collins, 2019.〔ジム・スキアット著／小金輝彦訳『シャドウ・ウォー』（原書房、二〇二〇年）〕

※ここに記した内容は訳者個人の見解であり、所属する組織の見解を反映したものではありません。

攻　撃			サイバー戦略の特性	理論の背景
偽情報キャンペーン	妨害／破壊	軍事作戦（戦時）		
			•防勢的枠内で攻撃的行動を採用する「積極防御」を推進 •サイバー諜報は「政府のための」情報収集（企業利益の経済諜報を除外） •サイバー抑止に非サイバー手段による報復を包含 •相手国の産業制御システムへの技術偵察・破壊的マルウェアの設置	•正戦論の系譜に連なる武力紛争法、国際人道法の諸原則 •クラウゼヴィッツの戦略思想
	●			
	●			
	●	●		
●		●		
●	●	●	•国家インフラに対するサイバー攻撃と偽情報キャンペーンの組み合わせを常套手段として運用 •偽情報を拡散して自国に有利な環境を醸成（対象国に影響力を行使） •サイバー攻撃とキネティック攻撃を組み合わせたハイブリッド戦 •民間ハッカー集団への依存大	•ソヴィエト時代から継承した偽情報工作重視の伝統 •「必要な戦争論」を説くロシア正教会の教令
		●		
●	●	●		
●				
●				
●			•軍のサイバー部隊による経済情報（技術情報、知的財産権）収集から近年は文民機関による政治・軍事情報の収集へシフト •国内統治のための諜報活動の比重大 •「網電一体戦」のもと、敵の指揮統制機能を紛争の初期段階で無力化（戦略支援部隊によるサイバー優越の獲得）	•テクノロジーのリープフロッグ型成長モデルの追求 •孫子兵法の詭道論
	●			
	●	●		

付録：主要三大国のサイバー戦の政策・制度

	政策・制御	サイバー戦略と制度			
		組織・実施機関		防御	諜報
アメリカ	•「情報の自由な流れ」の原則を重視（管理・運営は民間が主体） •サイバー行動に既存の国際法を適用する立場 •自衛権はサイバー戦にも適用（破壊的なサイバー攻撃に対し、キネティック手段で対応する権利を保有）	国土安全保障省（DHS）		●	
		連邦捜査局（FBI）		●	
		サイバー脅威インテリジェンス統合センター（CTIIC）		●	
		中央情報局（CIA）		●	●
		国防省	国家安全保障局（NSA）		●
			サイバー軍（統合軍）	●	●
			軍事情報支援部隊		
ロシア	•政治目的達成のためサイバースペースを通常戦力の代替として積極的に活用（特に偽情報工作の主要経路として運営） •外部との遮断を含むインターネットの厳格な統制（SORMによる監視・傍受） •サイバー主権を盛り込んだ国際条約の成文化を主張	連邦軍	軍参謀本部情報総局（GRU）		●
			サイバーコマンド ＊本書に活動例の記述はない		
		連邦保安庁（FSB）		●	●
		国営通信社 （RT、スプートニク）			
		インターネット・リサーチ・エージェンシー（IRA） ＊2016年に活動停止			
中国	•政治的安定、軍の近代化、経済成長、社会発展の原動力として国内サイバースペースを管理・運営（社会信用システムなど） •情報トラフィックの傍受・規制を重視（グレート・ファイアウォールによる主権的サイバースペースの構築） •サイバー主権を盛り込んだ国際条約の成文化を主張	国家安全部（MSS）			●
		公安部		●	●
		工業・情報化部（MIIT）		●	
		CNCERT		●	
		人民解放軍	APT1/Unit 61398 ＊2017年までに解体		●
			戦略支援部隊（SSU）		●
		チャイナテレコム社			●

cybersecurity agreement with China," *The Diplomat*, January 19, 2017, https://thediplomat.com/2017/01/evaluating-the-us-china-cybersecurity-agreement-part-1-the-us-approach-to-cyberspace/.

＊35 Central Network Security and Informatization Leading Group, of the National Internet Information Office, *National Cyberspace Security Strategy*, December 27, 2016, http://www.cac.gov.cn/2016-12/27/c_1120195926.htm.

＊36 Iain Sutherland, Konstantinos Xynos, Andrew Jones and Andrew Blyth, "The Geneva Conventions and Cyber-Warfare: A Technical Approach," *The RUSI Journal*, 30—39, 2015.

＊37 Sutherland, Xynos, Jones, and Blyth, "The Geneva Conventions and Cyber-Warfare: A Technical Approach," supra.

＊38 Ashley Deeks, "Tallinn 2.0 and a Chinese View on the Tallinn Process," *Lawfare*, May 31, 2015, https://www.lawfareblog.com/tallinn-20-and-chinese-view-tallinn-process.

＊17 Maréchal, "Are You Upset About Russia Interfering With Elections?" supra.

＊18 Chris C. Demchak and Yuval Shavitt, "China's Maxim—Leave No Access Point Unexploited: The Hidden Story of China Telecom's BGP Hijacking," *Military Cyber Affairs*, 3:1, Article 7, 2018, https://www.doi.org/https://doi.org/10.5038/2378-0789.3.1.1050.

＊19 Frank Bajak, "Internet Traffic Hijack Disrupts Google Services," *AP* November 12, 2018, https://apnews.com/4e2cb39354ce4e338f3ee50446597ef5

＊20 Laura Rosenberger, "China's Coronavirus Information Offensive: Beijing Is Using New Methods to Spin the Pandemic to Its Advantage," *Foreign Affairs*, April 22, 2020, https://www.foreignaffairs.com/articles/china/2020-04-22/chinas-coronavirus-information-offensive.

＊21 Paul Mozur, Raymond Zhong, and Aaron Krolik, "In Coronavirus Fight, China Gives Citizens a Color Code, With Red Flags," *The New York Times*, March 1, 2020, https://www.nytimes.com/2020/03/01/business/china-coronavirus-surveillance.html?_ga=2.231721687.974084075.1585035405-293092624.1585035405.

＊22 Xinhua News Agency, "I Have Seen Hangzhou at Four in the Morning, Just for an Early 'No Code'-The Recovery Record Behind the 'Health Code,'" *Xinhua*, February 21, 2020, https://baijiahao.baidu.com/s?id=1659147516916399925wfr=spiderfor=pc

＊23 Wang, Woetzel et al, "Digital China: Powering the Economy to Global Competitiveness," supra.

＊24 Tikk and Kerttunen, "Parabasis: Cyber-diplomacy in Stalemate," supra.

＊25 Segal, "How China Is Preparing for cyberwar," supra.

＊26 John D. Negroponte and Samuel J. Palmisano, "Defending an Open, Global, Secure, and Resilient Internet," *The Council on Foreign Relations*, June 2013, https://www.cfr.org/content/publications/attachments/TFR70_cyber_policy.pdf.pdf.

＊27 Joseph R. DeTrani, "Cyberspace: A Global Threat to Peace," *Asia Times*, October 28, 2013, http://www.atimes.com/atimes/World/WOR-02-281013.html

＊28 United Nations General Assembly, "International Code of Conduct for Information Security," *Report of the United Nations General Assembly*, 2015.

＊29 例えば、2010年11月にリスボンで開催されたNATOサミットの宣言では「サイバーセキュリティおよびサイバー犯罪に関する欧州連合とアメリカ合衆国による作業部会を設置し……多くの具体的な優先課題に取り組むものとする。リスボン・サミット宣言——リスボンにおける北大西洋理事会の会議に参加した各国首脳および政府による声明」と謳われた。North Atlantic Treaty Organization November 20, 2010, https://www.nato.int/cps/en/natolive/official_texts_68828.htm.

＊30 Tom Gjelten, "Seeing the Internet as an 'Information Weapon,'" *National Public Radio* September 23, 2010, http://www.npr.org/templates/story/story.php?storyId=130052701.

＊31 Masters, "Confronting the Cyber Threat," supra.

＊32 5つの論点は次のとおりである。(1)サイバースペースにおいて、保護対象の人道的重要インフラと保護対象ではないものとを厳密に区分することは可能か。(2)物理的世界において赤十字社が保護対象を指定したのと同様に、サイバースペースにおいて特殊な目印を付して保護区を設定することは可能か。(3)サイバー工作員が非国家主体であるケースが多いという事実に照らし、条約の原則的事項を見直すべきか。(4)サイバー兵器の中にジュネーヴ議定書で禁止されている兵器と同等に扱えるものはあるか。(5)サイバー戦争(cyber war)の定義について合意に達することが困難であることを踏まえ、サイバースペースを対象とした第3の「戦争以外」(other-than-war)の区分を設けるべきか。Karl Rauscher and Andrey Korotkov, *Working Towards Rules for Governing Cyber Conflict: Rendering the Geneva and Hague Conventions in Cyberspace* (First Joint Russian-U.S. report on Cyber Conflict) (Honolulu, HI: East West Center, 2011)を参照。

＊33 Raud, "China and Cyber: Attitudes, Strategies, Organisation," supra.

＊34 Gary Brown and Christopher D. Yung, "Evaluating the US-China Cybersecurity Agreement, Part 1: The US Approach to Cyberspace, How Washington approaches cyberspace and its 2015

preparing-for-cyberwar.
＊141　Tikk and Kerttunen, "Parabasis: Cyber-diplomacy in Stalemate," supra.
＊142　Glanz and Markoff, "Vast Hacking by a China Fearful of the Web," supra.
＊143　Tzu, *The Art of War*, supra., 1963.
＊144　Wong and Martina, "China Adopts Cyber Security Law in Face of Overseas Opposition," supra.

第五章

＊1　Reuters, "Trump Says Discussed Forming Cyber Security Unit with Putin," *Reuters*, July 9, 2017, https://www.reuters.com/article/us-g20-germany-putin-trump/trump-says-discussed-forming-cyber-security-unit-with-putin-idUSKBN19U0HX.
＊2　"NATO Staying Strong in Cyberspace," *NATO Headquarters News*, March 24, 2020, https://www.nato.int/cps/en/natohq/news_174499.htm?selectedLocale=en.
＊3　"Strategic Arms Limitation Talks (SALT I)," *The Nuclear Threat Initiative*, October 26, 2011, https://www.nti.org/learn/treaties-and-regimes/strategic-arms-limitation-talks-salt-i-salt-ii/
＊4　Tyler Quinn, "The Bear's Side of the Story: Russian Political and Information Warfare," *RealClearDefense*, June 27, 2018, https://www.realcleardefense.com/articles/2018/06/27/the_bear_s_side_of_the_story_russian_political_and_information_warfare_113564.html
＊5　Ariana Rowberry, "Sixty Years of 'Atoms for Peace' and Iran's Nuclear Program," *The Brookings Institute*, December 18, 2013, https://www.brookings.edu/blog/up-front/2013/12/18/sixty-years-of-atoms-for-peace-and-irans-nuclear-program/.
＊6　Dwight D. Eisenhower, "Atoms for Peace Speech," *Address by Mr. Dwight D. Eisenhower, President of the United States of America, to the 470th Plenary Meeting of the United Nations General Assembly*, December 8, 1953, https://www.iaea.org/about/history/atoms-for-peace-speech.
＊7　Sergey Lavrov, "Remarks by Foreign Minister Sergey Lavrov at the XXII Assembly of the Council on Foreign and Defence Policy," *Valdai Discussion Club*, November 2, 2014, https://valdaiclub.com/a/highlights/remarks_by_foreign_minister_sergey_lavrov_at_the_xxii_assembly_of_the_council_on_foreign_and_defence/.
＊8　US President George Washington, "From George Washington to John Trumbull, 25 June 1799," *National Archives*. June 25, 1799, https://founders.archives.gov/documents/Washington/06-04-02-0120
＊9　Bryon Tau, "Government Tracking How People Move Around in Coronavirus Pandemic," *The Wall Street Journal*, March 28, 2020, https://www.wsj.com/articles/government-tracking-how-people-move-around-in-coronavirus-pandemic-11585393202.
＊10　Andrei Soldatov and Irina Borogan, *The Red Web: The Struggle Between Russia's Digital Dictators and the New Online Revolutionaries* (New York: Hachette Book Group, 2017)
＊11　Ibid.
＊12　Editorial Board, "The Coronavirus Gives Russia and China Another Opportunity to Spread Their Disinformation," *The Washington Post*, March 29, 2020, https://www.washingtonpost.com/opinions/the-coronavirus-gives-russia-and-china-another-opportunity-to-spread-their-disinformation/2020/03/29/8423a0f8-6d4c-11ea-a3ec-70d7479d83f0_story.html.
＊13　Ibid.
＊14　Mary Ilyushina, "How Russia Is Using Authoritarian Tech to Curb Coronavirus," *CNN*, March 29, 2020, https://www.cnn.com/2020/03/29/europe/russia-coronavirus-authoritarian-tech-intl/index.html.
＊15　Maréchal, "Are You Upset About Russia Interfering With Elections?" supra.
＊16　ICANN, "What is Policy?" *Internet Corporation for Assigned Names and Numbers*, https://www.icann.org/policy#what_is_policy.

＊117 Yatish Yadav, "80,000 Cyberattacks on December 9 and 12 After Note Ban," *New India Express*, December 19, 2016, http://www.newindianexpress.com/nation/2016/dec/19/80000-cyber-attacks-on-december-9-and-12-after-note-ban-1550803.html.

＊118 Naveen Goud, "China Cyberattacks Indian SUKHOI 30 Jet Fighters!" *Cybersecurity Insiders* June 5, 2017, https://www.cybersecurity-insiders.com/china-cyber-attacks-indian-sukhoi-30-jet-fighters/

＊119 Drogin, "Russians Seem to Be Hacking into Pentagon," supra.

＊120 Bradley Graham, "Hackers Attack Via Chinese Web Sites," *The Washington Post*, August 25, 2005, http://www.washingtonpost.com/wp-dyn/content/article/2005/08/24/AR2005082402318.html.

＊121 Sanger, Barboza, and Perlroth, "Chinese Army Unit Is Seen as Tied to Hacking Against U.S.," supra.

＊122 Ibid.

＊123 Ibid.

＊124 Chauncey Jung, "China Ventures Outside the Great Firewall, Only to Hit the Brick Wall of Online Etiquette and Trolls," *South China Morning*, Post February 23, 2020, https://www.scmp.com/comment/opinion/article/3051757/china-ventures-outside-great-firewall-only-hit-brick-wall-online.

＊125 Ibid.

＊126 Ibid.

＊127 Sussman, "Cyber Attack Motivations: Russia vs. China," supra.

＊128 "China Condemns Decision by Google to Lift Censorship," *BBC*, March 23, 2010, http://news.bbc.co.uk/2/hi/asia-pacific/8582233.stm.

＊129 Glanz and Markoff, "Vast Hacking by a China Fearful of the Web," supra.

＊130 Sue-Lin Wong and Michael Martina, "China Adopts Cyber Security Law in Face of Overseas Opposition," *Reuters Technology News*, November 7, 2016, http://www.reuters.com/article/us-china-parliament-cyber-idUSKBN132049

＊131 As quoted in Ibid.

＊132 Kevin Wei Wang, Jonathan Woetzel, Jeongmin Seong, James Manyika, Michael Chui, and Wendy Wong, "Digital China: Powering the Economy to global Competitiveness," *McKinsey Global Institute*, December 2017, https://www.mckinsey.com/featured-insights/china/digital-china-powering-the-economy-to-global-competitiveness.

＊133 Zen Soo, "Here's How China's New e-Commerce Law Will Affect Consumers, Platform Operators," *South China Morning Post*, January 1, 2019, https://www.scmp.com/tech/apps-social/article/2180194/heres-how-chinas-new-e-commerce-law-will-affect-consumers-platform.

＊134 Tikk and Kerttunen, "Parabasis: Cyber-diplomacy in Stalemate," supra.

＊135 An International Code of Conduct for Information Security: China's perspective on building a peaceful, secure, open, and cooperative cyberspace. 2014年2月10日、国連軍縮研究所で表明された意見は次の通り。「今や、情報『ハイウェイ』は世界中のいたる所に行き渡っている。しかしながら、交通が非常に渋滞しているこの仮想空間には重大な懸念がある。それは、いまだ包括的な『交通ルール』が存在しないということだ。その結果、情報とサイバースペースにおける『交通事故』が絶えず起きており、その被害と影響は拡大する一方だ」。

＊136 Tikk and Kerttunen, "Parabasis: Cyber-Diplomacy in Stalemate," supra.

＊137 Ibid.

＊138 Ku, "Forcing China to Accept that International Law Restricts Cyber Warfare," supra.

＊139 Tikk and Kerttunen, "Parabasis: Cyber-diplomacy in Stalemate," supra.

＊140 Adam Segal, "How China is Preparing for Cyberwar," *Christian Science Monitor*, March 20, 2017, http://www.csmonitor.com/World/Passcode/Passcode-Voices/2017/0320/How-China-is-

https://foreignpolicy.com/2018/04/03/life-inside-chinas-social-credit-laboratory/.
＊97 Kostka, "What Do People in China Think About 'Social Credit' Monitoring?" supra.
＊98 Ibid.
＊99 Horsley, "China's Orwellian Social Credit Score Isn't Real," supra.
＊100 "Planning Outline for the Construction of a Social Credit System (2014–2020)," supra.
＊101 Abishur Prakash, "Facial Recognition Cameras and AI: 5 Countries with the Fastest Adoption," *Robotics Business Review*, December 21, 2018, https://www.roboticsbusinessreview.com/ai/facial-recognition-cameras-5-countries/.
＊102 Ibid.
＊103 Bethany Allen-Ebrahimian, "China Cables Exposed: China's Operating Manuals for Mass Internment and Arrest by Algorithm" *International Consortium of Investigative Journalists*, November 24, 2019, https://www.icij.org/investigations/china-cables/exposed-chinas-operating-manuals-for-mass-internment-and-arrest-by-algorithm/.
＊104 Nicole Kobie, "The Complicated Truth About China's Social Credit System," *Wired*, January 21, 2019, https://www.wired.co.uk/article/china-social-credit-system-explained.
＊105 Mistreanu, "Life Inside China's Social Credit Laboratory," supra.
＊106 Ibid.
＊107 Stepan Kravchenko, "Russia More Prey Than Predator to Cyber Firm Wary of China," *Bloomberg News*, August 25, 2016, https://www.bloomberg.com/news/articles/2016-08-25/russia-more-prey-than-predator-to-cyber-firm-wary-of-china.
＊108 Ibid.
＊109 Ibid.
＊110 2016年1月、トランプ氏は『ニューヨーク・タイムズ』紙の編集委員会のメンバーとの会合で考えを述べ、中国の対米輸出品の関税率45パーセントを支持するつもりだと語った。Maggie Haberman, "Donald Trump Says He Favors Big Tariffs on Chinese Exports," *The New York Times*, January 7, 2016, https://www.nytimes.com/politics/first-draft/2016/01/07/donald-trump-says-he-favors-big-tariffs-on-chinese-exports/を参照。
＊111 Jonathan Cheng and Josh Chin, "China Hacked South Korea Over Missile Defense, U.S. Firm Says," *Wall Street Journal*, April 21, 2017, https://www.wsj.com/articles/chinas-secret-weapon-in-south-korea-missile-fight-hackers-1492766403?emailToken=JRrydPtyYnqTg9EyZsw31FwuZ7JNEOKCXF7LaW/HM1DLsjnUp6e6wLgph560pnmiTAN/5ssf7moyADPQj2p2Gc+YkL1yi0zhIiUM9M6aj1HTYQ==
＊112 Sean Gallagher, "Researchers Claim China Trying to Hack South Korean Missile Defense Efforts," *ARS Technica*, April 21, 2017, https://arstechnica.com/security/2017/04/researchers-claim-china-trying-to-hack-south-korea-missile-defense-efforts/.
＊113 "China Blamed After ASIO Blueprints Stolen in Major Cyber Attack on Canberra HQ," *Australian Broadcasting Corporation News*, May 27, 2013, http://www.abc.net.au/news/2013-05-27/asio-blueprints-stolen-in-major-hacking-operation/4715960
＊114 Greg Weston, "Foreign Hackers Attack Canadian Government: Computer Systems at 3 Key Departments Penetrated," *Canadian Broadcasting Corporation News*, February 16, 2011, http://www.cbc.ca/news/politics/foreign-hackers-attack-canadian-government-1.982618
＊115 David E. Sanger, Davis Barboza, and Nicole Perlroth, "Chinese Army Unit Is Seen as Tied to Hacking Against U.S.," *The New York Times*, February 18, 2013, https://www.nytimes.com/2013/02/19/technology/chinas-army-is-seen-as-tied-to-hacking-against-us.html.
＊116 Rosemary Barton, "Chinese Cyberattack Hits Canada's National Research Council," *CBC News*, July 29, 2014, http://www.cbc.ca/news/politics/chinese-cyberattack-hits-canada-s-national-research-council-1.2721241.

www.bbc.co.uk/news/world-asia-china-25029646

*72 "Beijing's Cyberspies Step Up Surveillance of Ethnic Groups with New Language-Tracking Technology," *South China Morning Post*, November 20, 2013, http://www.scmp.com/news/china/article/1361547/central-government-cyberspies-step-surveillance-ethnic-groups-new.

*73 James Glanz and John Markoff, "Vast Hacking by a China Fearful of the Web," *The New York Times*, December 4, 2010, http://www.nytimes.com/2010/12/05/world/asia/05wikileaks-china.html?pagewanted=all_r=1.

*74 Paul Mozur, "One Month, 500,000 Face Scans: How China Is Using A.I. to Profile a Minority," *The New York Times*, May 5, 2019, https://www.nytimes.com/2019/04/14/technology/china-surveillance-artificial-intelligence-racial-profiling.html?action=clickmodule=RelatedLinkspgtype=Article.

*75 The State Council Information Office, supra.

*76 Sanger, "Chinese Curb Cyberattacks on U.S. Interests, Report Finds," supra.

*77 Ibid.

*78 Elsa B. Kania, "Made in China 2025, Explained," *The Diplomat*, February 1, 2019, https://thediplomat.com/2019/02/made-in-china-2025-explained/

*79 Mandiant, *APT1: Exposing One of China's Cyber Espionage Units*, supra.

*80 軍の偽装指定部隊（MUCD）として最もよく知られている61398部隊（61398部队）の実態は人民解放軍総参謀部（GSD）第3部第2局（总参三部二局）であると考えられている。

*81 61398部隊の一部は上海市内を流れる黄浦江の東岸に位置し、浦東新区（浦东新区）高橋鎮（高桥镇）の大同通り（大同路）に所在していた。

*82 Mandiant, *APT1: Exposing One of China's Cyber Espionage Units* supra.

*83 Ibid.

*84 Brendan I. Koerner, "Inside the Cyberattack That Shocked the US Government," *Wired*, October 13, 2016, https://www.wired.com/2016/10/inside-cyberattack-shocked-us-government/

*85 Kristie Lu Stout, "Cyber Warfare: Who is China Hacking Now?" *CNN* September 29, 2016, http://www.cnn.com/2016/09/29/asia/china-cyber-spies-hacking/index.html

*86 Freedom House, *Freedom on the Net, 2019*, supra.

*87 Ibid.

*88 China's State Council, "Planning Outline for the Construction of a Social Credit System (2014–2020)," April 25, 2015, https://chinacopyrightandmedia.wordpress.com/2014/06/14/planning-outline-for-the-construction-of-a-social-credit-system-2014-2020/.

*89 "Planning Outline for the Construction of a Social Credit System (2014–2020)," supra.

*90 Ibid.

*91 Jamie Horsley, "China's Orwellian Social Credit Score Isn't Real," *Foreign Policy*, November 16, 2018, https://foreignpolicy.com/2018/11/16/chinas-orwellian-social-credit-score-isnt-real/

*92 Alexander Chipman Koty, "China's Social Credit System: COVID-19 Triggers Some Exemptions, Obligations for Businesses," *China Briefing* March 26, 2020, https://www.china-briefing.com/news/chinas-social-credit-system-covid-19-triggers-some-exemptions-obligations-businesses/.

*93 Ibid.

*94 Genia Kostka, "What Do People in China Think About 'Social Credit' Monitoring?" *The Washington Post*, March 21, 2019, https://www.washingtonpost.com/politics/2019/03/21/what-do-people-china-think-about-social-credit-monitoring/?utm_term=.49fe491dd67b.

*95 Rachel Botsman, "Big Data Meets Big Brother as China Moves to Rate its Citizens," *Wired*, October 21, 2017, https://www.wired.co.uk/article/chinese-government-social-credit-score-privacy-invasion.

*96 Simina Mistreanu, "Life Inside China's Social Credit Laboratory," April 3, 2018 *Foreign Policy*.

構想している。それは、軍の電子工程学院の教授陣のメンバーだったときに執筆した論文や『情報戦入門』と題する書物の中に描かれていた。戴将軍は2000年に少将に昇進した。

*48　Steve DeWeese, Bryan Krekel, George Bakos, and Christopher Barnett, US-China Economic and Security Review Commission Report on the Capability of the People's Republic of China to Conduct Cyber Warfare and Computer Network Exploitation (Northrop Grumman Corporation's Information Systems Sector, October 9, 2009), 14-15.

*49　"Countering Enemy "Informationized Operations" in War and Peace," Center for Strategic and Budgetary Assessments 2013, https://www.esd.whs.mil/Portals/54/Documents/FOID/Reading%20Room/Other/Litigation%20Release%20-%20Countering%20Enemy%20Informationized%20Operations%20in%20Peace%20and%20War.pdf.

*50　Ibid., 6-7, 13.

*51　Ibid.

*52　Ibid.

*53　*China's National Defense in 2004,* December 27, 2004, http://www.china.org.cn/e-white/20041227/index.htm

*54　Ibid.

*55　32 "China's National Defense in 2004," *Information Office of the State Council of the People's Republic of China,* 2004, http://english.peopledaily.com.cn/whitepaper/defense2004/defense2004.html.

*56　「アメリカの空軍力に追いつこうとする人民解放軍の決意は疑いの余地がなく……人民解放軍空軍では効果的なサイバー戦用アセットおよび戦略的早期警戒監視システムをベースとする統合された情報戦……に必要な能力について議論することが定着している」。You Ji, *China's Military Transformation* (Cambridge, UK: Polity Press, 2016), 160-61を参照。

*57　Ibid., 6, 31.

*58　Wang Houqing and Zhang Xingye, chief editors, *The Science of Campaigns* (National Defense University Press: Beijing, May 2000). 作戦環境における情報戦を概説した第6章第1節を参照。またPeng Guangqiang and Yao Youzhi (eds.), *The Science of Military Strategy* (Beijing: Military Science Publishing House, English edition, 2005), 336-38を参照。

*59　Capability of the People's Republic of China to Conduct Cyber Warfare supra, 6-7, 13.

*60　Katherin Hille and Christian Shepard, "Taiwan: Concern Grows Over China's Invasion Threat," *Financial Times,* January 8, 2020, https://www.ft.com/content/e3462762-3080-11ea-9703-eea0cae3f0de.

*61　Ibid, 20.

*62　David Spencer, "Why the Risk of Chinese Cyber Attacks Could Affect Everyone in Taiwan," *Taiwan News,* July 13, 2018, https://www.taiwannews.com.tw/en/news/3481423

*63　Capability of the People's Republic of China to Conduct Cyber Warfare, supra., 20.

*64　Joseph Menn, "China-Based Campaign Breached Satellite, Defense Companies: Symantec," *Reuters,* June 19, 2018, https://www.reuters.com/article/us-china-usa-cyber/china-based-campaign-breached-satellite-defense-companies-symantec-idUSKBN1JF2X0.

*65　Eileen Yu, "China Dispatches Online Army," *ZDNet,* May 27, 2011, http://www.zdnet.com/china-dispatches-online-army-2062300502/.

*66　Amy Chang, "China's Maodun: A Free Internet Caged by the Chinese Communist Party," *China Brief* XV:8, 2015.

*67　軍の偽装指定部隊（MUCD）として最もよく知られている61398部隊（61398部队）の実態は人民解放軍総参謀部（GSD）第3部第2局（总参三部二局）であると考えられている。

*68　Mandiant, *APT1: Exposing One of China's Cyber Espionage Units* Mandiant Report (2013).

*69　Ibid., 20.

*70　Sanger, "Chinese Curb Cyberattacks on U.S. Interests, Report Finds," supra.

*71　"China Media: US Ambassador Gary Locke's Legacy," *BBC News,* November 21, 2013, http://

＊22　Raud, "China and Cyber: Attitudes, Strategies, Organisation," supra.

＊23　Jack Stubbs, Joseph Menn, and Christopher Bing, "China Hacked Eight Major Computer Service Firms in Years-Long Attack," *Reuters*, June 26, 2019, https://www.reuters.com/article/us-china-cyber-cloudhopper-companies-exc/exclusive-china-hacked-eight-major-computer-services-firms-in-years-long-attack-idUSKCN1TR1D4.

＊24　Nectar Gan, "What Do We Actually Know about China's Mysterious Spy Agency?" *South China Morning Post*, December 22, 2018, https://www.scmp.com/news/china/politics/article/2179179/what-do-we-actually-know-about-chinas-mysterious-spy-agency.

＊25　As quoted in Kevin Townsend, "The United States and China—A Different Kind of Cyberwar," *Security Week*, January 7, 2019, https://www.securityweek.com/united-states-and-china-different-kind-cyberwar.

＊26　The State Council Information Office, "China's National Defense in the New Era" July 2019.

＊27　Annie Kowalewski, "China's Evolving Cybersecurity Strategy," Georgetown Security Studies Review October 27, 2017, http://georgetownsecuritystudiesreview.org/2017/10/27/chinas-evolving-cybersecurity-strategy/

＊28　The State Council Information Office, supra.

＊29　Ibid., 33.

＊30　Lewis and Timlin, *Cybersecurity and Cyberwarfare*, supra.

＊31　DeWeese, Steve, Bryan Krekel, George Bakos and Christopher Barnett. US-China Economic and Security Review Commission Report on the Capability of the People's Republic of China to Conduct Cyber Warfare and Computer Network Exploitation (West Falls Church, VA: Northrop Grumman Corporation Information Systems Sector, 2009), p. 18.

＊32　"China's National Defense in the New Era," supra.

＊33　Vivien Pik-kwan Chan, "SCMP Report on PRC Officials Condemning Hacker Attacks," *South China Morning Post*, May 8, 2001.

＊34　Capability of the People's Republic of China to Conduct Cyber Warfare, supra., 37–38.

＊35　Ibid., 37.

＊36　Ibid., 40.

＊37　Reynolds, "China's Evolving Perspectives on Network Warfare," supra.

＊38　The State Council Information Office of the People's Republic of China, *China's Military Strategy*, May 2015, Beijing.

＊39　Tetsuro Kosaka, "China's Military Reorganization Could be a Force for Destabilization," *Nikkei Asian Review*, January 28, 2016, https://asia.nikkei.com/Politics/China-s-military-reorganization-could-be-a-force-for-destabilization.

＊40　Ibid.

＊41　As quoted in Townsend, "The United States and China," supra.

＊42　Sanger, "Chinese Curb Cyberattacks on U.S. Interests, Report Finds," supra.

＊43　Jim Finkle, Joseph Menn, and Aruna Viswanatha, "U.S. Accuses China of Cyber Spying on American Companies," *Reuters*, November 20, 2014, https://www.reuters.com/article/us-cybercrime-usa-china/u-s-accuses-china-of-cyber-spying-on-american-companies-idUSKCN0J42M520141120.

＊44　Raud, "China and Cyber: Attitudes, Strategies, Organisation," supra.

＊45　The State Council, The People's Republic of China, "The National Medium-and Long-Term Program for Science and Technology Development (2006–2020)" 2006, https://www.itu.int/en/ITUD/Cybersecurity/Documents/National_Strategies_Repository/China_2006.pdf

＊46　Ibid.

＊47　この戦略の起案者は戴清民退役少将で、彼は軍のサイバー戦力近代化に関する多くの研究を残し、この分野の熱烈な支持者だった。当初、1999年には早くもネットワークと電子戦の協同運用について

https://www.theatlantic.com/international/archive/2017/01/kompromat-trump-dossier/512891/.

＊156　Alexander Dugin, *The Fourth Political Theory*. Translated by Mark Sleboda; Michael Millerman. Arktos Media, 2012.

＊157　"Is the Russian Orthodox Church Serving God or Putin?" *Deutsche Welt*, April 26, 2017, https://www.dw.com/en/is-the-russian-orthodox-church-serving-god-or-putin/a-38603157.

第四章

＊1　Mikk Raud, "China and Cyber: Attitudes, Strategies, Organisation," *NATO Cooperative Cyber Defence Centre of Excellence*, 2016, https://ccdcoe.org/multimedia/national-cyber-security-organisation-china.html.

＊2　Xiaoxia, "China has 854 Million Internet Users: Report," *Xinhua*, August 30, 2019, http://www.xinhuanet.com/english/2019-08/30/c_138351278.htm.

＊3　Central Network Security and Informatization Leading Group, of the National Internet Information Office, *National Cyberspace Security Strategy*, December 27, 2016, http://www.cac.gov.cn/2016-12/27/c_1120195926.htm.

＊4　Cate Cadell, "Chinese State Media says U.S. should Take Some Blame for Cyber Attack," *Reuters*, May 13, 2017, http://www.reuters.com/article/us-cyber-attack-china-idUSKCN18D0G5.

＊5　Gary Robbins, "Why are China and Russia Getting Hit Hard by Cyber Attack, but not the U.S. ?" *The San Diego Union-Tribune*, May 15, 2017, http://www.sandiegouniontribune.com/news/cyber-life/sd-me-ransomware-update-20170515-story.html.

＊6　Morse, "Snowden: Alleged NSA Attack," supra.

＊7　The State Council Information Office, "China's National Defense in the New Era" July 2019.

＊8　*National Cyberspace Security Strategy*, December 27, 2016 supra.

＊9　Ibid.

＊10　Ibid.

＊11　Joe Reynolds, "China's Evolving Perspectives on Network Warfare: Lessons from the Science of Military Strategy," *China Brief* 15:8, 2015, https://jamestown.org/program/chinas-evolving-perspectives-on-network-warfare-lessons-from-the-science-of-military-strategy/#.V1BM2_krK70.

＊12　David E. Sanger, "Chinese Curb Cyberattacks on U.S. Interests, Report Finds," *New York Times*, June 20, 2016, https://www.nytimes.com/2016/06/21/us/politics/china-us-cyber-spying.html.

＊13　Shannon Tiezzi, "Xi Jinping Leads China's New Internet Security Group," *The Diplomat* February 28, 2014, https://thediplomat.com/2014/02/xi-jinping-leads-chinas-new-internet-security-group/

＊14　State Council of the People's Republic of China, "State Council releases five-year plan on informatization," December 27, 2016, http://english.www.gov.cn/policies/latest_releases/2016/12/27/content_281475526646686.htm.

＊15　Ibid.

＊16　Ibid.

＊17　Raud, "China and Cyber: Attitudes, Strategies, Organisation," supra.

＊18　Ibid.

＊19　Ibid.

＊20　Freedom House, *Freedom on the Net, 2019: The Crisis of Social Media*, November 2019, https://freedomhouse.org/sites/default/files/2019-11/11042019_Report_FH_FOTN_2019_final_Public_Download.pdf.

＊21　Yan Luo, Zhijing Yu, and Nicholas Shepherd, "China's Ministry of Public Security Issues New Personal Information Protection Guideline," April 19, 2019, https://www.insideprivacy.com/data-security/chinas-ministry-of-public-security-issues-new-personal-information-protection-guideline/.

＊134 Katerina Mikheeva, "Why the Russian Ecommerce Market Is Worth the Hassle for Western Companies," April 9, 2019, https://www.digitalcommerce360.com/2019/04/09/why-the-russian-ecommerce-market-is-worth-the-hassle-for-western-companies/.
＊135 Marina Sadyki, "National Report on e-Commerce Development in Russia," supra.
＊136 Ibid.
＊137 Connell and Vogler, "Russia's Approach to Cyber Warfare," supra.
＊138 Tikk and Kerttunen, "Parabasis: Cyber-Diplomacy in Stalemate," supra.
＊139 https://www.leidensafetyandsecurityblog.nl/articles/two-incompatible-approaches-to-governing-cyberspace-hinder-global-consensus.
＊140 Tikk and Kerttunen, "Parabasis: Cyber-Diplomacy in Stalemate," supra.
＊141 Ibid.
＊142 Shanghai Cooperation Organization, "Agreement on Cooperation in Ensuring International Information Security between the Member States of the Shanghai Cooperation Organization," June 16, 2009 file:///C:/Users/davis/Downloads/Agreement_on_Cooperation_in_Ensuring_ International_Information_Security_between_the_Member_States_of_the_SCO. pdf.
＊143 The Ministry of Foreign Affairs of the Russian Federation, "Convention on International Information Security," September 22, 2011, https://carnegieendowment.org/files/RUSSIAN-DRAFT-CONVENTION-ON-INTERNATIONAL-INFORMATION-SECURITY.pdf.
＊144 CIS情報セキュリティ協定は、2013年11月20日、サンクトペテルブルクにおいてCIS構成国の首脳によって署名された。
＊145 "International code of conduct for information security," Annex to the letter dated January 9, 2015, from the Permanent Representatives of China, Kazakhstan, Kyrgyzstan, the Russian Federation, Tajikistan, and Uzbekistan to the United Nations addressed to the Secretary-General, UNGA A/69/723 (January 13, 2015), and UNGA A/66/359 (September 14, 2011).
＊146 David Ignatius, "Russia Is Pushing to Control Cyberspace. We Should All Be Worried" *The Washington Post*, October 24, 2017, https://www.washingtonpost.com/opinions/global-opinions/russia-is-pushing-to-control-cyberspace-we-should-all-be-worried/2017/10/24/7014bcc6-b8f1-11e7-be94-fabb0f1e9ffb_story.html.
＊147 ソヴィエト時代の『プラウダ』紙は法廷の裁定により2つの機関——プラウダ・ロシアと共産党のプラウダ——に継承された。1912年に創刊された『プラウダ』紙の後継機関である。"There is no Pravda. There is Pravda. Ru," September 16, 2013, https://www.pravdareport.com/opinion/125664-pravda_mccain/ を参照。
＊147. Читайте больше на https://www.pravdareport.com/opinion/125664-pravda_mccain/.
＊148 Vadim Gorshenin, "Russia to Create Cyber-Warfare Units," *Pravda*, August 28, 2013, http://english.pravda.ru/russia/politics/29-08-2013/125531-cyber_warfare-0/.
＊149 Pasha Sharikov, "Cybersecurity in Russian-U.S. Relations," *Center for International and Security Studies* at Maryland Policy Brief April 2013.
＊150 Markoff and Kramer, "U.S. and Russia Differ on a Treaty for Cyberspace," supra.
＊151 R. I. A. Novosti and Mikhail Fomichev, "Russia to Press for International Internet Behavior Code to Fight Emerging Threats," *Russia Times*, August 1, 2013, http://rt.com/politics/russia-internet-international-code-893/.
＊152 Ibid.
＊153 Ibid.
＊154 US White House, "US and Russia Sign Cyber Security Pact" as quoted in *The Atlantic Council*, June 18, 2013, https://www.atlanticcouncil.org/blogs/natosource/us-and-russia-sign-cyber-security-pact.
＊155 Julia Joffee, "How State-Sponsored Blackmail Works in Russia," *The Atlantic*, January 11, 2017,

January 8, 2018, https://www.ft.com/content/c2b36cf0-e715-11e7-8b99-0191e45377ec.
*111 Tait, "Czech Cyber-Attack," supra.
*112 Matthew Czekaj, "Russia's Hybrid War Against Poland," *Eurasia Daily Monitor* 12:80 April 29, 2015, https://jamestown.org/program/russias-hybrid-war-against-poland/.
*113 Sabine Fischer, "The Donbas Conflict: Opposing Interests and Narratives, Difficult Peace Process," *SWP Research Paper* 2019/RP 05, April 2019, https://www.swp-berlin.org/10.18449/2019RP05/.
*114 NATO, "Statement of the NATO-Ukraine Commission," North Atlantic Treaty Organization October 31, 2019, https://www.nato.int/cps/en/natohq/official_texts_170408.htm.
*115 Windham, "Timeline: Ten Years of Russian Cyber Attacks on Other Nations," supra.
*116 Stelzenmüller, "The Impact of Russian Interference on Germany's 2017 Election," supra.
*117 Windham, "Timeline: Ten Years of Russian Cyber Attacks on Other Nations," supra.
*118 Stelzenmüller, "The Impact of Russian Interference on Germany's 2017 Election," supra.
*119 Stefan Meister, "The 'Lisa Case': Germany as a Target of Russian Disinformation," *NATO Review*, July 25, 2016, https://www.nato.int/docu/review/articles/2016/07/25/the-lisa-case-germany-as-a-target-of-russian-disinformation/index.html.
*120 Lisa-Maria N. Neudert, "Computational Propaganda in Germany: A Cautionary Tale," in Samuel Woolley and Philip N. Howard (eds.), Working Paper 2017. 7 (Oxford, UK: Project on Computational Propaganda), 31. http://comprop.oii.ox.ac.uk/wp-content/uploads/sites/89/2017/06/Comprop-Germany.pdf.
*121 Stelzenmüller, "The Impact of Russian Interference on Germany's 2017 Election," supra.
*122 Dmitri Trenin, "Russia and Germany: From Estranged Partners to Good Neighbors," *Carnegie Moscow Center*, June 2018, https://carnegieendowment.org/files/Article_Trenin_RG_2018_Eng.pdf.
*123 Oliphant, Mulholland, Huggler, and Boztas. "How Vladimir Putin and Russia Are Using Cyberattacks," supra.
*124 "Successfully Countering Russian Electoral Interference," *CSIS Briefs*, June 21, 2018, https://www.csis.org/analysis/successfully-countering-russian-electoral-interference.
*125 Agence France-Presse, "Norway Accuses Group Linked to Russia of Carrying out Cyber-Attack," *The Guardian*, February 3, 2017, https://www.theguardian.com/technology/2017/feb/03/norway-accuses-group-linked-to-russia-of-carrying-out-cyber-attack.
*126 Bruce Sussman, "Cyber Attack Motivations: Russia vs. China," *Secure World*, June 3, 2019, https://www.secureworldexpo.com/industry-news/why-russia-hacks-why-china-hacks.
*127 Russian Federation Office of the President, *The Military Doctrine of the Russian Federation* as posted by the Russian Embassy to the United Kingdom of Great Britain and Northern Ireland June 29, 2015, https://rusemb.org.uk/press/2029.
*128 Ibid.
*129 Ibid.
*130 Louise Matsakis, "What Happens if Russia Cuts Itself Off from the Internet?" *Wired* February 12, 2019, https://www.wired.com/story/russia-internet-disconnect-what-happens/.
*131 Catalin Cimpanu, "Russia to Disconnect from the Internet as Part of a Planned Test," *ZDNet* February 11, 2019, https://www.zdnet.com/article/russia-to-disconnect-from-the-internet-as-part-of-a-planned-test/.
*132 Max Seddon and Henry Foy, "Russian Technology: Can the Kremlin Control the internet? *Financial Times*, June 4, 2019. https://www.ft.com/content/93be9242-85e0-11e9-a028-86cea8523dc2.
*133 Marina Sadyki, "National Report on e-Commerce Development in Russia," *UN Industrial Development Organization* 2017, https://www.unido.org/api/opentext/documents/download/9920890/unido-file-9920890.

Intentions in Recent US Elections": The Analytic Process and Cyber Incident Attribution January 6, 2017.

*93 Greenberg, "How an Entire Nation Became Russia's Test Lab for Cyberwar," supra.

*94 US Office of the Director of US Intelligence, *Background to "Assessing Russian Activities and Intentions in Recent US Elections,"* supra.

*95 US Senate, Committee on Intelligence, "Report of the Select Committee on Intelligence of the United States Senate on Russian Active Measures Campaigns and Interference in the 2016 US Election," Volume 4, Review of the Intelligence Community Assessment with Additional Views Washington, DC, April 2020, https://www.intelligence.senate.gov/sites/default/files/documents/Report_Volume4.pdf.

*96 Warwick Ashford, "Security Research Links Russia to US Election Cyberattacks: Security Researchers Say the Hacking of the US Democratic National Convention's Email System is Linked to a Wider Russian Cyber Campaign," *Computer Weekly*, January 6, 2017, http://www.computerweekly.com/news/450410516/Security-research-links-Russia-to-US-election-cyber-attacks.

*97 Michael Riley and Jordan Robertson, "Russian Cyber Hacks on U.S. Electoral System Far Wider Than Previously Known," *Bloomberg News*, June 13, 2017, https://www.bloomberg.com/news/articles/2017-06-13/russian-breach-of-39-states-threatens-future-u-s-elections.

*98 Robert S. Mueller, III, Rosalind S Helderman; Matt Zapotosky; US Department of Justice. Special Counsel's Office, *Report on the Investigation into Russian Interference in the 2016 Presidential Election* (New York: Scribner, 2019).

*99 Frances Robles, "Russian Hackers Were 'In a Position' to Alter Florida Voter Rolls, Rubio Confirms," *New York Times*, April 26, 2019, https://www.nytimes.com/2019/04/26/us/florida-russia-hacking-election.html.

*100 US Office of the Director of US Intelligence, *Background to "Assessing Russian Activities and Intentions in Recent US Elections,"* supra.

*101 Steve Dent, "Report: Russia Hacked Election Systems in 39 US States," *Engadget*, June 13, 2017, https://www.engadget.com/2017/06/13/report-russia-hacked-election-systems-in-39-us-states/.

*102 Del Quentin Wilber, "Contractor Accused of Leaking NSA Document on Russian Hacking Pleads Guilty," *The Wall Street Journal*, June 26, 2018, https://www.wsj.com/articles/contractor-accused-of-leaking-nsa-document-on-russian-hacking-pleads-guilty-1530048276.

*103 Matthew Cole, Richard Esposito, Sam Biddle, and Ryan Grim, "Top-Secret NSA Report Details Russian Hacking Effort Days Before 2016 Election," *The Intercept*, June 5, 2017, https://theintercept.com/2017/06/05/top-secret-nsa-report-details-russian-hacking-effort-days-before-2016-election/.

*104 Ibid.

*105 Ibid.

*106 Ibid.

*107 "Hackers Gain Entry into US, European Energy Sector, Symantec Warns," *Reuters*, September 6, 2017, https://www.cnbc.com/2017/09/06/hackers-gain-entry-into-us-european-energy-sector-symantec-warns.html.

*108 Joel Schectman, Dustin Volz, and Jack Stubbs, "HP Enterprise Let Russia Scrutinize Cyberdefense System Used by Pentagon," *Reuters*, October 2, 2017, http://www.reuters.com/article/us-usa-cyber-russia-hpe-specialreport/special-report-hp-enterprise-let-russia-scrutinize-cyberdefense-system-used-by-pentagon-idUSKCN1C716M.

*109 Robert Tait, "Czech Cyber-Attack: Russia Suspected of Hacking Diplomats' Emails," *The Guardian*, January 31, 2017, https://www.theguardian.com/world/2017/jan/31/czech-cyber-attack-russia-suspected-of-hacking-diplomats-emails.

*110 James Shotter, "Czechs Fear Russian Fake News in Presidential Election," *Financial Times*

＊66　Snowden, *Twitter*, supra.
＊67　Windham, "Timeline: Ten Years of Russian Cyber Attacks on Other Nations," supra.
＊68　Roland Oliphant, Rory Mulholland, Justin Huggler, Senay Boztas, "How Vladimir Putin and Russia are Using Cyberattacks and Fake News to Try to Rig Three Major European Elections this Year," *The Telegraph*, February 13, 2017, http://www.telegraph.co.uk/news/2017/02/13/vladimir-putin-russia-using-cyber-attacks-fake-news-try-rig/.
＊69　Shaun Waterman, "Analysis: Who Cyber Smacked Estonia?" *UPI*, June 11, 2007, http://www.upi.com/Business_News/Security-Industry/2007/06/11/Analysis-Who-cyber-smacked-Estonia/UPI-26831181580439/.
＊70　"Estonia Hit by 'Moscow Cyber War,'" *BBC News*, May 17, 2007, http://news.bbc.co.uk/go/pr/fr/-/2/hi/europe/6665145.stm.
＊71　Ibid.
＊72　Windham, "Timeline: Ten Years of Russian Cyber Attacks on Other Nations," supra.
＊73　John Markoff, "Before the Gunfire, Cyberattacks," *The New York Times*, August 12, 2008, http://www.nytimes.com/2008/08/13/technology/13cyber.html?em_r=0.
＊74　Ibid.
＊75　Travis Wentworth, "How Russia May Have Attacked Georgia's Internet," *Newsweek*, August 22, 2008, http://www.newsweek.com/how-russia-may-have-attacked-georgias-internet-88111.
＊76　Markoff, "Before the Gunfire, Cyberattacks," supra.
＊77　Windham, "Timeline: Ten Years of Russian Cyber Attacks on Other Nations," supra.
＊78　Ibid.
＊79　Ibid.
＊80　Reuters, "Russian Hackers Accused of Targeting UN Chemical Weapons Watchdog, MH17 Files," *Australian Broadcasting Corporation*, October 4, 2018, https://www.abc.net.au/news/2018-10-04/russia-tried-to-hack-un-chemical-weapons-watchdog-netherlands/10339920.
＊81　Windham, "Timeline: Ten Years of Russian Cyber Attacks on Other Nations," supra.
＊82　Ibid.
＊83　Ibid.
＊84　Greenberg, "How an Entire Nation Became Russia's Test Lab for Cyberwar," supra.
＊85　Gabe Joselow, "Election Cyberattacks: Pro-Russia Hackers Have Been Accused in Past," *NBC News*, November 3, 2016, https://www.nbcnews.com/mach/technology/election-cyberattacks-pro-russia-hackers-have-been-accused-past-n673246.
＊86　Ellen Nakashima, "Russia Has Developed a Cyberweapon that Can Disrupt Power Grids, According to New Research," *The Washington Post*, June 12, 2017, https://www.washingtonpost.com/world/national-security/russia-has-developed-a-cyber-weapon-that-can-disrupt-power-grids-according-to-new-research/2017/06/11/b91b773e-4eed-11e7-91eb-9611861a988f_story.html?tid=ss_mailutm_term=.35bafd178f13.
＊87　Ibid.
＊88　US Department of Homeland Security, ICS-CERT, "Alert (ICS-ALERT-17-206-01) CRASHOVERRIDE Malware," July 25, 2017, https://ics-cert.us-cert.gov/alerts/ICS-ALERT-17-206-01.
＊89　Nakashima, "Russia has Developed a Cyberweapon that can Disrupt Power Grids," supra.
＊90　Greenberg, "How an Entire Nation Became Russia's Test Lab for Cyberwar," supra.
＊91　Sam Sokol, "Russian Disinformation Distorted Reality in Ukraine. Americans Should Take Note," *Foreign Policy*, August 2, 2019, https://foreignpolicy.com/2019/08/02/russian-disinformation-distorted-reality-in-ukraine-americans-should-take-note-putin-mueller-elections-antisemitism/.
＊92　US Office of the Director of US Intelligence, *Background to "Assessing Russian Activities and*

10, 2015, https://www.dni.gov/index.php/newsroom/testimonies/209-congressional-testimonies-2015/1251-dni-clapper-statement-for-the-record,-worldwide-cyber-threats-before-the-housepermanent-select-committee-on-intelligence.

*44 Michael Connell and Sarah Vogler, "Russia's Approach to Cyber Warfare," *CNA Analysis and Solutions*, March 2017, 27–29. https://www.cna.org/CNA_files/PDF/DOP-2016-U-014231-1Rev.pdf.

*45 Ibid.

*46 Bērziņš, "Russia's New Generation Warfare in Ukraine," supra.

*47 Amos Chapple, "The Art of War: Russian Propaganda in WWI," *Radio Free Europe/Radio Liberty*, 2018, https://www.rferl.org/a/russias-world-war-one-propaganda-posters/29292228.html.

*48 Phillip Karber and Joshua Thibeault, "Russia's New-Generation Warfare," *Association of the United States Army*, May 20, 2016, https://www.ausa.org/articles/russia%E2%80%99s-new-generation-warfare.

*49 Nathalie Maréchal, "Are You Upset About Russia Interfering With Elections?" *Slate*, March 20, 2017, http://www.slate.com/articles/technology/future_tense/2017/03/russia_s_election_interfering_can_t_be_separated_from_its_domestic_surveillance.html.

*50 "Report of the International Agora 'Freedom of the Internet 2018: Delegation of Repression,'" May 2, 2019, https://www.agora.legal/articles/Doklad-Mezhdunarodnoi-Agory-%C2%ABSvoboda-interneta-2018-delegirovanie-repressiy%C2%BB/18.

*51 Amy Mackinnon, "Tinder and the Russian Intelligence Services: It's a Match! Will Facebook and Twitter be Next?" *Foreign Policy*, June 7, 2019, https://foreignpolicy.com/2019/06/07/tinder-and-the-russian-intelligence-services-its-a-match/.

*52 Maréchal, "Are You Upset About Russia Interfering With Elections?" supra.

*53 Smith, "Russian Cyber Capabilities," supra.

*54 "Russia Enacts 'Draconian' Law for Bloggers and Online Media," *BBC News*, August 1, 2014, https://www.bbc.com/news/technology-28583669.

*55 Freedom House, "Freedom on the Net 2015," *Freedom House*, October 2015, 653. https://freedomhouse.org/sites/default/files/FOTN%202015%20Full%20Report.pdf.

*56 Adrian Chen, "The Agency," *The New York Times*, June 2, 2015, https://www.nytimes.com/2015/06/07/magazine/the-agency.html.

*57 Stelzenmüller, "The Impact of Russian Interference on Germany's 2017 Election," supra.

*58 "Russia Internet: Law Introducing New Controls Comes into Force," *BBC News*, November 1, 2019, https://www.bbc.com/news/world-europe-50259597.

*59 Cliff Saran, "F-Secure Warns of Russian State-Supported Cyber Espionage," *Computer Weekly*, September 17, 2015, http://www.computerweekly.com/news/4500253704/F-Secure-warns-of-Russian-state-supported-cyber-espionage.

*60 Dave Lee, "Red October Cyber-Attack Found by Russian Researchers," *BBC News*, January 14, 2013, http://www.bbc.com/news/technology-21013087.

*61 Bob Drogin, "Russians Seem to Be Hacking into Pentagon/Sensitive Information Taken—But Nothing Top Secret," *Los Angeles Times*, October 7, 1999.

*62 Scott Shane, Nicole Perlroth, and David E. Sanger, "Security Breach and Spilled Secrets Have Shaken the N.S.A. to Its Core," *The New York Times*, November 12, 2017, https://www.nytimes.com/2017/11/12/us/nsa-shadow-brokers.html.

*63 Ibid.

*64 Edward Snowden, *Twitter*, August 16, 2016. https://twitter.com/snowden/status/765513776372342784?lang=en.

*65 Andrew Morse, "Snowden: Alleged NSA attack is Russian warning," *cnet*, August 16, 2016, https://www.cnet.com/news/snowden-nsa-hack-russia-warning-election-democratic-party/.

＊28　Vasudevan Sridharan. "Russia Setting Up Cyber Warfare Unit Under Military," *International Business Times*, August 20, 2013, http://www.ibtimes.co.uk/articles/500220/20130820/russia-cyber-war-hack-moscow-military-snowden.htm.

＊29　Gerden, "$500 Million for New Russian Cyber Army," supra.

＊30　大陪審の起訴状には次のように書かれていた。「12人の被告はサンクトペテルブルクに本拠を置くロシア企業インターネット・リサーチ・エージェンシー合同会社で複数回にわたって勤務していた。別の被告エフゲニー・ヴィクトロヴィッチ・プリゴジンは、コンコード経営コンサルティング社、コンコード・ケータリング社として知られる会社や、その他複数の子会社および系列会社を利用した共同謀議に資金提供した……伝えられるところでは、インターネット・リサーチ・エージェンシー社はロシアのダミー会社によって運営されていた。同社は年間数百万ドルの予算で、架空名義の作成や技術的・管理的支援などオンライン活動に従事する数百名の従業員を雇用していた。同社は特定の経営者集団によって運営され、グラフィックス処理、検索エンジン最適化〔検索結果を一覧表示するとき、特定のウェブページが上位に表示されるようにすること〕、情報テクノロジー、経理部門などの部署を擁する組織構造をとっていた。Office of Public Affairs, Department of Justice, "Grand Jury Indicts Thirteen Russian Individuals and Three Russian Companies for Scheme to Interfere in the United States Political System," *Justice News*, February 16, 2018, https://www.justice.gov/opa/pr/grand-jury-indicts-thirteen-russian-individuals-and-three-russian-companies-scheme-interfere.

＊31　Ibid.

＊32　Brian Barrett, "For Russia, Unravelling US Democracy Was Just Another Day Job," *Wired*, February 17, 2018, https://www.wired.com/story/mueller-indictment-internet-research-agency/.

＊33　Ivan Nechepurenko and Michael Schwirtz, "What We Know About Russians Sanctioned by the United States," *The New York Times*, February 17, 2018, https://www.nytimes.com/2018/02/17/world/europe/russians-indicted-mueller.html.

＊34　スロバキアのベテラン外交官で、駐ワシントン大使やブリュッセルのNATO本部で勤務した経験をもつラスティフラフ・カルチェールは「この『情報戦争』はより大きな闘争のほんの一部である。それは流血を伴わないが、通常の敵対行為と同じくらい危険である」と語っている。Andrew Higgins, "Effort to Expose Russia's 'Troll Army' Draws Vicious Retaliation," *New York Times*, May 31, 2016, http://www.nytimes.com/2016/05/31/world/europe/russia-finland-nato-trolls.html?_r=0.

＊35　Smith, "Russian Cyber Capabilities," supra.

＊36　Conley, Mina, Stefanov, and Vladimirov, *The Kremlin Playbook*, supra., x.

＊37　Ibid., xiv.

＊38　Ibid., x.

＊39　Ibid.

＊40　Ibid.

＊41　Robert Windham, "Timeline: Ten Years of Russian Cyber Attacks on Other Nations," *NBC News*, December 18, 2016, http://www.nbcnews.com/news/us-news/timeline-ten-years-russian-cyber-attacks-other-nations-n697111.

＊42　Andrew Kramer, "Russian General Pitches 'Information' Operations as a Form of War," *New York Times*, March 2, 2019, https://www.nytimes.com/2019/03/02/world/europe/russia-hybrid-war-gerasimov.html.

＊43　According to Clapper's testimony, "Computer security studies assert that Russian cyber actors are developing means to remotely access industrial control systems (ICS) used to manage critical infrastructures. Unknown Russian actors successfully compromised the product supply chains of at least three ICS vendors so that customers downloaded malicious software ('malware') designed to facilitate exploitation directly from the vendors' websites along with legitimate software updates, according to private sector cyber security experts." See James R. Clapper, "Statement for the Record: Worldwide Cyber Threats," *House Permanent Select Committee on Intelligence*, September

＊6　Sergey Sukhankin, "Russia's New Information Security Doctrine: Fencing Russia from the 'Outside World'?" *Eurasia Daily Monitor* 13:198, 2016, https://www.refworld.org/docid/5864c6b24.html.

＊7　Constanze Stelzenmüller's testimony before the US Senate Select Committee on Intelligence, "The Impact of Russian Interference on Germany's 2017 Election," *Brookings Institute*, June 28, 2017, https://www.brookings.edu/testimonies/the-impact-of-russian-interference-on-germanys-2017-elections/

＊8　As quoted in Von Patrick Beuth, Kai Biermann, Martin Klingst und Holger Stark, "Cyberattack on the Bundestag: Merkel and the Fancy Bear," *Zeit Online* May 12, 2017, https://www.zeit.de/digital/2017-05/cyberattack-bundestag-angela-merkel-fancy-bear-hacker-russia.

＊9　Vladimir Putin, *Russia and the Changing World*, February 27, 2012, https://www.rt.com/politics/official-word/putin-russia-changing-world-263/.

＊10　H. A. Conley, J. Mina, R. Stefanov, M. Vladimirov, *The Kremlin Playbook: Understanding Russian Influence in Central and Eastern Europe* (Boulder CO: Rowman Littlefield, 2016), iv-v.

＊11　Mark Galeotti, "Crimintern: How the Kremlin Uses Russia's Criminal Networks in Europe," *European Council on Foreign Relations*, April 18, 2017, https://www.ecfr.eu/publications/summary/crimintern_how_the_kremlin_uses_russias_criminal_networks_in_europe.

＊12　Mark Galeotti, "The Kremlin's Newest Hybrid Warfare Asset," *Foreign Policy*, June 12, 2017, https://foreignpolicy.com/2017/06/12/how-the-world-of-spies-became-a-gangsters-paradise-russia-cyberattack-hack/.

＊13　Galeotti, "Crimintern: How the Kremlin Uses Russia's," supra.

＊14　Stelzenmüller, "The Impact of Russian Interference on Germany's 2017 Election," supra.

＊15　"WannaCry: Are You Safe?" *Kaspersky Company*, May 15, 2017, https://www.kaspersky.co.uk/blog/wannacry-ransomware/8700/.

＊16　Eugene Gerden, "$500 Million for New Russian Cyber Army," *SC Magazine*, November 6, 2014, http://www.scmagazineuk.com/500-million-for-new-russian-cyberarmy/article/381720/.

＊17　Smith, "Russian Cyber Capabilities," supra.

＊18　Lewis and Timlin, *Cybersecurity and Cyberwarfare*, supra.

＊19　Gerden, "$500 Million for New Russian Cyber Army," supra.

＊20　Roland Heickerö, "Emerging Cyber Threats and Russian Views on Information Warfare and Information Operations," *Swedish Defence Research Agency*, 2010, 27ff.

＊21　Andrea Shalal, "Germany Challenges Russia over Alleged Cyberattacks," *Reuters*, May 4, 2017, http://www.reuters.com/article/us-germany-security-cyber-russia-idUSKBN1801CA.

＊22　Kevin Kelleher, "Microsoft Says Russia Has Already Tried to Hack 3 Campaigns in the 2018 Election," *Fortune*, July 19, 2018, http://fortune.com/2018/07/19/microsoft-russia-hack-2018-election-campaigns/.

＊23　Garrett M. Graff, "Indicting 12 Russian Hackers Could Be Mueller's Biggest Move Yet," *Wired*, July 13, 2018, https://www.wired.com/story/mueller-indictment-dnc-hack-russia-fancy-bear/.

＊24　"Dutch Intelligence First to Alert U.S. about Russian Hack of Democratic Party," *Nieuwsuur*, January 25, 2018, https://nos.nl/nieuwsuur/artikel/2213767-dutch-intelligence-first-to-alert-u-s-about-russian-hack-of-democratic-party.html.

＊25　Mikhail Barabanov, "Testing a 'New Look,'" *Russia in Global Affairs*, December 18, 2014, https://eng.globalaffairs.ru/number/Testing-a-New-Look-17213.

＊26　Andrew Monaghan, "Putin's Way of War: The 'War' in Russia's 'Hybrid Warfare,'" *Parameters*, Winter 2015-2016, 66 and 70. https://ssi.armywarcollege.edu/pubs/parameters/issues/winter_2015-16/9_monaghan.pdf.

＊27　Gerden, "$500 Million for New Russian Cyber Army," supra.

＊144. Keith Collins, "Net Neutrality Has Officially Been Repealed. Here's How That Could Affect You," *The New York Times*, June 11, 2018, https://www.nytimes.com/2018/06/11/technology/net-neutrality-repeal.html.

＊145　Downes, "On Internet Regulation," supra.

＊146　Collins, "Net Neutrality Has Officially Been Repealed." supra.

＊147　US Joint Force Development, "Cyberspace Operations," June 8, 2018, https://www.jcs.mil/Portals/36/Documents/Doctrine/pubs/jp3_12.pdf?ver=2018-07-16-134954-150.

＊148　Ibid.

＊149　Eneken Tikk and Mika Kerttunen, "Parabasis: Cyber-diplomacy in Stalemate," *Norwegian Institute of International Affairs*, May 2018, https://nupi.brage.unit.no/nupi-xmlui/bitstream/handle/11250/2569401/NUPI_Report_5_18_Tikk_Kerttunen.pdf?sequence=1isAllowed=y

＊150　*Developments in the Field of Information and Telecommunications in the Context of International Security*（A/54/213).

＊151　Tikk and Kerttunen, "Parabasis: Cyber-diplomacy in Stalemate," supra.

＊152　Julian Ku, "Forcing China to Accept that International Law Restricts Cyber Warfare May Not Actually Benefit the U.S.," Lawfare（August 25, 2017).

＊153　David E. Sanger and William J Broad, "Pentagon Suggests Countering Devastating Cyberattacks with Nuclear Arms," *The New York Times*, January 16, 2018, https://www.nytimes.com/2018/01/16/us/politics/pentagon-nuclear-review-cyberattack-trump.html.

＊154　Ku, "Forcing China to Accept that International Law Restricts Cyber Warfare," supra.

＊155　Sanger and Broad, "Pentagon Suggests Countering Devastating," supra.

＊156　John Markoff and Andrew E. Kramer, "U.S. and Russia Differ on a Treaty for Cyberspace," *New York Times*, June 27, 2009, http://www.nytimes.com/2009/06/28/world/28cyber.html.

＊157　US White House, *Prosperity, Security, and Openness*, supra.

＊158　Ibid.

＊159　Carl von Clausewitz, *On War* Book 1, Chapter 1, 1873, https://www.clausewitz.com/readings/OnWar1873/BK1ch01.html.

＊160　René Girard, *On War and Apocalypse*, August 2009, https://www.firstthings.com/article/2009/08/on-war-and-apocalypse.

＊161　Randall R. Dipert, The Ethics of Cyberwarfare, *Journal of Military Ethics*, 9:4, 384–410. 2010, http://dx.doi.org/10.1080/15027570.2010.536404.

＊162　Col. James Cook, "'Cyberation' and Just War Doctrine: A Response to Randall Dipert," *Journal of Military Ethics*, 9:4, 411–423, 2010, https://www.law.upenn.edu/live/files/1701-cook-cyberation

＊163　US White House, *Prosperity, Security, and Openness*, supra.

第三章

＊1　Gellman and Nakashima, "U.S. Spy Agencies Mounted 231 Offensive Cyber-Operations," supra.

＊2　Jānis Bērziņš, "Russia's New Generation Warfare in Ukraine," *National Defence Academy of Latvia Center for Security and Strategic Research Policy Paper No. 2*, April 2014, http://www.sldinfo.com/wp-content/uploads/2014/05/New-Generation-Warfare.pdf.

＊3　"Военная доктрина Российской Федерации," Russian Presidential Executive Office, February 5, 2010, http://news.kremlin.ru/ref_notes/461.

＊4　"Cyber Wars," *Agentura. Ru*, 〈www.agentura.ru/english/equipment/〉.

＊5　Decree of the President of the Russian Federation, "On approval of the Doctrine of Information Security of the Russian Federation," December 5, 2016, http://publication.pravo.gov.ru/Document/View/0001201612060002.

York Times, June 22, 2019, https://www.nytimes.com/2019/06/22/us/politics/us-iran-cyber-attacks.html.

＊125 Michael Shear, Eric Schmitt, and Maggie Haberman, "Trump Approves Strike on Iran, but then Abruptly Pulls Back," *The New York Times*, June 20, 2019, https://www.nytimes.com/2019/06/20/world/middleeast/iran-us-drone.html.

＊126 David E. Sanger and Eric Schmitt, "U.S. Cyberweapons, Used Against Iran and North Korea, Are a Disappointment Against ISIS," *New York Times* June 12, 2017, https://www.nytimes.com/2017/06/12/world/middleeast/isis-cyber.html?smid=nytcore-ipad-sharesmprod=nytcore-ipad_r=0

＊127 Sanger and Schmitt, "U.S. Cyberweapons, Used against Iran," supra.

＊128 David E. Sanger and William J Broad, "Hand of U.S. Leaves North Korea's Missile Program Shaken," *New York Times*, April 18, 2017, https://www.nytimes.com/2017/04/18/world/asia/north-korea-missile-program-sabotage.html?_r=0

＊129 Karen DeYoung, Ellen Nakashima and Emily Rauhala, "US-Trump signed presidential directive ordering actions to pressure North Korea," *The Washington Post* September 30, 2017, https://www.washingtonpost.com/world/national-security/trump-signed-presidential-directive-ordering-actions-to-pressure-north-korea/2017/09/30/97c6722a-a620-11e7-b14f-f41773cd5a14_story.html?utm_term=.5d67f8804aa6

＊130 Sanger and Schmitt, "U.S. Cyberweapons, Used Against Iran," supra.

＊131 Ibid.

＊132 Ibid.

＊133 Gellman and Nakashima, "U.S. Spy Agencies Mounted 231 Offensive Cyber-Operations," supra.

＊134 Siobhan Gorman, "Electricity Grid in U.S. Penetrated By Spies," *The Wall Street Journal*, April 8, 2009, http://online.wsj.com/article/SB123914805204099085.html.

＊135 Ibid.

＊136 セキュリティ情報企業のクラウドストライク社は、Havex RATと2013年9月のエネルギー部門組織に対する標的攻撃とを関連づけた。この攻撃はロシアとつながりをもつ攻撃者グループによって実行された。クラウドストライク社はこの攻撃者グループを「Energetic Bear」と名づけ、その悪質なキャンペーンは2012年8月から開始されていたと語った。Lucian Constantin, "New Havex malware variants target industrial control system and SCADA users," *PC World* June 24, 2014, http://www.pcworld.com/article/2367240/new-havex-malware-variants-target-industrial-control-system-and-scada-users.html-and-Havex-Trojan:ICS-ALERT-14-176-02A

＊137 このロシアからのマルウェアは、2014年12月23日にウクライナの電力網の一部をシャットダウンさせることに使用されたが、これはこの種の攻撃としては最初のものだった。BlackEnergy: ICS-ALERT-14-281-01E

＊138 Department of Defense/Defense Science Board, supra.

＊139 US White House, *Prosperity, Security, and Openness*, supra.

＊140 Ellen Nakashima, "With Plan X, Pentagon Seeks to Spread U.S. Military Might to Cyberspace," *The Washington Post*, May 30, 2012, http://www.washingtonpost.com/world/national-security/with-plan-x-pentagon-seeks-to-spread-us-military-might-to-cyberspace/2012/05/30/gJQAEca71U_story.html

＊141 Ibid.

＊142 US Office of the director of US Intelligence, *Background to "Assessing Russian Activities and Intentions in Recent US Elections": The Analytic Process and Cyber Incident Attribution* January 6, 2017.

＊143 Larry Downes, "On Internet Regulation, The FCC Goes Back To The Future," *Forbes* March 12, 2018, https://www.forbes.com/sites/larrydownes/2018/03/12/the-fcc-goes-back-to-the-future/#56d1e3d05b2e

＊105　Ibid., 52.
＊106　Kartanarusheniy October 8, 2019, https://www.kartanarusheniy.org.
＊107　「ウラジーミル・プーチンはすぐさま西側の偽善を非難し、その歴史に言及した。彼は西側の支援による反モスクワの『カラー革命』は、ジョージア、キルギス、ウクライナで起きた旧ソ連時代からの腐敗した指導者を権力の座から追放する企てや、アラブの春の暴動への承認の延長線上にあると見ている」。Osnos, Remnick and Yaffa, "Trump, Putin and the New Cold War," supra.
＊108　Norwegian Helsinki Committee, https://www.nhc.no/en/frontpage/
＊109　As quoted in "Election watchdog Golos demands to be removed from 'foreign agents' list after court victory," *Russia Today*, September 9, 2014, https://www.rt.com/politics/186452-golos-watchdog-ngo-court/.
＊110　David E. Sanger and Nicole Perlroth, "U.S. Escalates Online Attacks on Russia's Power Grid," *New York Times*, June 15, 2019, https://www.nytimes.com/2019/06/15/us/politics/trump-cyber-russia-grid.html.
＊111　Ken Bredemeier, "Russia Demands Return of 2 Shuttered Compounds in US," *Voice of America*, July 17, 2017, https://www.voanews.com/usa/russia-demands-return-2-shuttered-compounds-us.
＊112　Greg Miller, Ellen Nakashima, and Adam Entous, "Obama's Secret Struggle to Punish Russia," によると、ロシアを抑止または罰するための議論で出された選択肢の中には、ロシアのインフラに対するサイバー攻撃、CIAが収集したプーチンの威信を損ねる素材の公開、ロシア経済にダメージを与える制裁などがあった。
＊113　Ibid.
＊114　5つの警告とは次のとおりである。(1)2016年8月4日、CIA長官のジョン・ブレナンからFSB（KGBの後継）長官アレクサンドル・ボルトニコフへの電話連絡(2)2016年9月の中国・杭州で開催された世界の政治指導者の会合〔G20杭州サミット〕期間中のオバマとプーチンの対立(3)2016年9月5日の記者会見でオバマが発した遠回しな警告(4)2016年10月7日、アメリカ国家安全保障補佐官スーザン・ライスからロシア大使セルゲイ・キスリャクを介してプーチンに伝えられたメッセージ(5)2016年10月31日、核戦争時代の秘匿付きチャネルを通じて選挙前に政権が発した最後のメッセージ。Miller, Nakashima and Entous, "Obama's Secret Struggle to Punish Russia," を参照。
＊115　Ibid.
＊116　Ibid.
＊117　Robert Tait and Julian Borger, "Alleged Hacker Held in Prague at Center of 'Intense' US-Russia Tug of War," *The Guardian*, January 27, 2017, https://www.theguardian.com/technology/2017/jan/27/us-russia-hacking-yevgeniy-nikulin-linkedin-dropbox
＊118　Kartikay Mehrotra, "Jailed Russian of Interest in U.S. Election Probe, Official Says," *Bloomberg News*, August 24, 2018, https://www.bloomberg.com/news/articles/2018-08-24/quiet-jailed-russian-said-of-interest-in-u-s-election-meddling.
＊119　Tait and Borger, "Alleged Hacker Held in Prague," supra.
＊120　"Russian Computer Programmer Arrested in Spain: Embassy," Reuters, April 9, 2017, http://www.reuters.com/article/us-spain-russia-idUSKBN17B0O2.
＊121　Reuters Staff, "Russian Accused of Hacking Extradited to U.S. from Spain," *Reuters* February 2, 2018, https://www.reuters.com/article/us-usa-cyber-levashov/russian-accused-of-hacking-extradited-to-u-s-from-spain-idUSKBN1FM2RG.
＊122　US Indictment CRIMINAL NO.(18 U.S.C. §§ 2, 371, 1349, 1028A) February 16, 2018, https://www.justice.gov/file/1035477/download.
＊123　Mark Mazzetti and Katie Benner, "12 Russian Agents Indicted in Mueller Investigation," *The New York Times*, July 13, 2018, https://www.nytimes.com/2018/07/13/us/politics/mueller-indictment-russian-intelligence-hacking.html.
＊124　Julian E. Barnes and Thomas Gibbons-Neff, "U.S. Carried Out Cyberattacks on Iran," *New*

*76 Ellen Nakashima, "Legal Memos Released on Bush-Era Justification For Warrantless Wiretapping," *The Washington Post* September 6, 2014, https://www.washingtonpost.com/world/national-security/legal-memos-released-on-bush-era-justification-for-warrantless-wiretapping/2014/09/05/91b86c52-356d-11e4-9e92-0899b306bbea_story.html.

*77 Ibid.

*78 Dustin Volz, "Trump Signs Bill Renewing NSA's Internet Surveillance Program," *Reuters* January 19, 2018, https://www.reuters.com/article/us-usa-trump-cyber-surveillance/trump-signs-bill-renewing-nsas-internet-surveillance-program-idUSKBN1F82MK

*79 Department of Defense/Defense Science Board, supra.

*80 Gellman and Ellen, "U.S. Spy Agencies Mounted 231 Offensive Cyber-Operations," supra.

*81 David E. Sanger, and Nicole Perlroth, "N.S.A. Breached Chinese Servers Seen as Security Threat," *The New York Times*, March 22, 2014, https://www.nytimes.com/2014/03/23/world/asia/nsa-breached-chinese-servers-seen-as-spy-peril.html.

*82 Jack Goldsmith, "The Precise (and Narrow) Limits on U.S. Economic Espionage," *Lawfare* March 23, 2015, https://www.lawfareblog.com/precise-and-narrow-limits-us-economic-espionage.

*83 Ibid.

*84 Ibid.

*85 Ibid.

*86 Davidson, "China Accuses U.S. of Hypocrisy," supra.

*87 Ibid.

*88 Gellman and Nakashima, "U.S. Spy Agencies Mounted 231 Offensive Cyber-Operations," supra.

*89 Greenwald and MacAskill, "Obama Orders US to Draw Up Overseas Target List for Cyber-Attacks," supra.

*90 Gellman and Nakashima, "U.S. Spy Agencies Mounted 231 Offensive Cyber-Operations," supra.

*91 Department of Defense/Defense Science Board, supra.

*92 Shane, Mazzetti and Rosenberg, "WikiLeaks Releases Trove," supra.

*93 Gellman and Nakashima, "U.S. Spy Agencies Mounted 231 Offensive Cyber-Operations," supra.

*94 As quoted in Perlroth, Larson, and Shane, "Revealed: The NSA's Secret Campaign," supra.

*95 Perlroth, Larson, and Shane, "Revealed: The NSA's Secret Campaign," supra.

*96 Jenny Jun, Scott LaFoy, and Ethan Sohn, "North Korea's Cyber Operations: Strategy and Responses," December 2015, The Center for Strategic and International Studies (CSIS), 22.

*97 "Big Surge in Cyberattacks on Russia amid US Hacking Hysteria—Russian Security Chief," *Russia Today*, January 15, 2017, https://www.rt.com/news/373764-surge-hacking-attacks-russia/.

*98 David J. Smith, "Russian Cyber Capabilities, Policy and Practice," *in Focus Quarterly* Winter 2014.

*99 この引用文のほか、次に掲げる記事には「ウラジーミル・プーチンはすぐさま西側の偽善を非難し、その歴史に言及した。彼は西側の支援による反モスクワの『カラー革命』は、ジョージア、キルギス、ウクライナで起きた旧ソ連時代からの腐敗した指導者を権力の座から追放する企てや、アラブの春の暴動への承認の延長線上にあると見ている」と指摘されている。"See Evan Osnos, David Remnick, and Joshua Yaffa, "Trump, Putin and the New Cold War, "*New Yorker*, March 6, 2017, http://www.newyorker.com/magazine/2017/03/06/trump-putin-and-the-new-cold-war.

*100 Mischa Gabowitsch, *Protest in Putin's Russia* (Cambridge: Polity Press, 2017), Chap. 1.

*101 Baker, LTC, USA, "Psychological Operations within the Cyber Domain," supra.

*102 Kennon H. Nakamura and Matthew C Weed, US Public Diplomacy: Background and Current Issues (Washington DC: Congressional Research Service December 18, 2009), 16.

*103 Ibid.

*104 Ibid., 37.

Proceedings Magazine, Vol. 132 November 2005, http://milnewstbay.pbworks.com/f/MattisFourBlockWarUSNINov2005.pdf.
＊57 Coll, "The Rewards (and Risks) of Cyber War," supra.
＊58 Gjelten, "First Strike: US Cyber Warriors Seize the Offensive," supra.
＊59 Chinese military strategist Sun Tzu stated, "All warfare is based on deception." See Sun Tzu, The Art of War, ed. and trans. Samuel Griffith (London:Oxford University Press, 1963), 66.
＊60 Prentiss O. Baker, LTC, USA, "Psychological Operations within the Cyber Domain," *Maxwell Paper No. 52, The Air War College*, February 17, 2010, http://www.au.af.mil/au/awc/awcgate/maxwell/mp52.pdf.
＊61 George F. Kennan, *Policy Planning Staff Memorandum 269*, Washington, DC:U.S. State Department, May 4, 1948. As of May 20, 2019, http://academic.brooklyn.cuny.edu/history/johnson/65ciafounding3.htm.
＊62 Baker, LTC, USA, "Psychological Operations within the Cyber Domain," supra.
＊63 Craig Whitlock, "Somali American Caught Up in a Shadowy Pentagon Counterpropaganda Campaign," *The Washington Post*, July, 2013, https://www.washingtonpost.com/world/national-security/somali-american-caught-up-in-a-shadowy-pentagon-counterpropaganda-campaign/2013/07/07/b3aca190-d2c5-11e2-bc43-c404c3269c73_story.html.
＊64 Shanker, "Pentagon Is Updating Conflict," supra.
＊65 Ibid.
＊66 Glenn Greenwald and Ewen MacAskill, "Obama Orders US to Draw Up Overseas Target List for Cyber-Attack," *The Guardian*, June 7, 2013, http://www.theguardian.com/world/2013/jun/07/obama-china-targets-cyber-overseas.
＊67 Department of Defense/Defense Science Board, supra.
＊68 Greg Miller, Ellen Nakashima and Adam Entous, "Obama's Secret Struggle to Punish Russia for Putin's Election Assault," *The Washington Post*, June 23, 2017, https://www.washingtonpost.com/graphics/2017/world/national-security/obama-putin-election-hacking/?tid=ss_mailutm_term=.383942a7e764.
＊69 Department of Defense/Defense Science Board, supra.
＊70 Ibid.
＊71 Staff Study Prepared in the Department of Defense, "Evaluation of Possible Military Courses of Action," *Foreign Relations of the United States, 1961–63, Volume X Cuba, January 1961–September 1962*, https://history.state.gov/historicaldocuments/frus1961-63v10/d19.
＊72 Central Intelligence Agency, Studies in Intelligence: A collection of articles on the historical, operational, doctrinal, and theoretical aspects of intelligence Winter 1999–2000 Unclassified Edition https://cryptome.org/nsa-shamrock.htm.
＊73 Barton Gellman, Ashkan Soltani, and Andrea Peterson, "How We Know the NSA had Access to Internal Google and Yahoo Cloud Data," *The Washington Post* November 4, 2013, http://www.washingtonpost.com/blogs/the-switch/wp/2013/11/04/how-we-know-the-nsa-had-access-to-internal-google-and-yahoo-cloud-data/?tid=hpModule_88854bf0-8691-11e2-9d71-f0feafdd1394hpid=z11
＊74 Ryan Lizza, "State of Deception–Why won't the President Rein in the Intelligence Community?" *New Yorker*, December 16, 2013, http://www.newyorker.com/reporting/2013/12/16/131216fa_fact_lizza?currentPage=all and Gellman, Soltani, and Peterson, "How We Know the NSA had Access," supra.
＊75 Offices of Inspectors General of the Department of Defense, Department of Justice, Central Intelligence Agency, National Security Agency, and Office of the Director of National Intelligence, Annex to the Report on the President's Surveillance Program Volume III July 10, 2009, https://oig.justice.gov/reports/2015/PSP-09-18-15-vol-III.pdf.

https://www.documentcloud.org/documents/1513862-clinton-presidential-policy-directive.html.

*38 これはDARPAがインターネットの初期の創造者であったという事実がすべてを物語っている。また This is all with the understanding that DARPA was an early creator of the internet. Also see Keith B. Alexander, "Warfighting in Cyberspace," *Joint Forces Quarterly*, July 31, 2007, http://www.military.com/forums/0,15240,143898,00.html を参照。

*39 US White House, *Prosperity, Security, and Openness in a Networked World*, May 11, 2012.

*40 US Presidential Executive Order, *Strengthening the Cybersecurity of Federal Networks and Critical Infrastructure* (2017). https://www.whitehouse.gov/the-press-office/2017/05/11/presidential-executive-order-strengthening-cybersecurity-federal

*41 「5つの戦略的イニシャティブは次のとおりである。1 国防省がサイバースペースの潜在的可能性を最大限に利用できるよう、編成・訓練・装備化するための作戦領域としてサイバースペースを扱うこと。2 国防省のネットワークとシステムを防護するため新たな国防運用概念(defense operating concepts)を用いること。3 全政府的なサイバーセキュリティ戦略を推進するため、アメリカ政府の省庁および民間部門と連携すること。4 集団的サイバーセキュリティを強化するため、アメリカの同盟国や国際的パートナーと強靭な関係を築くこと。5 優れたサイバー人材と急速な技術革新により国家の創造力を活用する」。"*The Department of Defense Strategy for Operating in Cyberspace*" (July 2011).

*42 US White House, *National Security Strategy*, May 2010.

*43 "International Strategy for Cyberspace: Prosperity, Security, and Openness in a Networked World," *The White House*, May 2011, 14 and Lewis and Timlin, *Cybersecurity and Cyberwarfare*, supra.

*44 "Department of Defense," *The DOD Cyber Strategy*, April 2015, 13-14. https://www.defense.gov/Portals/1/features/2015/0415_cyber-strategy/Final_2015_DoD_CYBER_STRATEGY_for_web.pdf.

*45 Dustin Volz, "Trump Administration Hasn't Briefed Congress on New Rules for Cyberattacks, Lawmakers Say: Some Lawmakers Are Concerned They Lack Oversight of the Military's Increasing Use of Cyber Weapons," *The Wall Street Journal*, July 10, 2019, https://www.wsj.com/articles/trump-administration-hasnt-briefed-congress-on-new-rules-for-cyberattacks-lawmakers-say-11562787360.

*46 Gellman and Nakashima, "U.S. Spy Agencies Mounted 231 Offensive Cyber-Operations," supra.

*47 Ibid.

*48 Department of Defense/Defense Science Board, Task Force on Cyber Deterrence, February 2017.

*49 *The Department of Defense Strategy for Operating in Cyberspace* (July 2011), 6.

*50 Department of Defense/Defense Science Board, supra.

*51 As quoted in Gellman and Nakashima, "U.S. Spy Agencies Mounted 231 Offensive Cyber-Operations," supra.

*52 Tom Gjelten, "First Strike: US Cyber Warriors Seize the Offensive," *World Affairs* January/February 2013, http://www.worldaffairsjournal.org/article/first-strike-us-cyber-warriors-seize-offensive

*53 DARPAの資金により、インターネット、ステルス戦闘機、GPS、音声認識ソフトウェアの開発が可能となった。

*54 Gjelten, "First Strike: US Cyber Warriors Seize the Offensive," supra.

*55 Gellman and Nakashima, "U.S. Spy Agencies Mounted 231 Offensive Cyber-Operations," supra.

*56 "Deterring Hybrid Warfare: "*NATO Review*. http://www.nato.int/docu/review/2014/Also-in-2014/Deterring-hybrid-warfare/EN/index.htm and Lieutenant General James N. Mattis, USMC, and Lieutenant Colonel Frank Hoffman, USMCR (Ret.), "Future Warfare: The Rise of Hybrid Wars,"

＊11 See "Homeland Security Presidential Directive 7: Critical Infrastructure Identification, Prioritization, and Protection," December 17, 2003.

＊12 "National Cyber Security Division," supra.

＊13 "Cyberspace Policy Review: Assuring a Trusted and Resilient Information and Communications Infrastructure," *The White House*, May 2009, 37.

＊14 "U.S. Cyber Command Fact Sheet," US Department of Defense. <www.defense.gov/home/features/2010/0410_cybersec/docs/CYberFactSheet%20UPD>.

＊15 "Cyber Mission Force Achieves Full Operational Capability," U.S. Cyber Command News Release May 17, 2018, https://www.defense.gov/News/Article/Article/1524747/cyber-mission-force-achieves-full-operational-capability/

＊16 Thom Shanker, "Pentagon Is Updating Conflict Rules in Cyberspace," *The New York Times* June 27, 2013, http://www.nytimes.com/2013/06/28/us/pentagon-is-updating-conflict-rules-in-cyberspace.html.

＊17 Scott Shane, Mark Mazzetti and Matthew Rosenberg, "WikiLeaks Releases Trove of Alleged C.I.A. Hacking Documents," *New York Times*, March 7, 2017, https://www.nytimes.com/2017/03/07/world/europe/wikileaks-cia-hacking.html?_r=0

＊18 Jacob Davidson, "China Accuses U.S. of Hypocrisy on Cyberattacks," *Time*, July 1, 2013, http://world.time.com/2013/07/01/china-accuses-u-s-of-hypocrisy-on-cyberattacks/

＊19 Nakashima, Miller and Tate, "U.S., Israel Developed Flame Computer Virus," supra.

＊20 Ibid.

＊21 Gellman and Nakashima, "U.S. Spy Agencies Mounted 231 Offensive Cyber-Operations," supra.

＊22 Clarke and Robert, *Cyber War*, supra., 179.

＊23 Nakashima, Miller and Tate, "U.S., Israel Developed Flame Computer Virus," supra.

＊24 Gil Baram, "The Theft and Reuse of Advanced Offensive Cyber Weapons Pose a Growing Threat," *Council on Foreign Relations*, June 19, 2018, https://www.cfr.org/blog/theft-and-reuse-advanced-offensive-cyber-weapons-pose-growing-threat.

＊25 White House, *Vulnerabilities Equities Policy and Process for the United States Government* November 15, 2017, https://www.whitehouse.gov/sites/whitehouse.gov/files/images/External%20-%20Unclassified%20VEP%20Charter%20FINAL.PDF

＊26 Ibid.

＊27 Franklin D. Kramer, Stuart H. Starr, and Larry Wentz (eds.), *Cyberpower and National Security* (Washington, DC: National Defense University Potomac Books Inc., 2009).

＊28 "Clarke: More Defense Needed in Cyberspace," *HometownAnnapolis.com*, September 24, 2010.

＊29 Masters, "Confronting the Cyber Threat," supra.

＊30 Office of the US President, *The Comprehensive National Cybersecurity Initiative*, 2009.

＊31 US Cyber Command, *Achieve and Maintain Cyberspace Superiority:Command Vision for US Cyber Command*, March 23, 2018, https://assets.documentcloud.org/documents/4419681/Command-Vision-for-USCYBERCOM-23-Mar-18.pdf.

＊32 Richard J. Harknett, "United States Cyber Command's New Vision:What It Entails and Why It Matters," *Lawfare*, March 23, 2018, https://www.lawfareblog.com/united-states-cyber-commands-new-vision-what-it-entails-and-why-it-matters.

＊33 Ibid.

＊34 Ibid.

＊35 Ibid.

＊36 William Clinton, *National Security Strategy* (Washington, DC: Government Printing Office, 1995), 8.

＊37 White House Presidential Directive/NSC-63, "Critical Infrastructure Protection," May 1998,

Inventory of Organized Social Media Manipulation," in Samuel Woolley and Philip N. Howard (eds.), Working Paper, December 2017, (Oxford, UK)Project on Computational Propaganda, http://comprop.oii.ox.ac.uk/research/troops-trolls-and-trouble-makers-a-global-inventory-of-organized-social-media-manipulation/.

＊101 Craig Timberg, "Spreading Fake News Becomes Standard Practice for Governments across the World," *The Washington Post*, July 17, 2017, https://www.washingtonpost.com/news/the-switch/wp/2017/07/17/spreading-fake-news-becomes-standard-practice-for-governments-across-the-world/?hpid=hp_hp-cards_hp-card-technology%3Ahomepage%2Fcardutm_term=.248d94c26b31.

＊102 UK House of Commons Digital, Culture, Media and Sport Committee, *Disinformation and 'Fake News' : Final Report Eighth Report of Session 2017–19 Report* (London: The House of Commons, 2019), 77.

＊103 Carole Cadwalladr, "Fresh Cambridge Analytica Leak 'Shows Global Manipulation is Out of Control,'" *The Guardian*, January 4, 2020, https://www.theguardian.com/uk-news/2020/jan/04/cambridge-analytica-data-leak-global-election-manipulation.

＊104 Patrick Wintour, "Russian Bid to Influence Brexit Vote Detailed in New US Senate Report," *The Guardian*, January 10, 2018, https://www.theguardian.com/world/2018/jan/10/russian-influence-brexit-vote-detailed-us-senate-report.

第二章

＊1 Barton Gellman and Ellen Nakashima, "U.S. Spy Agencies Mounted 231 Offensive Cyber-Operations in 2011, Documents Show," *The Washington Post*, August 30, 2013, https://www.washingtonpost.com/world/national-security/us-spy-agencies-mounted-231-offensive-cyber-operations-in-2011-documents-show/2013/08/30/d090a6ae-119e-11e3-b4cb-fd7ce041d814_story.html?utm_term=.e963d1e06ce4.

＊2 Nicole Perlroth, Jeff Larson, and Scott Shane, "Revealed: The NSA's Secret Campaign to Crack, Undermine Internet Security," *The New York Times*, September 5, 2013, http://www.propublica.org/article/the-nsas-secret-campaign-to-crack-undermine-internet-encryption.

＊3 例えば、アメリカはサイバー手段を「平時、危機、あるいは戦時にアメリカの国益を脅かそうとするあらゆる敵対者を抑止し、拒否し、打倒するために」使用している（傍点による強調は原著者）。US Presidential Policy Directive/PPD 20 *US Cyber Operations Policy* Washington, DC, 2012, https://fas.org/irp/offdocs/ppd/ppd-20.pdf を参照。

＊4 White House, National Security Strategy 2017, https://www.whitehouse.gov/wp-content/uploads/2017/12/NSS-Final-12-18-2017-0905.pdf.

＊5 Ibid.

＊6 Ibid.

＊7 Ibid.

＊8 Ellen Nakashima, "Military Leaders Seek More Clout for Pentagon's Cyber Command Unit," *The Washington Post*, May 1, 2012, https://www.washingtonpost.com/world/national-security/military-officials-push-to-elevate-cyber-unit-to-full-combatant-command-status/2012/05/01/gIQAUud1uT_story.html?utm_term=.82a37e29370b.

＊9 Office of the Director of National Intelligence, Cyber Threat Intelligence Integration Center, *CTIIC's Mission Responsibilities are Outlined in a February 2015 MEMO PRESIDENTIAL Memorandum that Directed the DNI to Establish CTIIC*, Retrieved July 24, 2017, https://www.dni.gov/files/CTIIC/documents/CTIIC-Overview_for-unclass.pdf.

＊10 "National Cyber Security Division," *US Department of Homeland Security*. <www.dhs.gov/xabout/structure/editorial_0839.shtm>.

Collection_2011.pdf.
＊74 Zakaria, "U.S. blames China, Russia for Cyber Espionage," supra.
＊75 Deutsche Welle, "Merkel Testifies on NSA Spying Affair," *Deutsche Welle*, February 16, 2017, http://www.dw.com/en/merkel-testifies-on-nsa-spying-affair/a-37576690.
＊76 Ibid.
＊77 Stephen Castle, "Report of U.S. Spying Angers European Allies," *The New York Times*, June 30, 2013, https://www.nytimes.com/2013/07/01/world/europe/europeans-angered-by-report-of-us-spying.html.
＊78 Scott Shane, Matthew Rosenberg, and Andrew W. Lehren, "WikiLeaks Releases Trove of Alleged C.I.A. Hacking Documents," *The New York Times*, March 7, 2017, https://www.nytimes.com/2017/03/07/world/europe/wikileaks-cia-hacking.html.
＊79 Welle, "Merkel Testifies on NSA Spying Affair," supra.
＊80 Ellen Nakashima, "Newly Identified Computer Virus, used for Spying, is 20 Times Size of Stuxnet," *Washington Post*, May 28, 2012, http://www.washingtonpost.com/world/national-security/newly-identified-computer-virus-used-for-spying-is-20-times-size-of-stuxnet/2012/05/28/gJQAWa3VxU_story.html.
＊81 Ellen Nakashima, Greg Miller, and Julie Tate, "U.S., Israel Developed Flame Computer Virus to Slow Iranian Nuclear Efforts, Officials Say," *The Washington Post*, June 19, 2012, http://www.washingtonpost.com/world/national-security/us-israel-developed-computer-virus-to-slow-iranian-nuclear-efforts-officials-say/2012/06/19/gJQA6xBPoV_story.html.
＊82 Rouven Cohen, "New Massive Cyber-Attack an 'Industrial Vacuum Cleaner for Sensitive Information,'" *Forbes*, May 28, 2012.
＊83 Nakashima, Miller, and Tate, "U.S., Israel Developed Flame Computer Virus," supra.
＊84 Ibid.
＊85 あるいは国連の電気通信組織が、中東の大量のパソコンから窃取したデータの中から見つかったウィルス調査の支援を要請したあとで、Flame が明るみに出たという可能性はないだろうか？ "Flame Malware Makers Send 'Suicide' Code," *BBC News*, June 2012, http://www.bbc.co.uk/news/technology-18365844.
＊86 Nakashima, Miller, and Tate, "U.S., Israel Developed Flame Computer Virus," supra.
＊87 Nakashima, "Newly Identified Computer Virus, Used for Spying," supra.
＊88 "Flame Malware Makers," supra.
＊89 Nakashima, Miller, and Tate, "U.S., Israel Developed Flame Computer Virus," supra.
＊90 Ibid.
＊91 "Flame Virus 'Created by US and Israel as Part of Intensifying Cyber Warfare,'" *The Telegraph*, June 6, 2014.
＊92 Ibid.
＊93 Boldizsár Bencsáth, Gábor Pék, Levente Buttyán, and Márk Félegyházi, "Duqu: A Stuxnet-like Malware Found in the Wild," *Laboratory of Cryptography and System Security, Budapest University of Technology and Economics' Department of Telecommunications*, October 2011, http://www.crysys.hu/publications/files/bencsathPBF11duqu.pdf.
＊94 Ibid.
＊95 Mark Clayton, "More Telltale Signs of Cyber Spying and Cyberattacks," supra.
＊96 Ibid.
＊97 Ibid.
＊98 Ibid.
＊99 Ibid.
＊100 Samantha Bradshaw and Philip N. Howard, "Troops, Trolls and Troublemakers: A Global

cybersecurity-facts-figures-and-statistics.html.

*50 James A. Lewis, *Assessing the Risks of Cyber Terrorism, Cyber War and Other Cyber Threats* (Washington, DC: Center for Strategic and International Studies, 2002), 10.

*51 David E. Sanger, David D. Kirkpatrick, and Nicole Perlroth, "The World Once Laughed at North Korean Cyberpower. No More," *The New York Times*, October 15, 2017, https://www.nytimes.com/2017/10/15/world/asia/north-korea-hacking-cyber-sony.html.

*52 Ken Dilanian, "Watch Out. North Korea Keeps Getting Better at Hacking," ABC News, February 20, 2018, https://www.nbcnews.com/news/north-korea/watch-out-north-korea-keeps-getting-better-hacking-n849381.

*53 Dai Davis, "Hacktivism: Good or Evil?" *ComputerWeekly. com*. http://www.computerweekly.com/opinion/Hacktivism-Good-or-Evil.

*54 Ibid.

*55 Ibid.

*56 Ibid.

*57 "Zimbabwe's Begging Bowl: Bailing out Bandits," *The Economist*, July 9, 2016, https://www.economist.com/middle-east-and-africa/2016/07/09/bailing-out-bandits.

*58 Davis, "Hacktivism: Good or Evil?" supra.

*59 Ibid.

*60 Mark Clayton, "More Telltale Signs of Cyber Spying and Cyberattacks Arise in Middle East," *The Christian Science Monitor*, August 21, 2012, http://www.csmonitor.com/USA/2012/0821/More-telltale-signs-of-cyber-spying-and-cyber-attacks-arise-in-Middle-East-video.

*61 Andy Greenberg, "New Group of Iranian Hackers Linked to Destructive Malware," *Wired*, September 20, 2017, https://www.wired.com/story/iran-hackers-apt33/

*62 US Department of Justice, "US Charges Russian FSB Officers and Their Criminal Conspirators for Hacking Yahoo and Millions of Email Accounts," DOJ Press Release, March 15, 2017, https://www.justice.gov/opa/pr/us-charges-russian-fsb-officers-and-their-criminal-conspirators-hacking-yahoo-and-millions. FSB当局は犯罪者集団のハッカーたちを保護し、指揮し、援助し、報酬を支払っていた。

*63 Charley Snyder and Michael Sulmeyer, "The Department of Justice Makes the Next Move in the U.S.-Russia Espionage Drama," *Lawfare*, March 16, 2017, https://www.lawfareblog.com/department-justice-makes-next-move-us-russia-espionage-drama.

*64 United Nations Office of Drugs and Crime, *The Use of the Internet for Terrorist Purposes* (New York, NY: United Nations, 2012).

*65 Michael Sulmeyer, "Cybersecurity in the 2017 National Security Strategy," *Lawfare*, December 19, 2017, https://www.lawfareblog.com/cybersecurity-2017-national-security-strategy.

*66 Lewis, *Assessing the Risks of Cyber Terrorism*, supra, 8.

*67 Ibid., 1.

*68 Ibid., 3.

*69 Ibid., 4-5.

*70 Rid, "Cyber War and Peace," supra., 82.

*71 David E. Sanger, "With Spy Charges, U.S. Draws a Line That Few Others Recognize," *The New York Times*, May 19, 2014, http://www.nytimes.com/2014/05/20/us/us-treads-fine-line-in-fighting-chinese-espionage.html?hp_r=0.

*72 Tabassum Zakaria, "U.S. Blames China, Russia for Cyber Espionage," *Reuters*, November 3, 2011, http://www.reuters.com/article/2011/11/03/us-usa-cyber-china-idUSTRE7A23FX20111103.

*73 US National Counterintelligence Executive, *Foreign Spies Stealing US Economic Secrets in Cyberspace*, October 2011, http://www.ncix.gov/publications/reports/fecie_all/Foreign_Economic_

*21 C. Gray, *Another Bloody Century—Future Warfare* (London: Weidenfeld/Nicolson, 2005), 37.
*22 Sun Tzu, *On the Art of War* (2010), http://www.chinapage.com/sunzi-ehtml.
*23 Thomas Rid, "Cyber War and Peace," supra., 78.
*24 Richard Stiennon, *Surviving Cyberwar*, vii.
*25 James A. Lewis and Katrina Timlin, *Cybersecurity and Cyberwarfare: Preliminary Assessment of National Doctrine and Organization*, Center for Strategic and International Studies, United Nations Institute for Disarmament Research, 2011.
*26 Office of the US President, "Cyber Space Policy Review: Assuring a Trusted and Resilient Information and Communications Infrastructure" (Washington, D. C., 2009).
*27 "N. Korea's cyber warfare unit in spotlight after attack on S. Korean bank," *Yonhap News Agency*, May 3, 2011, http://english.yonhapnews.co.kr/national/2011/05/03/78/0301000000AEN20110503010600315F.HTML.
*28 Martin C. Libicki, *Cyberdeterrence and Cyberwar*, supra.
*29 William Kaufmann, "The Evolution of Deterrence, 1945-1958," unpublished RAND research (1958), Libicki, *Cyberdeterrence and Cyberwar*, supra, 7から再引用。
*30 James C. Mulvenon and Gregory J. Rattray (eds.), *Addressing Cyber Instability*, supra., 28.
*31 William A. Owens, Kenneth W. Dam, and Herbert S. Lin (eds.), *Technology, Policy, Law, and Ethics Regarding US Acquisition and Use of Cyberattack Capabilities* (Washington, D. C.: National Academies Press, 2009), 1.
*32 Jeffrey Carr, *Inside Cyber Warfare: Mapping the Cyber Underworld*, 2012, supra.
*33 Jonathan Masters, "Confronting the Cyber Threat," Council on Foreign Relations Publication, March 17, 2011.
*34 Martin Libicki, *Cyberdeterrence and Cyberwar*, supra.
*35 Rid, "Cyber War and Peace," supra., 79.
*36 David E. Sanger, "Obama Order Sped Up Wave of Cyberattacks Against Iran," *The New York Times*, June 1, 2012, http://www.nytimes.com/2012/06/01/world/middleeast/obama-ordered-wave-of-cyberattacks-against-iran.html?pagewanted=all_r=0.
*37 Ibid.
*38 Ibid.
*39 Ibid.
*40 Ibid.
*41 Ibid.
*42 Ibid.
*43 Ibid.
*44 David Gilbert, "Cyber War—Just the Beginning of a New Military Era," supra.
*45 Seymour M. Hersh, "The Online Threat: Should we be Worried about a Cyber War?" *The New Yorker*, November 1, 2010, http://www.newyorker.com/reporting/2010/11/01/101101fa_fact_hersh#ixzz1LP462Ulr.
*46 Dorothy Denning, *Information Warfare and Security* (New York: Addison-Wesley Professional, 1998).
*47 "Natural Disasters Cost US a Record $306 Billion Last Year," *CBS*, January 8, 2018, https://www.cbsnews.com/news/us-record-306-billion-natural-disasters-last-year-hurricanes-wilidfires/.
*48 Josh Fruhlinger, "Top Cybersecurity Facts, Figures and Statistics for 2020," *CSO Cyber Security Report*, March 9, 2020, https://www.csoonline.com/article/3153707/security/top-5-cybersecurity-facts-figures-and-statistics.html.
*49 Steve Morgan, "Top 5 Cybersecurity Facts, Figures and Statistics for 2018," *CSO Cyber Security Report*, January 23, 2018, https://www.csoonline.com/article/3153707/security/top-5-

原　注

第一章

＊1　David Petraeus, "Cyber Changed War, But the Causes and Conduct of Conflict Remain Human," *The World Post*, March 29, 2017, https://www.belfercenter.org/publication/cyber-changed-war-causes-and-conduct-conflict-remain-human.

＊2　Thomas Rid, "Cyber War and Peace: Hacking Can Reduce Real World Violence," *Foreign Affairs*, November/December 2013, 77.

＊3　René Girard, *Battling to the End: Conversations With Benoît Chantre* (East Lansing, MI: Michigan State University Press, 2009).

＊4　Steve Coll, "The Rewards (and Risks) of Cyber War," *The New Yorker*, June 6, 2012, http://www.newyorker.com/news/daily-comment/the-rewards-and-risks-of-cyber-war.

＊5　Paul Robinson (ed.), *Just War in Comparative Perspective* (Abingdon-on-Thames, UK: Routledge, 2003).

＊6　Richard A. Clarke and Robert K. Knake, *Cyber War* (New York: HarperCollins Books, 2010).

＊7　James C. Mulvenon and Gregory J. Rattray (eds.), *Addressing Cyber Instability* (Cambridge, MA: Cyber Conflict Studies Association, 2012), xi.

＊8　Ibid., xiii.

＊9　David Gilbert, "Cyber War—Just the Beginning of a New Military Era," *International Business Times*, April 26, 2013, http://www.ibtimes.co.uk/articles/461688/20130426/cyber-war-beginning-new-military-era.htm.

＊10　Jason Andress and Steve Winterfeld, *Cyber Warfare: Techniques, Tactics and Tools for Security Practitioners* (Waltham, MA: Syngress, 2011).

＊11　Peter Crail, "IAEA: Syria Tried to Build Nuclear Reactor," *Arms Control Association*, March 2009, https://www.armscontrol.org/act/2009-03/iaea-syrian-reactor-explanation-suspect.

＊12　Martin Libicki, *Cyberdeterrence and Cyberwar* (Santa Monica, CA: Rand Publishing, 2009), xiv.

＊13　Joseph S. Nye, Jr., *The Future of Power in the 21st Century* (New York:Public Affairs Press, 2011).

＊14　Declan Walsh and Ihsanullah Tipu Mehsud, "Civilian Deaths in Drone Strikes Cited in Report," *The New York Times*, October 22, 2013, http://www.nytimes.com/2013/10/22/world/asia/civilian-deaths-in-drone-strikes-cited-in-report.html?hpwr=0.

＊15　Mulvenon and Rattray (eds.), *Addressing Cyber Instability*, supra., viii.

＊16　Gregory J. Rattray, Chris Evans, and Jason Healey, "American Security in the Cyber Commons," in *Contested Commons: The Future of American Power in a Multipolar World*, ed. Abraham M. Denmark and Dr. James Mulvenon (Washington, DC: Center for a New American Security, 2010), 137-176.

＊17　Deputy Secretary of Defense Memorandum, Subject: *The Definition of Cyberspace*, Washington, D. C., May 12, 2008.

＊18　Mulvenon and Rattray (eds.), *Addressing Cyber Instability*, supra., ix-x.

＊19　一部の専門家は「サイバー戦」(cyberwarfare)という用語の使用を好まず、より正確な「サイバー紛争の国際行為」(international acts of cyber conflict)という専門用語を用いている。例えばJeffery Carr in *Inside Cyber Warfare: Mapping the Cyber Underworld* (Sebastopol, CA: O' Reilly Media, 2009): xiiiを参照。

＊20　Carr, *Inside Cyber Warfare: Mapping the Cyber Underworld*, 2nd Edition (Boston, MA: O' Reilly Media, Inc., 2012).

Wong, Sue-Lin and Michael Martina. "China Adopts Cyber Security Law in Face of Overseas Opposition." *Reuters Technology News*, November 7, 2016. http://www.reuters.com/article/us-china-parliament-cyber-idUSKBN132049.

Yadav, Yatish. "80,000 Cyberattacks on December 9 and 12 after Note Ban." *New India Express*, December 19, 2016. http://www.newindianexpress.com/nation/2016/dec/19/80000-cyber-attacks-on-december-9-and-12-after-note-ban-1550803.html.

You Ji. *China's Military Transformation*. Cambridge, UK: Polity Press, 2016.

Yu, Eileen. "China Dispatches Online Army." *ZDNet*, May 27, 2011.

Yu, Eileen. "China Dispatches Online Army: Chinese Government Confirms Existence of Cyber Warfare Unit, "Blue Army" , Set Up to Improve Country's Defense Capabilities and Support Army's Internet Security Training." *ZDNET*, May 27, 2011. http://www.zdnet.com/china-dispatches-online-army-2062300502/.

Zakaria, Tabassum. "U.S. Blames China, Russia for Cyber Espionage." *Reuters*, November 3, 2011. http://www.reuters.com/article/2011/11/03/us-usa-cyber-china-idUSTRE7A23FX20111103.

Networked World. Washington, DC, May 2011. https://obamawhitehouse.archives.gov/sites/default/files/rss_viewer/international_strategy_for_cyberspace.pdf.

US White House, *Prosperity, Security, and Openness in a Networked World*. Washington, DC, May 11, 2012.

US White House, "US and Russia Sign Cyber Security Pact." *The Atlantic Council*, June 18, 2013. https://www.atlanticcouncil.org/blogs/natosource/us-and-russia-sign-cyber-security-pact.

US White House, *National Security Strategy* Washington, DC, 2017. https://www.whitehouse.gov/wp-content/uploads/2017/12/NSS-Final-12-18-2017-0905.pdf.

US White House, *Vulnerabilities Equities Policy and Process for the United States Government*. Washington, DC, November 15, 2017. https://www.whitehouse.gov/sites/whitehouse.gov/files/images/External%20-%20Unclassified%20VEP%20Charter%20FINAL.PDF.

Volz, Dustin. "Trump Administration Hasn't Briefed Congress on New Rules for Cyberattacks, Lawmakers Say: Some Lawmakers are Concerned they Lack Oversight of the Military's Increasing Use of Cyber Weapons." *The Wall Street Journal*, July 10, 2019. https://www.wsj.com/articles/trump-administration-hasnt-briefed-congress-on-new-rules-for-cyberattacks-lawmakers-say-11562787360.

von Clausewitz, Carl. *On War*. Original 1873, Reprinted Surrey, UK: Fab Press, 2010.https://www.clausewitz.com/readings/OnWar1873/BK1ch01.html. 〔カール・フォン・クラウゼヴィッツ 著／清水多吉 訳『戦争論（上・下）』（中公文庫、2001年）〕

Walsh, Declan and Ihsanullah Tipu Mehsud. "Civilian Deaths in Drone Strikes Cited in Report." *The New York Times*, October 22, 2013. http://www.nytimes.com/2013/10/22/world/asia/civilian-deaths-in-drone-strikes-cited-in-report.html?hpw&_r=0.

Wang Houqing and Zhang Xingye. eds. *The Science of Campaigns*. Beijing: National Defense University Press, May 2000.

Wang, Kevin Wei, and Jonathan Woetzel, et al. "Digital China: Powering the Economy to Global Competitiveness." *McKinsey Global Institute*, December 2017. https://www.mckinsey.com/featured-insights/china/digital-china-powering-the-economy-to-global-competitiveness.

Waterman, Shaun. "Analysis: Who Cyber Smacked Estonia?" *United Press International*, June 11, 2007. http://www.upi.com/Business_News/Security-Industry/2007/06/11/Analysis-Who-cyber-smacked-Estonia/UPI-26831181580439/.

Wentworth, Travis. "How Russia May Have Attacked Georgia's Internet." *Newsweek*, August 22, 2008. http://www.newsweek.com/how-russia-may-have-attacked-georgias-internet-88111.

Weston, Greg. "Foreign Hackers Attack Canadian Government:Computer Systems at 3 Key Departments Penetrated." *Canadian Broadcasting Corporation News*, February 16, 2011. http://www.cbc.ca/news/politics/foreign-hackers-attack-canadian-government-1.982618.

Whitlock, Craig. "Somali American Caught Up in a Shadowy Pentagon Counterpropaganda Campaign." *The Washington Post*, July 7, 2013. https://www.washingtonpost.com/world/national-security/somali-american-caught-up-in-a-shadowy-pentagon-counterpropaganda-campaign/2013/07/07/b3aca190-d2c5-11e2-bc43-c404c3269c73_story.html.

Wilber, Del Quentin. "Contractor Accused of Leaking NSA Document on Russian Hacking Pleads Guilty." *The Wall Street Journal*, June 26, 2018. https://www.wsj.com/articles/contractor-accused-of-leaking-nsa-document-on-russian-hacking-pleads-guilty-1530048276.

Windham, Robert. "Timeline: Ten Years of Russian Cyber Attacks on Other Nations." *NBC News*, December 18, 2016. http://www.nbcnews.com/news/us-news/timeline-ten-years-russian-cyber-attacks-other-nations-n697111.

Wintour, Patrick. "Russian Bid to Influence Brexit Vote Detailed in New US Senate Report." *The Guardian*, January 10, 2018. https://www.theguardian.com/world/2018/jan/10/russian-influence-brexit-vote-detailed-us-senate-report.

DDoSD%20FINAL%20508%20OCC%20Cleared.pdf.
US Department of Homeland Security. *Alert (ICS-ALERT-17-206-01) CRASHOVERRIDE Malware*. Washington, DC, July 25, 2017. https://ics-cert.us-cert.gov/alerts/ICS-ALERT-17-206-01.
US Department of Justice. "Grand Jury Indicts Thirteen Russian Individuals and Three Russian Companies for Scheme to Interfere in the United States Political System." *Justice News*, February 16, 2018. https://www.justice.gov/opa/pr/grand-jury-indicts-thirteen-russian-individuals-and-three-russian-companies-scheme-interfere.
US Department of Justice. "US Charges Russian FSB Officers and Their Criminal Conspirators for Hacking Yahoo and Millions of Email Accounts." *DOJ Press Release*, March 15, 2017. https://www.justice.gov/opa/pr/us-charges-russian-fsb-officers-and-their-criminal-conspirators-hacking-yahoo-and-millions.
US Department of Justice. *US Indictment CRIMINAL NO. (18 U.S.C. §§2, 371, 1349, 1028A)*. Washington, DC, February 16, 2018. https://www.justice.gov/file/1035477/download.
US Department of the Interior, Office of the Inspector General. *US Bureau of Reclamation Selected Hydropower Dams at Increased Risk From Insider Threats*. Washington, DC, June 2018. https://www.doioig.gov/sites/doioig.gov/files/FinalEvaluation_ICSDams_Public.pdf.
US Deputy Secretary of Defense. *Memorandum, Subject: The Definition of Cyberspace*. Washington, DC, May 12, 2008.
US Director of National Intelligence. *Cyber Threat Intelligence Integration Center*. Washington, DC, February 2015. https://www.dni.gov/files/CTIIC/documents/CTIIC-Overview_for-unclass.pdf.
US Director of US Intelligence. *Assessing Russian Activities and Intentions in Recent US Elections*. Washington, DC, January 6, 2017.
US Joint Force Development, *Cyberspace Operations*. Washington, DC, June 8, 2018. https://www.jcs.mil/Portals/36/.ocuments/Doctrine/pubs/jp3_12.pdf?ver=2018-07-16-134954-150.
US National Counterintelligence Executive. *Foreign Spies Stealing US Economic Secrets in Cyberspace*. Washington, DC, October 2011. http://www.ncix.gov/publications/reports/fecie_all/Foreign_Economic_Collection_2011.pdf.
US Offices of Inspectors General of the Department of Defense, Department of Justice, Central Intelligence Agency, National Security Agency, and Office of the Director of National Intelligence. *Annex to the Report on the President's Surveillance Program*. Volume III, Washington, DC, July 10, 2009. https://oig.justice.gov/reports/2015/PSP-09-18-15-vol-III.pdf.
US President, Office of, *Cyber Space Policy Review: Assuring a Trusted and Resilient Information and Communications Infrastructure*. Washington, DC, 2009.
US President, Office of, *The Comprehensive National Cybersecurity Initiative*. Washington, DC, 2009.
US Presidential Executive Order, *Strengthening the Cybersecurity of Federal Networks and Critical Infrastructure*. Washington, DC, 2017.
US Presidential Policy Directive/PPD 20 *US Cyber Operations Policy*. 2012. https://fas.org/irp/offdocs/ppd/ppd-20.pdf.
US Senate, Committee on Intelligence. "Report of the Select Committee on Intelligence of the United States Senate on Russian Active Measures Campaigns and Interference in the 2016 US Election." Volume 4, Review of the Intelligence Community Assessment with Additional Views Washington, DC, April 2020. https://www.intelligence.senate.gov/sites/default/files/documents/Report_Volume4.pdf.
US White House Presidential Directive/NSC-63, *Critical Infrastructure Protection*. May 1998 https://www.documentcloud.org/documents/1513862-clinton-presidential-policy-directive.html
US White House, *National Security Strategy*, Washington, DC, May 2010.
US White House. *International Strategy for Cyberspace: Prosperity, Security, and Openness in a*

Tait, Robert and Julian Borger. "Alleged Hacker held in Prague at Center of 'intense' US-Russia Tug of War." *The Guardian*, January 27, 2017. https://www.theguardian.com/technology/2017/jan/27/us-russia-hacking-yevgeniy-nikulin-linkedin-dropbox.

Thornton, Rod. "The Changing Nature of Modern Warfare: Responding to Russian Information Warfare." *The RUSI Journal*, Volume 160, Issue 4, 2015.

Tiezzi, Shannon. "Xi Jinping Leads China's New Internet Security Group." *The Diplomat*, February 28, 2014. https://thediplomat.com/2014/02/xi-jinping-leads-chinas-new-internet-security-group/.

Tikk, Eneken and Mika Kerttunen. "Parabasis: Cyber-diplomacy in Stalemate." *Norwegian Institute of International Affairs*, May 2018. https://nupi.brage.unit.no/nupi-xmlui/bitstream/handle/11250/2569401/NUPI_Report_5_18_Tikk_Kerttunen.pdf?sequence=1&isAllowed=y.

Timberg, Craig. "Spreading Fake News Becomes Standard Practice for Governments across the World." *The Washington Post*, July 17, 2017. https://www.washingtonpost.com/news/the-switch/wp/2017/07/17/spreading-fake-news-becomes-standard-practice-for-governments-across-the-world/?hpid=hp_hp-cards_hp-card-technology%3Ahomepage%2Fcard&utm_term=.248d94c26b31.

Townsend, Kevin. "The United States and China—A Different Kind of Cyberwar." *Security Week*, January 7, 2019. https://www.securityweek.com/united-states-and-china-different-kind-cyberwar.

Trenin, Dmitri. "Russia and Germany: From Estranged Partners to Good Neighbors." *Carnegie Moscow Center*, June 2018. https://carnegieendowment.org/files/Article_Trenin_RG_2018_Eng.pdf.

UK House of Commons Digital, Culture, Media and Sport Committee. *Disinformation and 'fake news' : Final Report Eighth Report of Session 2017-19 Report*. London:The House of Commons, February 14, 2019.

United Nations General Assembly. "International Code of Conduct for Information Security." Report of the United Nations General Assembly, 2015.

United Nations Office of Disarmament Affairs. "Developments in the Field of Information and Telecommunications in the Context of International Security." Report of the United Nations, A/54/213, December 2018.

United Nations Office of Drugs and Crime, "The Use of the Internet for Terrorist Purposes," Report of the United Nations, 2012.

US Cyber Command. *Achieve and Maintain Cyberspace Superiority: Command Vision for US Cyber Command*. March 23, 2018 https://assets.documentcloud.org/documents/4419681/Command-Vision-for-USCYBERCOM-23-Mar-18.pdf.

US Department of Defense. *US Cyber Command Fact Sheet*. Washington, DC, 2018.

US Department of Defense. "Evaluation of Possible Military Courses of Action," *Foreign Relations of the United States, 1961-63*, Volume X Cuba, January 1961-September 1962. https://history.state.gov/historicaldocuments/frus1961-63v10/d19.

US Department of Defense. *Strategy for Operating in Cyberspace*. Washington, DC, July 2011.

US Department of Defense. *The DOD Cyber Strategy*. Washington, DC, April 2015. https://www.defense.gov/Portals/1/features/2015/0415_cyber-strategy/Final_2015_DoD_CYBER_STRATEGY_for_web.pdf.

US Department of Defense/Defense Science Board, *Task Force on Cyber Deterrence*, February 2017.

US Department of Homeland Security. *Homeland Security Presidential Directive 7: Critical Infrastructure Identification, Prioritization, and Protection*. Washington, DC, December 17, 2003.

US Department of Homeland Security. *Dam Sector Security Awareness Guide*. Washington, DC, 2007. https://www.dhs.gov/sites/default/files/publications/ip_dams_sector_securit_awareness_guide_508_0.pdf.

US Department of Homeland Security. *Distributed Denial of Service Defense (DDoSD)*. Washington, DC, November 21, 2016. https://www.dhs.gov/sites/default/files/publications/FactSheet%20

Smith, Rebecca. "U.S. Officials Push New Penalties for Hackers of Electrical Grid: Red Line Set for Cyberattacks on Infrastructure after Russian Agents Penetrated Utility Control Rooms." *The Wall Street Journal*, August 5, 2018. https://www.wsj.com/articles/u-s-officials-push-new-penalties-for-hackers-of-electrical-grid-1533492714.

Snowden, Edward. *Twitter*, August 16, 2016. https://twitter.com/snowden/status/765513776372342784?lang=en.

Snyder, Charley and Michael Sulmeyer. "The Department of Justice Makes the Next Move in the U.S.-Russia Espionage Drama." *Lawfare*, March 16, 2017. https://www.lawfareblog.com/department-justice-makes-next-move-us-russia-espionage-drama.

Sokol, Sam. "Russian Disinformation Distorted Reality in Ukraine. Americans Should Take Note." *Foreign Policy*, August 2, 2019. https://foreignpolicy.com/2019/08/02/russian-disinformation-distorted-reality-in-ukraine-americans-should-take-note-putin-mueller-elections-antisemitism/.

Soldatov, Andrei and Irina Borogan. *The Red Web: The Struggle Between Russia's Digital Dictators and the New Online Revolutionaries*. New York: Hatchette Book Group, 2017.

Soo, Zen. "Here's How China's New E-commerce Law will Affect Consumers, Platform Operators." *South China Morning Post*, January 1, 2019. https://www.scmp.com/tech/apps-social/article/2180194/heres-how-chinas-new-e-commerce-law-will-affect-consumers-platform.

Spencer, David. "Why the Risk of Chinese Cyberattacks Could Affect Everyone in Taiwan." *Taiwan News*, July 13, 2018. https://www.taiwannews.com.tw/en/news/3481423.

Sridharan, Vasudevan. "Russia Setting Up Cyber Warfare Unit Under Military." *International Business Times*, August 20, 2013. http://www.ibtimes.co.uk/articles/500220/20130820/russia-cyber-war-hack-moscow-military-snowden.htm.

Stelzenmüller, Constanze. "The Impact of Russian Interference on Germany's 2017 Election." Testimony before the US Senate Select Committee on Intelligence, *Brookings Institute*, June 28, 2017. https://www.brookings.edu/testimonies/the-impact-of-russian-interference-on-germanys-2017-elections/.

Stiennon, Richard. *Surviving Cyberwar*. Lanham, MD: Government Institutes, 2010.

Stout, Kristie Lu. "Cyber Warfare: Who is China Hacking Now?" *CNN*, September 29, 2016. http://www.cnn.com/2016/09/29/asia/china-cyber-spies-hacking/index.html.

Stubbs, Jack, Joseph Menn, and Christopher Bing. "China Hacked Eight Major Computer Service Firms in Years-Long Attack." *Reuters*, June 26, 2019. https://www.reuters.com/article/us-china-cyber-cloudhopper-companies-exc/exclusive-china-hacked-eight-major-computer-services-firms-in-years-long-attack-idUSKCN1TR1D4.

Sukhankin, Sergey. "Russia's New Information Security Doctrine: Fencing Russia from the 'Outside World'?" *Eurasia Daily Monitor*, Volume 13, Issue 198, December 16, 2016. https://www.refworld.org/docid/5864c6b24.html.

Sulmeyer, Michael. "Cybersecurity in the 2017 National Security Strategy." *Lawfare*, December 19, 2017. https://www.lawfareblog.com/cybersecurity-2017-national-security-strategy.

Sun Tzu. *The Art of War*. London: Oxford University Press, 1963. 〔『孫子・呉子』町田三郎、尾崎秀樹訳(中公文庫、2018年)〕

Sussman, Bruce. "Cyber Attack Motivations: Russia vs. China." *Secure World*, June 3, 2019. https://www.secureworldexpo.com/industry-news/why-russia-hacks-why-china-hacks.

Sutherland, Iain, Konstantinos Xynos, Andrew Jones, and Andrew Blyth. "The Geneva Conventions and Cyber-Warfare: A Technical Approach." *The RUSI Journal*, September 4, 2015.

Tait, Robert. "Czech Cyber-Attack: Russia Suspected of Hacking Diplomats' Emails." *The Guardian*, January 31, 2017. https://www.theguardian.com/world/2017/jan/31/czech-cyber-attack-russia-suspected-of-hacking-diplomats-emails.

Sanger, David E., Davis Barboza, and Nicole Perlroth. "Chinese Army Unit Is Seen as Tied to Hacking Against U.S." *The New York Times*, February 18, 2013. https://www.nytimes.com/2013/02/19/technology/chinas-army-is-seen-as-tied-to-hacking-against-us.html.

Saran, Cliff. "F-Secure Warns of Russian State-Supported Cyber Espionage: Russian State-Sponsored Hackers Work Office Hours and Target Western Governments, According to F-Secure Report." *Computer Weekly*, September 17, 2015. http://www.computerweekly.com/news/4500253704/F-Secure-warns-of-Russian-state-supported-cyber-espionage.

Schectman, Joel, Dustin Volz, and Jack Stubbs. "HP Enterprise Let Russia Scrutinize Cyberdefense System Used by Pentagon," *Reuters*, October 2, 2017. http://www.reuters.com/article/us-usa-cyber-russia-hpe-specialreport/special-report-hp-enterprise-let-russia-scrutinize-cyberdefense-system-used-by-pentagon-idUSKCN1C716M.

Schmitt, Michael N. "Grey Zones in the International Law of Cyberspace." *Yale Journal of International Law* Volume 42, Issue 2, 2017a.

Schmitt, Michael N. "Peacetime Cyber Responses and Wartime Cyber Operations under International Law: An Analytical Vade Mecum." *Harvard National Security Journal* Issue 8, p. 240–280, 2017b.

Schmitt, Michael N. ed. *Tallinn Manual on the International Law Applicable to Cyber Warfare*. New York: Cambridge University Press, 2013.

Seddon, Max and Henry Foy, "Russian Technology: Can the Kremlin Control the Internet? *Financial Times*, June 4, 2019. https://www.ft.com/content/93be9242-85e0-11e9-a028-86cea8523dc2.

Segal, Adam. "How China is Preparing for Cyberwar." *Christian Science Monitor*, March 20, 2017. http://www.csmonitor.com/World/Passcode/Passcode-Voices/2017/0320/How-China-is-preparing-for-cyberwar.

Shalal, Andrea. "Germany Challenges Russia Over Alleged Cyberattacks." *Reuters*, May 4, 2017. http://www.reuters.com/article/us-germany-security-cyber-russia-idUSKBN1801CA.

Shane, Scott, Mark Mazzetti, and Matthew Rosenberg. "WikiLeaks Releases Trove of Alleged C.I.A. Hacking Documents." *The New York Times*, March 7, 2017.https://www.nytimes.com/2017/03/07/world/europe/wikileaks-cia-hacking.html?_r=0.

Shane, Scott, Nicole Perlroth, and David E. Sanger. "Security Breach and Spilled Secrets Have Shaken the N.S.A. to Its Core." *The New York Times*, November 12, 2017. https://www.nytimes.com/2017/11/12/us/nsa-shadow-brokers.html.

Shanghai Cooperation Organization. *Agreement on Cooperation in Ensuring International Information Security between the Member States of the Shanghai Cooperation Organization*. June 16, 2009. file:///C:/Users/davis/Downloads/Agreement_on_Cooperation_in_Ensuring_International_Information_Security_between_the_Member_States_of_the_SCO.pdf.

Shanker, Thom. "Pentagon Is Updating Conflict Rules in Cyberspace." *The New York Times*, June 27, 2013. http://www.nytimes.com/2013/06/28/us/pentagon-is-updating-conflict-rules-in-cyberspace.html.

Sharikov, Pasha. "Cybersecurity in Russian-U.S. Relations." *Center for International and Security Studies at Maryland Policy Brief*, April 2013. https://spp.umd.edu/sites/default/files/2019-07/policy_brief_april_2013__sharikov.pdf.

Shear, Michael, Eric Schmitt, and Maggie Haberman. "Trump Approves Strike on Iran, but Then Abruptly Pulls Back." *The New York Times*, June 20, 2019. https://www.nytimes.com/2019/06/20/world/middleeast/iran-us-drone.html.

Shotter, James. "Czechs Fear Russian Fake News in Presidential Election." *Financial Times*, January 8, 2018. https://www.ft.com/content/c2b36cf0-e715-11e7-8b99-0191e45377ec.

Singer, P.W. and Allan Freedman. *Cybersecurity and Cyberwar: What Everyone Needs to Know*. New York: Oxford University Press, 2014.

Smith, David J. "Russian Cyber Capabilities, Policy and Practice." *inFocus Quarterly*, Winter 2014.

Robbins, Gary. "Why are China and Russia Getting Hit Hard by Cyber Attack, But Not the U.S.?" *The San Diego Union-Tribune*, May 15, 2017. http://www.sandiegouniontribune.com/news/cyber-life/sd-me-ransomware-update-20170515-story.html.

Robinson, Paul. ed. *Just War in Comparative Perspective*. Abingdon-on-Thames, UK: Routledge, 2003.

Robles, Frances. "Russian Hackers Were 'In a Position' to Alter Florida Voter Rolls, Rubio Confirms." *The New York Times*, April 26, 2019. https://www.nytimes.com/2019/04/26/us/florida-russia-hacking-election.html.

Rowberry, Ariana. "Sixty Years of 'Atoms for Peace'and Iran's Nuclear Program." *The Brookings Institute*, December 18, 2013. https://www.brookings.edu/blog/up-front/2013/12/18/sixty-years-of-atoms-for-peace-and-irans-nuclear-program/.

Russian Federation Ministry of Foreign Affairs. "Convention on International Information Security," September 22, 2011. https://carnegieendowment.org/files/RUSSIAN-DRAFT-CONVENTION-ON-INTERNATIONAL-INFORMATION-SECURITY.pdf.

Russian Federation Office of the President, *The Military Doctrine of the Russian Federation*. No. Pr.-2976, December 25, 2014. https://rusemb.org.uk/press/2029.

Sadyki, Marina. "National Report on E-commerce Development in Russia." *UN Industrial Development Organization*, 2017. https://www.unido.org/api/opentext/documents/download/9920890/unido-file-9920890

Sanger, David E. "Obama Order Sped Up Wave of Cyberattacks Against Iran." *The New York Times*, June 1, 2012. http://www.nytimes.com/2012/06/01/world/middleeast/obama-ordered-wave-of-cyberattacks-against-iran.html?pagewanted=all&_r=0.

Sanger, David E. "Chinese Curb Cyberattacks on U.S. Interests, Report Finds." *The New York Times*, June 20, 2016. https://www.nytimes.com/2016/06/21/us/politics/china-us-cyber-spying.html.

Sanger, David E. *The Perfect Weapon: War, Sabotage, and Fear in the Cyber Age*. New York: Crown Publishing Group, 2018.〔デービッド・サンガー 著/高取芳彦 訳『サイバー完全兵器』(朝日新聞出版、2019年)〕

Sanger, David E. "With Spy Charges, U.S. Draws a Line That Few Others Recognize." *The New York Times*, May 19, 2014. http://www.nytimes.com/2014/05/20/us/us-treads-fine-line-in-fighting-chinese-espionage.html?hp&_r=0.

Sanger, David E. and Eric Schmitt. "U.S. Cyberweapons, Used Against Iran and North Korea, Are a Disappointment Against ISIS." *The New York Times*, June 12, 2017. https://www.nytimes.com/2017/06/12/world/middleeast/isis-cyber.html?smid=nytcore-ipad-share&smprod=nytcore-ipad&_r=0.

Sanger, David E. and Nicole Perlroth. "U.S. Escalates Online Attacks on Russia's Power Grid." *The New York Times*, June 15, 2019. https://www.nytimes.com/2019/06/15/us/politics/trump-cyber-russia-grid.html.

Sanger, David E. and William J Broad. "Hand of U.S. Leaves North Korea's Missile Program Shaken." *The New York Times*, April 18, 2017. https://www.nytimes.com/2017/04/18/world/asia/north-korea-missile-program-sabotage.html?_r=0.

Sanger, David E. and William J Broad. "Pentagon Suggests Countering Devastating Cyberattacks With Nuclear Arms." *The New York Times*, January 16, 2018. https://www.nytimes.com/2018/01/16/us/politics/pentagon-nuclear-review-cyberattack-trump.html.

Sanger, David E., and Nicole Perlroth. "N.S.A. Breached Chinese Servers Seen as Security Threat." *The New York Times*, March 22, 2014. https://www.nytimes.com/2014/03/23/world/asia/nsa-breached-chinese-servers-seen-as-spy-peril.html.

Sanger, David E., David D. Kirkpatrick, and Nicole Perlroth. "The World Once Laughed at North Korean Cyberpower. No More." *The New York Times*, October 15, 2017. https://www.nytimes.com/2017/10/15/world/asia/north-korea-hacking-cyber-sony.html.

Osnos, Evan, David Remnick, and Joshua Yaffa. "Trump, Putin and the New Cold War. " *New Yorker*, March 6, 2017. http://www.newyorker.com/magazine/2017/03/06/trump-putin-and-the-new-cold-war.

Owens, William A., Kenneth W. Dam, and Herbert S. Lin. eds., *Technology, Policy, Law, and Ethics Regarding US Acquisition and Use of Cyberattack Capabilities*. Washington, DC: National Academies Press, 2009.

Peng Guangqiang and Yao Youzhi. eds., *The Science of Military Strategy*. Beijing: Military Science Publishing House, English edition, 2005.

Perlroth, Nicole, Jeff Larson, and Scott Shane. "Revealed: The NSA's Secret Campaign to Crack, Undermine Internet Security." *The New York Times*, September 5, 2013. http://www.propublica.org/article/the-nsas-secret-campaign-to-crack-undermine-internet-encryption.

Petraeus, David. "Cyber Changed War, But The Causes And Conduct Of Conflict Remain Human" *The World Post*, March 29, 2017. https://www.belfercenter.org/publication/cyber-changed-war-causes-and-conduct-conflict-remain-human.

Prakash, Abishur. "Facial Recognition Cameras and AI: 5 Countries With the Fastest Adoption." *Robotics Business Review*, December 21, 2018. https://www.roboticsbusinessreview.com/ai/facial-recognitio.n-cameras-5-countries/.

Putin, Vladimir. *Russia and the Changing World*. February 27, 2012. https://www.rt.com/politics/official-word/putin-russia-changing-world-263/.

Quinn, Tyler. "The Bear's Side of the Story: Russian Political and Information Warfare." *RealClearDefense*, June 27, 2018. https://www.realcleardefense.com/articles/2018/06/27/the_bears_side_of_the_story_russian_political_and_information_warfare_113564.html.

Rattray, Gregory J., Chris Evans, and Jason Healey. "American Security in the Cyber Commons." In *Contested Commons: The Future of American Power in a Multipolar World*. edited by Abraham M. Denmark and Dr. James Mulvenon. Washington, DC: Center for a New American Security, January 2010.

Raud, Mikk. "China and Cyber: Attitudes, Strategies, Organisation." *NATO Cooperative Cyber Defence Centre of Excellence*, 2016. https://ccdcoe.org/multimedia/national-cyber-security-organisation-china.html.

Rauscher, Karl and Andrey Korotkov. *Working Towards Rules for Governing Cyber Conflict: Rendering the Geneva and Hague Conventions in Cyberspace*. Honolulu HI: East West Center, February 3, 2011.

Reuters. "Russian Accused of Hacking Extradited to U.S. from Spain." *Reuters*, February 2, 2018. https://www.reuters.com/article/us-usa-cyber-levashov/russian-accused-of-hacking-extradited-to-u-s-from-spain-idUSKBN1FM2RG.

Reuters. "Russian Hackers Accused of Targeting UN Chemical Weapons Watchdog, MH17 Files." *Australian Broadcasting Corporation*, October 4, 2018. https://www.abc.net.au/news/2018-10-04/russia-tried-to-hack-un-chemical-weapons-watchdog-netherlands/10339920.

Reynolds, Joe. "China's Evolving Perspectives on Network Warfare: Lessons from the Science of Military Strategy." *China Brief*, Volume 15, Issue 8, April 16, 2015 https://jamestown.org/program/chinas-evolving-perspectives-on-network-warfare-lessons-from-the-science-of-military-strategy/#.V1BM2_krK70.

Rid, Thomas. "Cyber War and Peace: Hacking Can Reduce Real World Violence." *Foreign Affairs*, Volume 92, Issue 6, p. 77-87,November/December 2013.

Riley, Michael and Jordan Robertson. "Russian Cyber Hacks on U.S. Electoral System Far Wider Than Previously Known." *Bloomberg News*, June 13, 2017. https://www.bloomberg.com/news/articles/2017-06-13/russian-breach-of-39-states-threatens-future-u-s-elections.

html?utm_term=.82a37e29370b.

Nakashima, Ellen. "Newly Identified Computer Virus, Used for Spying, is 20 Times Size of Stuxnet." *The Washington Post*, May 28, 2012. http://www.washingtonpost.com/world/national-security/newly-identified-computer-virus-used-for-spying-is-20-times-size-of-stuxnet/2012/05/28/gJQAWa3VxU_story.html.

Nakashima, Ellen. "Legal Memos Released on Bush-Era Justification for Warrantless Wiretapping." *The Washington Post*, September 6, 2014. https://www.washingtonpost.com/world/national-security/legal-memos-released-on-bush-era-justification-for-warrantless-wiretapping/2014/09/05/91b86c52-356d-11e4-9e92-0899b306bbea_story.html.

Nakashima, Ellen. "Russia Has Developed a Cyberweapon that can Disrupt Power Grids, According to New Research" *The Washington Post*, June 12, 2017. https://www.washingtonpost.com/world/national-security/russia-has-developed-a-cyber-weapon-that-can-disrupt-power-grids-according-to-new-research/2017/06/11/b91b773e-4eed-11e7-91eb-9611861a988f_s.tory.html?tid=ss_mail&utm_term=.35bafd178f13.

Nakashima, Ellen. "With Plan X, Pentagon Seeks to Spread U.S. Military Might to Cyberspace." *The Washington Post*, May 30, 2012. http://www.washingtonpost.com/world/national-security/with-plan-x-pentagon-seeks-to-spread-us-military-might-to-cyberspace/2012/05/30/gJQAEca71U_story.html.

Nakashima, Ellen, Greg Miller, and Julie Tate. "U.S., Israel Developed Flame Computer Virus to Slow Iranian Nuclear Efforts, Officials Say." *The WashingtonPost*, June 19, 2012. http://www.washingtonpost.com/world/national-security/us-israel-developed-computer-virus-to-slow-iranian-nuclear-efforts-officials-say/2012/06/19/gJQA6xBPoV_story.html.

NATO. "Lisbon Summit Declaration: Issued by the Heads of State and Government Participating in the Meeting of the North Atlantic Council in Lisbon." *North Atlantic Treaty Organization*, November 20, 2010. features/2010/0410_cybersec/docs/CYberFactSheet%20UPD.

Naymushin, Ilya. "Russian Dam Disaster Kills 10, Scores Missing." *Reuters*, August 16, 2009. https://www.reuters.com/article/us-russia-accident-sb/russian-dam-disaster-kills-10-scores-missing-idUSTRE57G0M120090817.

Nechepurenko, Ivan and Michael Schwirtz. "What We Know About Russians Sanctioned by the United States." *The New York Times*, February 17, 2018. https://www.nytimes.com/2018/02/17/world/europe/russians-indicted-mueller.html.

Negroponte, John D. et al., "Defending an Open, Global, Secure, and Resilient Internet," *The Council on Foreign Relations*, June 2013. https://www.cfr.org/content/publications/attachments/TFR70_cyber_policy.pdf.

Neudert, Lisa-Maria N. "Computational Propaganda in Germany: A Cautionary Tale." In *Project on Computational Propaganda*, edited by Samuel Woolley and Philip N. Howard. Oxford: Oxford University, 2017. http://comprop.oii.ox.ac.uk/wp-content/uploads/sites/89/2017/06/Comprop-Germany.pdf.

Novosti, R.I.A. and Mikhail Fomichev. "Russia to Press for International Internet Behavior Code to Fight Emerging Threats." *Russia Times*, August 01, 2013. http://rt.com/politics/russia-internet-international-code-893/.

Nye, Jr., Joseph S. *The Future of Power in the 21st Century*. New York: Public Affairs Press, 2011. 〔ジョセフ・S・ナイ 著／山岡洋一、藤島京子 訳『スマート・パワー――21世紀を支配する新しい力』（日本経済新聞出版社、2011年）〕

Oliphant, Roland, Rory Mulholland, Justin Huggler, and Senay Boztas. "How Vladimir Putin and Russia are Using Cyber Attacks and Fake News to Try to Rig Three Major European Elections this Year." *The Telegraph*, February 11, 2017.http://www.telegraph.co.uk/news/2017/02/13/vladimir-putin-russia-using-cyber-attacks-fake-news-try-rig/.

"Future Warfare: The Rise of Hybrid Wars." *Proceedings Magazine*, Volume 132, November 2005. http://milnewstbay.pbworks.com/f/MattisFourBlockWarUSNINov2005.pdf.

Mazzetti, Mark and Katie Benner. "12 Russian Agents Indicted in Mueller Investigation." *The New York Times*, July 13, 2018. https://www.nytimes.com/2018/07/13/us/politics/mueller-indictment-russian-intelligence-hacking.html.

Meeuwisse, Raef. *Cybersecurity for Beginners*. London: Cyber Simplicity Ltd, 2017.

Mehrotra, Kartikay. "Jailed Russian of Interest in U.S. Election Probe, Official Says." *Bloomberg News*, August 24, 2018. https://www.bloomberg.com/news/articles/2018-08-24/quiet-jailed-russian-said-of-interest-in-u-s-election-meddling.

Meister, Stefan. "The 'Lisa Case': Germany as a Target of Russian Disinformation." *NATO Review*, July 25, 2016. https://www.nato.int/docu/review/articles/2016/07/25/the-lisa-case-germany-as-a-target-of-russian-disinformation/index.html.

Menn, Joseph. "China-Based Campaign Breached Satellite, Defense Companies: Symantec." *Reuters*, June 19, 2018. https://www.reuters.com/article/us-china-usa-cyber/china-based-campaign-breached-satellite-defense-companies-symantec-idUSKBN1JF2X0.

Meyer, Paul. "Diplomatic Alternatives to Cyber-Warfare: A Near-Term Agenda." *The RUSI Journal*, Volume 157, Issue 1, p. 14-19, 2012.

Mikheeva, Katerina. "Why the Russian Ecommerce Market is Worth the Hassle for Western Companies." *Digital Commerce*, April 9, 2019. https://www.digitalcommerce360.com/2019/04/09/why-the-russian-ecommerce-market-is-worth-the-hassle-for-western-companies/.

Miller, Greg, Ellen Nakashima, and Adam Entous. "Obama's Secret Struggle to Punish Russia for Putin's Election Assault." *The Washington Post*, June 23, 2017. https://www.washingtonpost.com/graphics/2017/world/national-security/obama-putin-election-hacking/?tid=ss_mail&utm_term=.383942a7e764.

Mistreanu, Simina. "Life Inside China's Social Credit Laboratory." *Foreign Policy*, April 3, 2018. https://foreignpolicy.com/2018/04/03/life-inside-chinas-social-credit-laboratory/

Monaghan, Andrew. "Putin's Way of War: The 'War' in Russia's 'Hybrid Warfare'." *Parameters*, Winter 2015-16. https://ssi.armywarcollege.edu/pubs/parameters/issues/winter_2015-16/9_monaghan.pdf.

Morgan, Steve. "Top 5 Cybersecurity Facts, Figures and Statistics for 2018." *CSO Cyber Security Report*, January 23, 2018. https://www.csoonline.com/article/3153707/security/top-5-cybersecurity-facts-figures-and-statistics.html.

Morse, Andrew. "Snowden: Alleged NSA Attack is Russian Warning." *Cnet*, August 16, 2016. https://www.cnet.com/news/snowden-nsa-hack-russia-warning-election-democratic-party/.

Mozur, Paul. "One Month, 500,000 Face Scans: How China Is Using A.I. to Profile a Minority." *The New York Times*, May 5, 2019. https://www.nytimes.com/2019/04/14/technology/china-surveillance-artificial-intelligence-racial-profiling.html?action=click&module=RelatedLinks&pgtype=Article.

Mueller, III, Robert S., Rosalind S Helderman, Matt Zapotosky, and US Department of Justice. Special Counsel's Office, *Report on the Investigation into Russian Interference in the 2016 Presidential Election*. New York: Scribner, 2019.

Mulvenon, James C. and Gregory J. Rattray. eds. *Addressing Cyber Instability*. Morrisville, NC: Lulu Press, 2012.

Nakamura, Kennon H. and Matthew C Weed. *US Public Diplomacy: Background and Current Issues*. Washington, DC: Congressional Research Service December 18, 2009.

Nakashima, Ellen. "Military Leaders Seek More Clout for Pentagon's Cyber Command Unit." *The Washington Post*, May 1, 2012. https://www.washingtonpost.com/world/national-security/military-officials-push-to-elevate-cyber-unit-to-full-combatant-command-status/2012/05/01/gIQAUud1uT_story.

Kostka, Genia. "What do People in China Think About 'Social Credit' Monitoring?" *The Washington Post*, March 21, 2019. https://www.washingtonpost.com/politics/2019/03/21/what-do-people-china-think-about-social-credit-monitoring/?utm_term=.49fe491dd67b.

Kowalewski, Annie. "China's Evolving Cybersecurity Strategy." *Georgetown Security Studies Review*, October 27, 2017. http://georgetownsecuritystudiesreview.org/2017/10/27/chinas-evolving-cybersecurity-strategy/.

Kramer, Andrew. "Russian General Pitches 'Information' Operations as a Form of War." *The New York Times*, March 2, 2019. https://www.nytimes.com/2019/03/02/world/europe/russia-hybrid-war-gerasimov.html.

Kramer, Franklin D., Stuart H. Starr, and Larry Wentz, ed. *Cyberpower and National Security* Washington, DC: National Defense University & Potomac Books Inc., 2009.

Kravchenko, Stepan. "Russia More Prey Than Predator to Cyber Firm Wary of China." *Bloomberg News*, August 25, 2016. https://www.bloomberg.com/news/articles/2016-08-25/russia-more-prey-than-predator-to-cyber-firm-wary-of-china.

Ku, Julian. "Forcing China to Accept that International Law Restricts Cyber Warfare May Not Actually Benefit the U.S." *Lawfare*, August 25, 2017. https://www.lawfareblog.com/forcing-china-accept-international-law-restricts-cyber-warfare-may-not-actually-benefit-us.

Lee, Dave. "'Red October' Cyber-Attack Found by Russian Researchers." *BBC News*, January 14, 2013. http://www.bbc.com/news/technology-21013087.

Lewis, James A. and Katrina Timlin. *Cybersecurity and Cyberwarfare: Preliminary Assessment of National Doctrine and Organization*. Washington, DC: Center for Strategic and International Studies, 2011.

Libicki, Martin. *Cyberdeterrence and Cyberwar.* Santa Monica, CA: Rand Publishing, 2009.

Lizza, Ryan. "State of Deception—Why Won't the President Rein in the Intelligence Community?" *The New Yorker*, December 16, 2013. http://www.newyorker.com/reporting/2013/12/16/131216fa_fact_lizza?currentPage=all.

Luo, Yan. Zhijing Yu, and Nicholas Shepherd. "China's Ministry of Public Security Issues New Personal Information Protection Guideline." *Inside Privacy*, April 19, 2019. https://www.insideprivacy.com/data-security/chinas-ministry-of-public-security-issues-new-personal-information-protection-guideline/.

Mackinnon, Amy. "Tinder and the Russian Intelligence Services: It's a Match! Will Facebook and Twitter be Next?" *Foreign Policy*, June 7, 2019. https://foreignpolicy.com/2019/06/07/tinder-and-the-russian-intelligence-services-its-a-match/.

Mandiant, *APT1: Exposing One of China's Cyber Espionage Units Mandiant Report*. Milpitas, CA: FireEye, 2013. https://www.fireeye.com/content/dam/fireeye-www/services/pdfs/mandiant-apt1-report.pdf.

Maréchal, Nathalie. "Are You Upset About Russia Interfering With Elections?" Slate, March 20, 2017. http://www.slate.com/articles/technology/future_tense/2017/03/russia_s_election_interfering_can_t_be_separated_from_its_domestic_surveillance.html.

Markoff, John. "Before the Gunfire, Cyberattacks." *The New York Times*, August 12, 2008. http://www.nytimes.com/2008/08/13/technology/13cyber.html?em&_r=0

Markoff, John and Andrew E. Kramer. "U.S. and Russia Differ on a Treaty for Cyberspace." *The New York Times*, June 27, 2009, http://www.nytimes.com/2009/06/28/world/28cyber.html.

Masters, Jonathan. "Confronting the Cyber Threat." *Council on Foreign Relations Publication*, March 17, 2011.

Matsakis, Louise. "What Happens if Russia Cuts Itself Off From the Internet?" *Wired*, February 12, 2019. https://www.wired.com/story/russia-internet-disconnect-what-happens/.

Mattis, Lieutenant General James N. USMC, and Lieutenant Colonel Frank Hoffman, USMCR (Ret.).

Matters." *Lawfare*, March 23, 2018. https://www.lawfareblog.com/united-states-cyber-commands-new-vision-what-it-entails-and-why-it-matters.

Hayden, Michael V. *The Assault on Intelligence: American National Security in an Age of Lies*. London: Penguin Press, 2018.

Heickerö, Roland. *Emerging Cyber Threats and Russian Views on Information Warfare and Information Operations*. Stockholm: Swedish Defence Research Agency, 2010.

Hersh, Seymour M. "The Online Threat: Should We Be Worried about a Cyber War?" *The New Yorker*, November 1, 2010. http://www.newyorker.com/reporting/2010/11/01/101101fa_fact_hersh#ixzz1LP462Ulr.

Higgins, Andrew. "Effort to Expose Russia's 'Troll Army' Draws Vicious Retaliation." *The New York Times*, May 31, 2016. http://www.nytimes.com/2016/05/31/world/europe/russia-finland-nato-trolls.html?_r=0.

Hille, Katherin and Christian Shepard. "Taiwan: Concern Grows over China's Invasion Threat." *Financial Times*, January 8, 2020. https://www.ft.com/content/e3462762-3080-11ea-9703-eea0cae3f0de.

Horsley, Jamie. "China's Orwellian Social Credit Score Isn't Real: Blacklists and Monitoring Systems are Nowhere Close to Black Mirror Fantasies." *Foreign Policy*, November 16, 2018. https://foreignpolicy.com/2018/11/16/chinas-orwellian-social-credit-score-isnt-real/.

Ignatius, David. "Russia is Pushing to Control Cyberspace. We Should all be Worried." *The Washington Post*, October 24, 2017. https://www.washingtonpost.com/opinions/global-opinions/russia-is-pushing-to-control-cyberspace-we-should-all-be-worried/2017/10/24/7014bcc6-b8f1-11e7-be94-fabb0f1e9ffb_story.html.

Joffee, Julia. "How State-Sponsored Blackmail Works in Russia." *The Atlantic*, January 11, 2017. https://www.theatlantic.com/international/archive/2017/01/kompromat-trump-dossier/512891/.

Joselow, Gabe. "Election Cyberattacks: Pro-Russia Hackers Have Been Accused in Past." *NBC News*, November 3, 2016. https://www.nbcnews.com/mach/technology/election-cyberattacks-pro-russia-hackers-have-been-accused-past-n673246.

Jun, Jenny, Scott LaFoy, and Ethan Sohn. "North Korea's Cyber Operations: Strategy and Responses." The Center for Strategic and International Studies, December 2015.

Kania, Elsa B. "Made in China 2025, Explained." *The Diplomat*, February 1, 2019. https://thediplomat.com/2019/02/made-in-china-2025-explained/.

Kaplan, Frank. *Dark Territory: The Secret History of Cyber War*. New York: Simon & Schuster, 2017.

Karber, Phillip and Joshua Thibeault. "Russia's New-Generation Warfare." *Association of the United States Army*, May 20, 2016. https://www.ausa.org/articles/russia%E2%80%99s-new-generation-warfare.

Kaufmann, William. "The Evolution of Deterrence, 1945–1958." unpublished RAND research, 1958.

Kelleher, Kevin. "Microsoft Says Russia has Already Tried to Hack 3 Campaigns in the 2018 Election." *Fortune*, July 19, 2018. http://fortune.com/2018/07/19/microsoft-russia-hack-2018-election-campaigns/.

Kennan, George F. *Policy Planning Staff Memorandum 269*. Washington, DC: U.S. State Department, May 4, 1948. http://academic.brooklyn.cuny.edu/history/johnson/65ciafounding3.htm.

Knake, Robert K. "A Cyberattack on the US Power Grid," Contingency Planning Memorandum No. 31, *Council on Foreign Relations*, April 3, 2017. https://www.cfr.org/report/cyberattack-us-power-grid.

Kobie, Nicole. "The Complicated Truth about China's Social Credit System." *Wired*, January 21, 2019. https://www.wired.co.uk/article/china-social-credit-system-explained.

Koerner, Brendan I. "Inside the Cyberattack That Shocked the US Government." *Wired*, October 13, 2016. https://www.wired.com/2016/10/inside-cyberattack-shocked-us-government/.

Kosaka, Tetsuro. "China's Military Reorganization could be a Force for Destabilization." *Nikkei Asian Review*, January 28, 2016. https://asia.nikkei.com/Politics/China-s-military-reorganization-could-be-a-force-for-destabilization.

3d1e06ce4.

Gellman, Barton, Ashkan Soltani, and Andrea Peterson. "How We Know the NSA Had Access to Internal Google and Yahoo Cloud Data." *The Washington Post*, November 4, 2013. http://www.washingtonpost.com/blogs/the-switch/wp/2013/11/04/how-we-know-the-nsa-had-access-to-internal-google-and-yahoo-cloud-data/?tid=hpModule_88854bf0-8691-11e2-9d71-f0feafdd1394&hpid=z11.

Gerden, Eugene. "$500 Million for New Russian Cyber Army." *SC Magazine*, November 6, 2014. http://www.scmagazineuk.com/500-million-for-new-russian-cyberarmy/article/381720/

Gilbert, David. "Cyber War—Just the Beginning of a New Military Era." *International Business Times*, April 26, 2013. http://www.ibtimes.co.uk/articles/461688/20130426/cyber-war-beginning-new-military-era.htm.

Girard, Rene. "On War and Apocalypse." *First Things*, August 2009. https://www.firstthings.com/article/2009/08/on-war-and-apocalypse.

Girard, René. *Battling to the End: Conversations With Benoît Chantre*. East Lansing, MI: Michigan State University Press, 2009.

Gjelten, Tom. "Seeing the Internet as an 'Information Weapon'." *National Public Radio*, September 23, 2010. http://www.npr.org/templates/story/story.php?storyId=130052701.Retrieved September 23, 2010.

Gjelten, Tom. "First Strike: US Cyber Warriors Seize the Offensive." *World Affairs*, January 23, 2013. http://www.worldaffairsjournal.org/article/first-strike-us-cyber-warriors-seize-offensive

Glanz, James and John Markoff, "Vast Hacking by a China Fearful of the Web." *The New York Times*, December 4, 2010. http://www.nytimes.com/2010/12/05/world/asia/05wikileaks-china.html?pagewanted=all&_r=1&.

Gold, Josh. "Two Incompatible Approaches to Governing Cyberspace Hinder Global Consensus." *Leiden Security and Global Affairs*, May 16, 2019. https://www.leidensafetyandsecurityblog.nl/articles/two-incompatible-approaches-to-governing-cyberspace-hinder-global-consensus.

Goldsmith, Jack. "The Precise (and Narrow) Limits On U.S. Economic Espionage." *Lawfare*, March 23, 2015. https://www.lawfareblog.com/precise-and-narrow-limits-us-economic-espionage

Gorman, Siobhan. "Electricity Grid in U.S. Penetrated By Spies." *The Wall Street Journal*, April 8, 2009. http://online.wsj.com/article/SB123914805204099085.html.

Gorshenin, Vadim. "Russia to Create Cyber-Warfare Units." *Pravda*, August 28, 2013. http://english.pravda.ru/russia/politics/29-08-2013/125531-cyber_warfare-0/.

Goud, Naveen. "China Cyberattacks Indian SUKHOI 30 Jet Fighters!" *Cybersecurity Insiders*, June 5, 2017. https://www.cybersecurity-insiders.com/china-cyber-attacks-indian-sukhoi-30-jet-fighters/.

Graff, Garrett M. "Indicting 12 Russian Hackers Could Be Mueller's Biggest Move Yet." *Wired*, July 13, 2018. https://www.wired.com/story/mueller-indictment-dnc-hack-russia-fancy-bear/.

Graham, Bradley. "Hackers Attack Via Chinese Web Sites." *The Washington Post*, August 25, 2005. http://www.washingtonpost.com/wp-dyn/content/article/2005/08/24/AR2005082402318.html.

Gray, C. *Another Bloody Century—Future Warfare* London: Weidenfeld/Nicolson, 2005.

Greenberg, Andy. "How an Entire Nation Became Russia's Test Lab For Cyberwar." *Wired*, June 20, 2017. https://www.kyivpost.com/ukraine-politics/wired-entire-nation-became-russias-test-lab-cyberwar.html.

Greenberg, Andy. "New Group of Iranian Hackers Linked to Destructive Malware." *Wired*, September 20, 2017. https://www.wired.com/story/iran-hackers-apt33/.

Greenwald, Glenn and Ewen MacAskill. "Obama Orders US to Draw Up Overseas Target List for Cyber-Attacks." *The Guardian*, June 7, 2013. http://www.theguardian.com/world/2013/jun/07/obama-china-targets-cyber-overseas

Harknett, Richard J. "United States Cyber Command's New Vision: What It Entails and Why It

Security Review Commission Report on the Capability of the People's Republic of China to Conduct Cyber Warfare and Computer Network Exploitation. West Falls Church, VA: Northrop Grumman Corporation Information Systems Sector, 2009.

DeYoung, Karen, Ellen Nakashima, and Emily Rauhala. "US-Trump Signed Presidential Directive Ordering Actions to Pressure North Korea." *The Washington Post*, September 30, 2017. https://www.washingtonpost.com/world/national-security/trump-signed-presidential-directive-ordering-actions-to-pressure-north-korea/2017/09/30/97c6722a-a620-11e7-b14f-f41773cd5a14_story.html?utm_term=.5d67f8804aa6.

Dilanian, Ken. "Watch Out. North Korea Keeps Getting Better at Hacking." *ABC News*, February 20, 2018. https://www.nbcnews.com/news/north-korea/watch-out-north-korea-keeps-getting-better-hacking-n849381.

Dipert, Randall R. "The Ethics of Cyberwarfare." *Journal of Military Ethics*, Volume 9, Issue 4, 2010. http://dx.doi.org/10.1080/15027570.2010.536404.

Downes, Larry. "On Internet Regulation, The FCC Goes Back To The Future." *Forbes*, March 12, 2018. https://www.forbes.com/sites/larrydownes/2018/03/12/the-fcc-goes-back-to-the-future/#56d1e3d05b2e.

Drogin, Bob. "Russians Seem to Be Hacking into Pentagon/Sensitive Information Taken—But Nothing Top Secret." *Los Angeles Times*, October 7, 1999.

Dugin, Alexander (2012). The Fourth Political Theory. Translated by Mark Sleboda; Michael Millerman. Arktos Media.

Dugin, Alexander. *The Fourth Political Theory*. New York: Arktos Media, 2010.

Fischer, Sabine. "The Donbas Conflict: Opposing Interests and Narratives, Difficult Peace Process." *SWP Research Paper* 2019/RP 05, April 2019. https://www.swp-berlin.org/10.18449/2019RP05/.

Franke, Don. *Cyber Security Basics: Protect Your Organization by Applying the Fundamentals*. Scotts Valley, CA: CreateSpace Independent Publishing Platform, 2016.

Freedom House. "Freedom on the Net 2015." *Freedom House*, October 2015. https://freedomhouse.org/sites/default/files/FOTN%202015%20Full%20Report.pdf.

Fruhlinger, Josh. "Top Cybersecurity Facts, Figures and Statistics for 2020." *CSO Cyber Security Report*, March 9, 2020. https://www.csoonline.com/article/3153707/security/top-5-cybersecurity-facts-figures-and-statistics.html.

Gabowitsch, Mischa. *Protest in Putin's Russia*. Cambridge: Polity Press, 2017.

Galeotti, Mark. "The Kremlin's Newest Hybrid Warfare Asset." *Foreign Policy*, June 12, 2017. https://foreignpolicy.com/2017/06/12/how-the-world-of-spies-became-a-gangsters-paradise-russia-cyberattack-hack/

Galeotti, Mark. "Crimintern: How the Kremlin Uses Russia's Criminal Networks in Europe." *European Council on Foreign Relations*, April 18, 2017. https://www.ecfr.eu/publications/summary/crimintern_how_the_kremlin_uses_russias_criminal_networks_in_europe.

Gallagher, Sean. "Researchers Claim China Trying to Hack South Korean Missile Defense Efforts." *ARS Technica*, April 21, 2017. https://arstechnica.com/security/2017/04/researchers-claim-china-trying-to-hack-south-korea-missile-defense-efforts/.

Gan, Nectar. "What Do We Actually Know about China's Mysterious Spy Agency?" *South China Morning Post*, December 22, 2018. https://www.scmp.com/news/china/politics/article/2179179/what-do-we-actually-know-about-chinas-mysterious-spy-agency.

Gellman, Barton and Ellen Nakashima. "U.S. Spy Agencies Mounted 231 Offensive Cyber-Operations in 2011, documents show." *The Washington Post*, August 30, 2013. https://www.washingtonpost.com/world/national-security/us-spy-agencies-mounted-231-offensive-cyber-operations-in-2011-documents-show/2013/08/30/d090a6ae-119e-11e3-b4cb-fd7ce041d814_story.html?utm_term=.e96

Cohen, Rouven. "New Massive Cyber-Attack an 'Industrial Vacuum Cleaner for Sensitive Information'," *Forbes*, May 28, 2012.

Cole, Matthew, Richard Esposito, Sam Biddle, and Ryan Grim, "Top-Secret NSA Report Details Russian Hacking Effort Days Before 2016 Election." *The Intercept*, June 5, 2017. https://theintercept.com/2017/06/05/top-secret-nsa-report-details-russian-hacking-effort-days-before-2016-election/.

Coll, Steve. "The Rewards (and Risks) of Cyber War," *The New Yorker*, June 6, 2012.http://www.newyorker.com/news/daily-comment/the-rewards-and-risks-of-cyber-war.

Collins, Keith. "Net Neutrality Has Officially Been Repealed. Here's How That Could Affect You." *The New York Times*, June 11, 2018. https://www.nytimes.com/2018/06/11/technology/net-neutrality-repeal.html.

Conley, H.A., J. Mina, R. Stefanov, M. Vladimirov, *The Kremlin Playbook: Understanding Russian Influence in Central and Eastern Europe*. Boulder CO: Rowman & Littlefield, 2016.

Connell, Michael and Sarah Vogler. "Russia's Approach to Cyber Warfare." *CNA Analysis and Solutions*, March 2017. https://www.cna.org/CNA_files/PDF/DOP-2016-U-014231-1Rev.pdf.

Constantin, Lucian. "New Havex Malware Variants Target Industrial Control System and SCADA Users." *PC World*, June 24, 2014. http://www.pcworld.com/article/2367240/new-havex-malware-variants-target-industrial-control-system-and-scada-users.html and Havex Trojan:ICS-ALERT-14-176-02A.

Cook, Col. James. "'Cyberation' and Just War Doctrine: A Response to Randall Dipert." *Journal of Military Ethics*, Volume 9, Issue 4, 2010. https://www.law.upenn.edu/live/files/1701-cook-cyberation.

Crail, Peter. "IAEA: Syria Tried to Build Nuclear Reactor." *Arms Control Association*, March 2009. https://www.armscontrol.org/act/2009-03/iaea-syrian-reactor-explanation-suspect.

Czekaj, Matthew. "Russia's Hybrid War Against Poland." *Eurasia Daily Monitor*, Volume 12, Issue 80, April 29, 2015. https://jamestown.org/program/russias-hybrid-war-against-poland/.

Davidson, Jacob. "China Accuses U.S. of Hypocrisy on Cyberattacks." *Time*, July 1, 2013. http://world.time.com/2013/07/01/china-accuses-u-s-of-hypocrisy-on-cyberattacks/.

Davis, Dai. "Hacktivism: Good or Evil?" *Computer Weekly*, March 14, 2014. http://www.computerweekly.com/opinion/Hacktivism-Good-or-Evil.

Davis, Elizabeth Van Wie. "Can Technology Help China Rebuild Social Trust?" *Fair Observer*, August 2019. https://www.fairobserver.com/region/asia_pacific/china-social-credit-system-surveillance-technology-asia-pacific-news-32411/.

Davis, Elizabeth Van Wie. "China's Cyberwarfare Finds New Targets." *Fair Observer*, October 27, 2017. https://www.fairobserver.com/region/asia_pacific/china-cyberwarfare-cybersecurity-asia-pacific-news-analysis-04253/

Davis, Elizabeth Van Wie. "Don't Underestimate North Korea's Cyber Efforts." Fair Observer, March 21, 2018. https://www.fairobserver.com/region/asia_pacific/north-korea-cyberattacks-cybersecurity-asia-pacific-news-analysis-15400/.

Decree of the President of the Russian Federation. "On approval of the Doctrine of Information Security of the Russian Federation." December 5, 2016. http://publication.pravo.gov.ru/Document/View/0001201612060002.

Denning, Dorothy. *Information Warfare and Security*. New York: Addison-Wesley Professional, 1998.

Dent, Steve. "Report: Russia Hacked Election Systems in 39 US States." *Engadget*, June 13, 2017. https://www.engadget.com/2017/06/13/report-russia-hacked-election-systems-in-39-us-states/.

DeTrani, Joseph R. "Cyberspace: A Global Threat to Peace." *Asia Times*, October 28, 2013.

Deutsche Welle. "Merkel Testifies on NSA Spying Affair." *Deutsche Welle*, February 16, 2017. http://www.dw.com/en/merkel-testifies-on-nsa-spying-affair/a-37576690.

DeWeese, Steve, Bryan Krekel, George Bakos, and Christopher Barnett. *US-China Economic and*

Office," *National Cyberspace Security Strategy*. December 27, 2016. http://www.cac.gov.cn/2016-12/27/c_1120195926.htm.
Chan, Vivien Pik-kwan. "SCMP Report on PRC Officials Condemning Hacker Attacks." *South China Morning Post*, May 8, 2001.
Chang, Amy. "China's Maodun: A Free Internet Caged by the Chinese Communist Party." *China Brief*, Volume XV, Issue 8, April 17, 2015.
Chapple, Amos. "The Art Of War: Russian Propaganda In WWI." *Radio Free Europe/Radio Liberty*, 2018. https://www.rferl.org/a/russias-world-war-one-propaganda-posters/29292228.html.
Chen, Adrian. "The Agency." *The New York Times*, June 2, 2015. https://www.nytimes.com/2015/06/07/magazine/the-agency.html.
Cheng, Jonathan and Josh Chin. "China Hacked South Korea Over Missile Defense, U.S. Firm Says." *The Wall Street Journal*, April 21, 2017. https://www.wsj.com/articles/chinas-secret-weapon-in-south-korea-missile-fight-hackers-1492766403?emailToken=JRrydPtyYnqTg9EyZsw31FwuZ7JNEOKCXF7LaW/HM1DLsjnUp6e6wLgph560pnmiTAN/5ssf7moyADPQj2p2Gc+YkL1yi0zhIiUM9M6aj1HTYQ==.
China Internet Network Information Center. "The 41st "Statistical Report on the Development of China's Internet Network." *China Internet Network Information Center*, January 31, 2018. http://cnnic.cn/gywm/xwzx/rdxw/201801/t20180131_70188.htm.
China, the People's Republic of, Information Office of the State Council. "China's National Defense in 2004." December 27, 2004. http://www.china.org.cn/e-white/20041227/index.htm.
China, the People's Republic of, Information Office of the State Council. "Planning Outline for the Construction of a Social Credit System (2014-2020)." April 25, 2015. https://chinacopyrightandmedia.wordpress.com/2014/06/14/planning-outline-for-the-construction-of-a-social-credit-system-2014-2020/
China, the People's Republic of China, The State Council Information Office. "State Council Releases Five-Year Plan on Informatization." December 27, 2016. http://english.www.gov.cn/policies/latest_releases/2016/12/27/content_281475526646686.htm
China, the People's Republic of China, The State Council Information Office. *China's Military Strategy*. Beijing: The State Council Information Office, May 2015.
China, the People's Republic of China, The State Council Information Office, "The National Medium-and Long-Term Program for Science and Technology Development (2006-2020)." 2006. https://www.itu.int/en/ITU-D/Cybersecurity/Documents/National_Strategies_Repository/China_2006.pdf.
China, the People's Republic of China, The State Council Information Office, "China's National Defense in the New Era." July 2019. http://www.xinhuanet.com/english/2019-07/24/c_138253389.htm.
Cimpanu, Catalin. "Russia to Disconnect from the Internet as Part of a Planned Test." *ZDNet*, February 11, 2019. https://www.zdnet.com/article/russia-to-disconnect-from-the-internet-as-part-of-a-planned-test/.
Clapper, James R. "Statement for the Record: Worldwide Cyber Threats." *House Permanent Select Committee on Intelligence*, September 10, 2015. https://www.dni.gov/index.php/newsroom/testimonies/209-congressional-testimonies-2015/1251-dni-clapper-statement-for-the-record,-worldwide-cyber-threats-before-the-housepermanent-select-committee-on-intelligence.
Clarke, Richard A. and Robert K. Knake, *Cyber War: The Next Threat to National Security and What to Do about It*. New York: Harper Collins Books, 2010. 〔リチャード・クラーク、ロバート・ネイク 著／北川知子、峯村利哉 訳『世界サイバー戦争』（徳間書店、2011年）〕
Clayton, Mark. "More Telltale Signs of Cyber Spying and Cyberattacks Arise in Middle East." *The Christian Science Monitor*, August 21, 2012. http://www.csmonitor.com/USA/2012/0821/More-telltale-signs-of-cyber-spying-and-cyber-attacks-arise-in-Middle-East-video.
Clinton, William. *National Security Strategy* Washington, DC: Government Printing Office, 1995.

offensive-cyber-weapons-pose-growing-threat.
Barnes, Julian E. and Thomas Gibbons-Neff. "U.S. Carried Out Cyberattacks on Iran." *The New York Times*, June 22, 2019. https://www.nytimes.com/2019/06/22/us/politics/us-iran-cyber-attacks.html.
Barrett, Brian. "For Russia, Unravelling US Democracy Was Just Another Day Job." *Wired*, February 17, 2018. https://www.wired.com/story/mueller-indictment-internet-research-agency/
Barton, Rosemary. "Chinese Cyberattack Hits Canada's National Research Council." *CBC News*, July 29, 2014. http://www.cbc.ca/news/politics/chinese-cyberattack-hits-canada-s-national-research-council-1.2721241
Bencsáth, Boldizsár, Gábor Pék, Levente Buttyán, and Márk Félegyházi. "Duqu:A Stuxnet-Like Malware Found in the Wild." Laboratory of Cryptography and System Security, Budapest University of Technology and Economics' Department of Telecommunications, October 2011. http://www.crysys.hu/publications/files/bencsathPBF11duqu.pdf.
Bērziņš, Jānis. "Russia's New Generation Warfare in Ukraine." National Defence Academy of Latvia Center for Security and Strategic Research Policy, Paper No.2, April 2014. http://www.sldinfo.com/wp-content/uploads/2014/05/New-Generation-Warfare.pdf.
Beuth, Von Patrick, Kai Biermann, Martin Klingst und Holger Stark. "Cyberattack on the Bundestag: Merkel and the Fancy Bear." *Zeit Online*, May 12, 2017. https://www.zeit.de/digital/2017-05/cyberattack-bundestag-angela-merkel-fancy-bear-hacker-russia.
Botsman, Rachel. "Big Data Meets Big Brother as China Moves to Rate Its Citizens." *Wired*, October 21, 2017. https://www.wired.co.uk/article/chinese-government-social-credit-score-privacy-invasion.
Bradshaw, Samantha and Philip N. Howard. "Troops, Trolls and Troublemakers:A Global Inventory of Organized Social Media Manipulation." In *Project on Computational Propaganda*, edited by Samuel Woolley and Philip N. Howard. Oxford: Oxford University, 2017. http://comprop.oii.ox.ac.uk/research/troops-trolls-and-trouble-makers-a-global-inventory-of-organized-social-media-manipulation/.
Bredemeier, Ken. "Russia Demands Return of 2 Shuttered Compounds in US." *Voice of America*, July 17, 2017. https://www.voanews.com/usa/russia-demands-return-2-shuttered-compounds-us.
Brown, Gary and Christopher D. Yung. "Evaluating the US-China Cybersecurity Agreement, Part 1: The US Approach to Cyberspace, How Washington approaches cyberspace and its 2015 cybersecurity agreement with China." *The Diplomat*, January 19, 2017. https://thediplomat.com/2017/01/evaluating-the-us-china-cybersecurity-agreement-part-1-the-us-approach-to-cyberspace/.
Cadell, Cate. "Chinese State Media Says U.S. Should Take Some Blame for Cyberattack." *Reuters*, May 13, 2017. http://www.reuters.com/article/us-cyber-attack-china-idUSKCN18D0G5.
Cadwalladr, Carole. "Fresh Cambridge Analytica Leak 'Shows Global Manipulation is Out of Control'." *The Guardian*, January 4, 2020. https://www.theguardian.com/uk-news/2020/jan/04/cambridge-analytica-data-leak-global-election-manipulation.
Carlin, John P. *Dawn of the Code War: America's Battle Against Russia, China, and the Rising Global Cyber Threat*. New York: Hatchett Book Group, 2018.
Carr, Jeffery. *Inside Cyber Warfare: Mapping the Cyber Underworld*. Sebastopol, CA: O'Reilly Media, 2009.
Center for Internet Security. "Critical Security Controls for Effective Cyber Defense." *Center for Internet Security*, October 15, 2015. https://web.archive.org/web/20160809003039/https://www.cisecurity.org/critical-controls/documents/CSC-MASTER-VER%206.0%20CIS%20Critical%20Security%20Controls%2010.15.2015.pdf.
Central Intelligence Agency, "Studies in Intelligence: A Collection of Articles on the Historical, Operational, Doctrinal, and Theoretical Aspects of Intelligence." *National Security Archive*, Winter 1999-2000. https://cryptome.org/nsa-shamrock.htm.
"Central Network Security and Informatization Leading Group of the National Internet Information

"Media Statement Regarding Reported US DoJ Probes into Huawei." *Huawei Press Release*, September 2, 2019. https://www.huawei.com/en/facts/voices-of-huawei/media-statement-regarding-reported-us-doj-probes-into-huawei.

"N. Korea's Cyber Warfare Unit in Spotlight after Attack on S. Korean Bank." *Yonhap News Agency*, May 3, 2011. http://english.yonhapnews.co.kr/national/2011/05/03/78/0301000000AEN20110503010600315F.HTML.

"Natural Disasters Cost US a Record $306 Billion Last Year." *CBS*, January 8, 2018. https://www.cbsnews.com/news/us-record-306-billion-natural-disasters-last-year-hurricanes-wilidfires/.

"Report of the International Agora 'Freedom of the Internet 2018: delegation of repression'." *Agora*, May 2, 2019. https://www.agora.legal/articles/Doklad-Mezhdunarodnoi-Agory-%C2%ABSvoboda-interneta-2018-delegirovanie-repressiy%C2%BB/18.

"Russia Enacts 'Draconian' Law for Bloggers and Online Media." *BBC News*, August 1, 2014. https://www.bbc.com/news/technology-28583669.

"Russia Internet: Law Introducing New Controls Comes into Force." *BBC News*, November 1, 2019. https://www.bbc.com/news/world-europe-50259597.

"Russian Computer Programmer Arrested in Spain: Embassy." *Reuters*, April 9, 2017. http://www.reuters.com/article/us-spain-russia-idUSKBN17B0O2.

"Statement of the NATO-Ukraine Commission." *North Atlantic Treaty Organization*, October 31, 2019. https://www.nato.int/cps/en/natohq/official_texts_170408.htm.

"Successfully Countering Russian Electoral Interference." *CSIS Briefs*, June 21, 2018. https://www.csis.org/analysis/successfully-countering-russian-electoral-interference.

"WannaCry: Are You Safe?" *Kaspersky Company*, May 15, 2017. https://www.kaspersky.co.uk/blog/wannacry-ransomware/8700/.

"Zimbabwe's Begging Bowl: Bailing Out Bandits." *The Economist*, July 9, 2016. https://www.economist.com/middle-east-and-africa/2016/07/09/bailing-out-bandits.

"Военная доктрина Российской Федерации." *Russian Presidential Executive Office*, February 5, 2010. http://news.kremlin.ru/ref_notes/461.

Agence France Presse. "Norway Accuses Group Linked to Russia of Carrying Out Cyber-Attack: Norwegian Intelligence Service PST Among Targets of Malicious Emails Believed to Have Been Sent by APT 29." *The Guardian*, February 3, 2017. https://www.theguardian.com/technology/2017/feb/03/norway-accuses-group-linked-to-russia-of-carrying-out-cyber-attack.

Alexander, Keith B. "Warfighting in Cyberspace." *Joint Forces Quarterly*, July 31, 2007. http://www.military.com/forums/0,15240,143898,00.html.

Allhoff, Fritz, et al. *Binary Bullets: The Ethics of Cyberwarfare*. New York: Oxford University Press, 2016.

Andress, Jason and Steve Winterfeld. *Cyber Warfare: Techniques, Tactics and Tools for Security Practitioners*. Rockland, MA: Syngress, 2011.

Ashford, Warwick. "Security Research Links Russia to US Election Cyberattacks: Security Researchers say the Hacking of the US Democratic National Convention's Email System is Linked to a Wider Russian Cyber Campaign." *Computer Weekly*, January 6, 2017. http://www.computerweekly.com/news/450410516/Security-research-links-Russia-to-US-election-cyber-attacks.

Baker, Prentiss O. LTC. "Psychological Operations Within the Cyber Domain." Maxwell Paper No. 52, *The Air War College*, February 17, 2010. http://www.au.af.mil/au/awc/awcgate/maxwell/mp52.pdf.

Barabanov, Mikhail. "Testing a 'New Look'." *Russia in Global Affairs*, December 18, 2014. https://eng.globalaffairs.ru/number/Testing-a-New-Look-17213.

Baram, Gil. "The Theft and Reuse of Advanced Offensive Cyber Weapons Pose A Growing Threat." *Council on Foreign Relations*, June 19, 2018. https://www.cfr.org/blog/theft-and-reuse-advanced-

参考文献

"Beijing's Cyberspies Step Up Surveillance of Ethnic Groups with New Language-Tracking Technology." *South China Morning Post*, November 20, 2013. http://www.scmp.com/news/china/article/1361547/central-government-cyberspies-step-surveillance-ethnic-groups-new.

"Big Surge in Cyberattacks on Russia Amid US Hacking Hysteria—Russian Security Chief." *Russia Times*, January 15, 2017. https://www.rt.com/news/373764-surge-hacking-attacks-russia/.

"China Blamed after ASIO Blueprints Stolen in Major Cyber Attack on Canberra HQ." *Australian Broadcasting Corporation News*, May 27, 2013. http://www.abc.net.au/news/2013-05-27/asio-blueprints-stolen-in-major-hacking-operation/4715960.

"China Media: US Ambassador Gary Locke's Legacy." *BBC News*, November 21, 2013. http://www.bbc.co.uk/news/world-asia-china-25029646.

"Clarke: More Defense Needed in Cyberspace." *HometownAnnapolis.com*, Sept. 24, 2010. https://www.whitehouse.gov/the-press-office/2017/05/11/presidential-executive-order-strengthening-cybersecurity-federal.

"Countering Enemy "Informationized Operations" in War and Peace." *Center for Strategic and Budgetary Assessments*, 2013. https://www.esd.whs.mil/Portals/54/Documents/FOID/Reading%20Room/Other/Litigation%20Release%20-%20Countering%20Enemy%20Informationized%20Operations%20in%20Peace%20and%20War.pdf.

"Cyber Mission Force Achieves Full Operational Capability." *U.S. Cyber Command News Release*, May 17, 2018. https://www.defense.gov/News/Article/Article/1524747/cyber-mission-force-achieves-full-operational-capability/.

"Cyber Wars." *Agentura. Ru*, August 21, 1997. www.agentura.ru/english/equipment/.

"Deterring Hybrid Warfare." *NATO Review*, 2014. http://www.nato.int/docu/review/2014/Also-in-2014/Deterring-hybrid-warfare/EN/index.htm.

"Dutch Intelligence First to Alert U.S. about Russian Hack of Democratic Party." *Nieuwsuur*, January 25, 2018. https://nos.nl/nieuwsuur/artikel/2213767-dutch-intelligence-first-to-alert-u-s-about-russian-hack-of-democratic-party.html.

"Election Watchdog Golos Demands to be Removed from 'Foreign Agents' List after Court Victory." *Russian Times*, September 9, 2014. https://www.rt.com/politics/186452-golos-watchdog-ngo-court/.

"Estonia Hit by 'Moscow Cyber War'." *BBC News*, May 17, 2007. http://news.bbc.co.uk/go/pr/fr/-/2/hi/europe/6665145.stm.

"Flame Malware Makers Send 'Suicide' Code." *BBC News*, June 2012. http://www.bbc.co.uk/news/technology-18365844.

"Flame Virus 'Created by US and Israel as Part of Intensifying Cyber Warfare'." *The Telegraph*, June 6, 2014.

"Hackers Gain Entry into US, European Energy Sector, Symantec Warns." *Reuters*, September 6, 2017. https://www.cnbc.com/2017/09/06/hackers-gain-entry-into-us-european-energy-sector-symantec-warns.html.

"Huawei Accuses US of Cyber-Attacks and Threats to Staff." *BBC News*, September 4, 2019. https://www.bbc.com/news/business-49574890.

"International Code of Conduct for Information Security." *UNGA* A/69/723, January 13, 2015 and UNGA A/66/359, September 14, 2011.

"Is the Russian Orthodox Church Serving God or Putin?" *Deutsche Welt*, April 26, 2017. https://www.dw.com/en/is-the-russian-orthodox-church-serving-god-or-putin/a-38603157.

ワ行

ナ行

ハ行

マ行

ヤ行

ラ行

サ行

タ行

索　引

英数字

著　者

エリザベス・ヴァン・ウィー・デイヴィス
Elizabeth Van Wie Davis

アメリカのコロラド鉱山大学人文社会科学部教授。中国を中心としたアジア問題を専門。ジョンズ・ホプキンス大学高等国際問題研究大学院（SAIS）在職時にジョージ・H・W・ブッシュ大統領に数回にわたり中国問題を説明した経験をもつほか、定期的に上院・下院議員、政府や軍高官に対するブリーフィングを実施。主な著書に *Ruling, Resources and Religion in China* (London: Palgrave, 2012) *Islam, Oil And Geopolitics, edited* (Boulder: Rowman & Littlefield, 2007) *Chinese Perspectives On Sino-American Relations edited* (Lewiston, NY: Mellen Press, 2000) *China And The Law Of The Sea Convention: Follow The Sea* (Lewiston, NY: Mellen Press, 1995) がある。

訳　者

川村幸城（かわむら・こうき）

慶應義塾大学卒業後、陸上自衛隊に入隊。現在、１等陸佐。防衛大学校総合安全保障研究科後期課程を修了し、博士号を取得（安全保障学）。邦訳書にサンドラー他『防衛の経済学』（共訳・日本評論社）、デルモンテ『AI・兵器・戦争の未来』（東洋経済新報社）、フリン他『戦場』、グリギエル他『不穏なフロンティアの大戦略』（監訳・奥山真司）、マクフェイト『戦争の新しい10のルール』（以上中央公論新社）がある。

装　幀　中央公論新社デザイン室

陰《かげ》の戦争《せんそう》
——アメリカ・ロシア・中国《ちゅうごく》の
サイバー戦略《せんりゃく》

2022年9月10日　初版発行

著　者　エリザベス・ヴァン・ウィー・デイヴィス
訳　者　川《かわ》村《むら》幸《こう》城《き》
発行者　安部順一
発行所　中央公論新社
〒100-8152　東京都千代田区大手町1-7-1
電話　販売 03-5299-1730　編集 03-5299-1740
URL　https://www.chuko.co.jp/

DTP　今井明子
印　刷　図書印刷
製　本　大口製本印刷

Published by CHUOKORON-SHINSHA, INC.
Printed in Japan　ISBN978-4-12-005569-0　C0031
定価はカバーに表示してあります。
落丁本・乱丁本はお手数ですが小社販売部宛にお送りください。
送料小社負担にてお取り替えいたします。

撤退戦

戦史に学ぶ決断の時機と方策

齋藤達志 著

リスクを最小にする最善の時機と最良の方策とは?!

ガリポリ（WWⅠ）、ダンケルク（WWⅡ）、スターリングラード（WWⅡ）、ガダルカナル、インパール、キスカなどにおいて、政府、軍統帥機関、現場指揮官が下した決断と背景との因果関係・結果を分析、窮地から脱するための善後策を探る

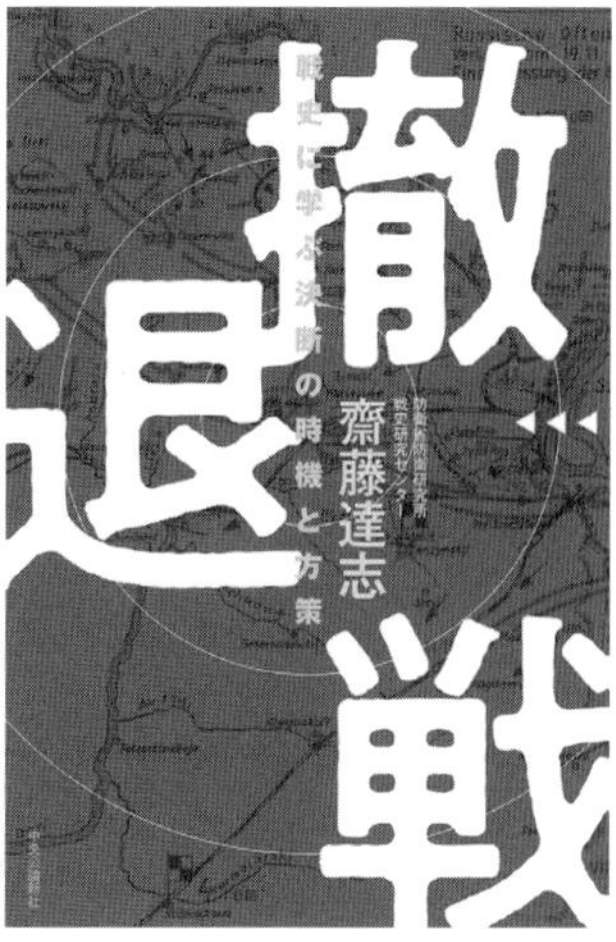

四六判・単行本